普通高等教育计算机规划教材

网页设计与制作教程

（HTML+CSS+JavaScript）

刘瑞新　张兵义　主编

机械工业出版社

本书面向网站开发与网页制作的读者，采用全新流行的 Web 标准，以 HTML 技术为基础，由浅入深、完整详细地介绍了 HTML、CSS 及 JavaScript 网页制作的相关知识。全书以电脑商城购物网站的设计与制作为讲解主线，围绕商城栏目的设计，详细全面系统地介绍了网页制作、设计、规划的基本知识，以及网站设计、开发的完整流程。

本书适合作为高等学校、职业院校计算机及相关专业或培训班的网站开发与网页制作教材，也可作为网页制作爱好者与网站开发维护人员的学习参考书。

本书配有授课电子教案，需要的教师可登录 www.cmpedu.com 免费注册、审核通过后下载，或联系编辑索取（QQ：2399929378，电话：010-88379750）。

图书在版编目（CIP）数据

网页设计与制作教程：HTML+CSS+JavaScript / 刘瑞新，张兵义编著. —北京：机械工业出版社，2013.3（2018.9 重印）
普通高等教育计算机规划教材
ISBN 978-7-111-41218-2

Ⅰ. ①网⋯ Ⅱ. ①刘⋯ ②张⋯ Ⅲ. ①超文本标记语言—程序设计—高等学校—教材②网页制作工具—高等学校—教材③JAVA 语言—程序设计—高等学校—教材 Ⅳ. ①TP312②TP393.092

中国版本图书馆 CIP 数据核字（2013）第 011928 号

机械工业出版社（北京市百万庄大街 22 号　邮政编码 100037）
责任编辑：和庆娣
责任印制：常天培

北京宝昌彩色印刷有限公司印刷

2018 年 9 月第 1 版·第 9 次印刷
184mm×260mm·19.5 印张·482 千字
26001－29000 册
标准书号：ISBN 978-7-111-41218-2
定价：45.00 元

凡购本书，如有缺页、倒页、脱页，由本社发行部调换

电话服务　　　　　　　　　　　　网络服务
社 服 务 中 心：（010）88361066　　教材 网：http://www.cmpedu.com
销 售 一 部：（010）68326294　　机工官网：http://www.cmpbook.com
销 售 二 部：（010）88379649　　机工官博：http://weibo.com/cmp1952
读者购书热线：（010）88379203　　**封面无防伪标均为盗版**

出 版 说 明

信息技术是当今世界发展最快、渗透性最强、应用最广的关键技术，是推动经济增长和知识传播的重要引擎。在我国，随着国家信息化发展战略的贯彻实施，信息化建设已进入了全方位、多层次推进应用的新阶段。现在，掌握计算机技术已成为21世纪人才应具备的基础素质之一。

为了进一步推动计算机技术的发展，满足计算机学科教育的需求，机械工业出版社聘请了全国多所高等院校的一线教师，进行了充分的调研和讨论，针对计算机相关课程的特点，总结教学中的实践经验，组织出版了这套"普通高等教育计算机规划教材"。

本套教材具有以下特点：

1）反映计算机技术领域的新发展和新应用。

2）为了体现建设"立体化"精品教材的宗旨，本套教材为主干课程配备了电子教案、学习与上机指导、习题解答、多媒体光盘、课程设计和毕业设计指导等内容。

3）针对多数学生的学习特点，采用通俗易懂的方法讲解知识，逻辑性强、层次分明、叙述准确而精炼、图文并茂，使学生可以快速掌握，学以致用。

4）符合高等院校各专业人才的培养目标及课程体系的设置，注重培养学生的应用能力，强调知识、能力与素质的综合训练。

5）注重教材的实用性、通用性，适合各类高等院校、高等职业学校及相关院校的教学，也可作为各类培训班和自学用书。

希望计算机教育界的专家和老师能提出宝贵的意见和建议。衷心感谢计算机教育工作者和广大读者的支持与帮助！

机械工业出版社

前　　言

在当今的 Web 时代，各行各业的企业及个人用户制作网站的需求越来越多，标准越来越高，传统的网站制作教材无论从技术实现上还是在网站的维护方面已经远远不能满足技术人员的需求，而目前对网页制作的要求也不仅仅是视觉效果的美观，更主要的是要符合 Web 标准。

以传统方式制作的网页内容与外观交织在一起，代码量大，维护困难。而 Web 标准的最大优点是采用 HTML+CSS+JavaScript 将网页内容、外观样式及动态效果彻底分离，从而可以大大减少页面代码，更便于分工设计、重用代码。作者结合多年从事教学工作和 Web 应用开发的实践经验，在潜心研读网站制作前沿技术的基础上，按照教学规律精心编写了本书。本书采用案例驱动的教学方法，首先展示案例的运行结果，然后详细讲述案例的设计步骤，循序渐进地引导读者学习和掌握相关知识点。本书主要围绕 Web 标准的三大关键技术（HTML、CSS 和 JavaScript）来介绍网页编程的必备知识及相关应用。其中，HTML 负责网页结构，CSS 负责网页样式及表现，JavaScript 负责网页行为和功能。本书采用全新流行的 Web 标准，通过简单的"记事本"工具，以 HTML 技术为基础，由浅入深，系统、全面地介绍了 HTML、CSS、JavaScript 的基本知识及常用技巧，并详细重点介绍了 CSS 页面布局技术和不同浏览器兼容性的解决方法，以及 JavaScript 的流行通用技术，内容翔实完整。考虑到网页制作较强的实践性，本书配备大量的页面例题和丰富的运行效果图，能够有效地帮助读者理解所学习的理论知识，系统全面地掌握网页制作技术。

本书共分 12 章，主要内容包括：HTML 基础、表单、HTML 高级应用、CSS 基础、Div+CSS 布局方法、用 CSS 设置文本和图像、用 CSS 设置超链接与导航菜单、JavaScript 脚本语言、使用 JavaScript 制作网页特效、购物商城首页制作、商品列表和详细信息页面制作，以及购物商城后台管理页面制作。本书所有例题、习题及上机实训均采用案例驱动的讲述方式，通过大量实例深入浅出、循序渐进地引导读者学习。在每章之后附有大量的实践操作习题，并在教学课件中给出习题答案，供读者在课外巩固所学的内容。

本书由刘瑞新、张兵义主编，参加编写的还有张鸣、刘树军、闫亚萍、冯全民、刘克纯、刘大学、万兆君、陈文明、缪丽丽、王金彪、孙明建、刘庆波、褚美花、骆秋容、翟丽娟、万兆明、徐云林、戚春兰、刘庆峰、崔瑛瑛、孙洪玲、刘大莲、李美嫦、岳爱英、庄建新，全书由刘瑞新教授统编定稿。

由于作者水平有限，书中疏漏和不足之处在所难免，敬请广大读者批评指正。

编　者

教 学 建 议

章　节	教 学 要 求	课　时
第1章 HTML 基础	了解 HTML 的发展历史和 HTML 5 的特性 掌握 HTML 的文档结构、代码规范和网页文件的创建过程 掌握搭建支持 HTML 5 浏览器环境的方法 掌握超链接、图像、表格和列表元素的用法	8
第2章 表单	了解表单的工作原理 掌握表单标签的基本格式 掌握\<input\>元素、选择栏\<select\>和多行文本域\<textarea\>的用法 掌握使用表单实现浏览者与网站之间信息交互的方法	4
第3章 HTML 高级应用	了解文档结构元素的特点与应用场合 掌握使用结构元素构建网页布局的方法 掌握音频和视频的基本格式 掌握音频标签\<audio\>的使用方法及浏览器兼容性 掌握视频标签\<video\>的使用方法及浏览器兼容性 了解 canvas 绘图的基本原理 掌握创建\<canvas\>元素、构建绘图环境的方法 掌握通过 JavaScript 绘制各种图形的方法 了解 HTML 5 的发展前景	8
第4章 CSS 基础	了解 CSS 的基本概念、发展历史及 CSS 3 的特点 掌握 CSS 的代码规范 掌握 CSS 与 HTML 文档的结合方法 掌握 CSS 的定义组成与常用的选择符 掌握多重样式表的层叠规则 掌握 CSS 的长度、百分比单位和色彩单位	6
第5章 Div+CSS 布局方法	了解 Div 布局页面的特点和优点 掌握 Div 标签的基本用法、Div 的嵌套及 Div 标签与 Span 标签的区别 掌握盒模型的基本概念和属性 掌握盒模型的宽度与高度 掌握外边距的叠加规则	8
第6章 用 CSS 设置文本和图像	了解网页排版的基本格式和页面的布局规划 掌握用 CSS 设置文字样式的方法 掌握用 CSS 设置段落样式的方法 掌握用 CSS 设置图片样式的方法 掌握用 CSS 设置背景的方法 掌握用 CSS 进行图文混排的方法 掌握综合应用 CSS 设置文本和图像的方法	8
第7章 用 CSS 设置超链接和 导航菜单	了解超链接、列表和导航菜单的基本特点与应用场合 掌握用 CSS 设置超链接样式的方法 掌握用 CSS 设置超链接列表的方法 掌握用 CSS 创建导航菜单的方法 掌握综合应用 CSS 设置超链接与导航菜单的方法	6

章　节	教　学　要　求	课　时
第8章 JavaScript 脚本语言	了解 JavaScript 的发展历史和特点 掌握在网页中插入 JavaScript 的方法 掌握 JavaScript 的基本数据类型和表达式 掌握 JavaScript 的程序结构 掌握 JavaScript 语言中的对象 掌握 DOM 对象及编程的方法 掌握 JavaScript 的对象事件处理程序	8
第9章 使用 JavaScript 制作网页特效	了解常见网页特效的形式与应用场合 掌握使用 JavaScript 制作循环滚动字幕特效的方法 掌握使用 JavaScript 制作幻灯片切换广告特效的方法 掌握使用 JavaScript 制作二级导航菜单的方法	4
第10章 购物商城首页的制作	了解网上购物商城系统的前台页面和后台页面的特点 掌握网站的开发流程 掌握购物商城首页的布局规划方法 掌握购物商城首页的制作方法	4
第11章 商品列表和详细信息 页面的制作	了解商品列表页面和详细信息页面的功能与布局特点 掌握商品列表页面翻页效果的制作方法 掌握详细信息页面展示商品详情的布局方法	4
第12章 购物商城后台管理 页面的制作	了解网上购物商城系统后台页面的基本模块 掌握商城后台管理登录页面的制作方法 掌握商城后台管理查询商品页面的制作方法 掌握商城后台管理添加商品页面的制作方法	4
总课时		72

说明：

（1）本教材适用于计算机及相关专业"网站开发与设计"或"网页制作"课程的教材，教师授课学时数为 36 学时，学生在教师指导下完成相关配套实验的学时为 36 学时。不同专业根据相应的教学要求和计划学时数可酌情对教材内容进行适当取舍，非计算机专业使用本教材可适当降低教学要求。

（2）建议采用"讲、学、练、做"为一体的教学方法，教师首先在课堂上重点介绍网站的设计思路与设计流程，讲授关键的知识点和难点，细节的语法规则和操作过程主要靠学生自己学习，以及在实践环节的"练、做"中理解和掌握。采用这种互动式教学、案例教学相结合的模式，调动学生学习的兴趣和主动性。

（3）除了本书各章节的演练案例之外，建议教师结合学生的学习情况补充其他题目，加强实践环节的指导和要求，对于共性的问题及时进行讲解。在课程最后，给出一个有一定规模的综合性的网站开发设计题目，要求学生独立或分组完成，加强学生网站规划布局与网页制作的能力及对常见错误的处理能力。

（4）对于本书的学时数，可根据具体情况确定，有些专业安排学时较少，教材中的内容不能完全讲解，建议在教学中突出重点，重点强调学生网站规划布局综合能力的培养，而对 HTML 5 高级应用和 JavaScript 的对象事件处理程序等内容不再讲解，感兴趣的同学可以自学本书中相关内容。

目 录

第 1 章　HTML 基础

HTML 是制作网页的基础语言，是初学者必学的内容。虽然现在有许多所见即所得的网页制作工具（如 Dreamweaver 等），但是这些工具生成的代码仍然是以 HTML 为基础的，学习 HTML 代码对设计网页非常重要。

1.1　HTML 简介

HTML 是 Hyper Text Markup Language（超文本置标语言）的缩写，是一种为普通文件中某些字句加上标签的语言，其目的在于运用标签（tag）对文件达到预期的效果。它是构成 Web 页面（page）、表示 Web 页面的符号标签语言。通过 HTML，将所需表达的信息按某种规则写成 HTML 语言，再通过专用的浏览器来识别，并将这些 HTML 语言翻译成可以识别的信息，就是所见到的网页。

1.1.1　HTML 发展历史

HTML 最早源于标准通用化置标语言（Standard General Markup Language，SGML），它由 Web 的发明者 Tim Berners-Lee 和其同事 Daniel W.Connolly 于 1990 年创立。在互联网发展的初期，由于没有一种网页技术呈现的标准，所以多家软件公司合力打造了 HTML 标准，HTML 标准规定网页如何处理文字、如何安排图画等，其中最著名的就是 HTML 4，这是一个具有跨时代意义的标准，在 HTML 4 标准提出之前，互联网上的标准非常混乱，当时的微软、网景等公司都提出了需要制定新的标准来规范互联网，所以 W3C 组织于 1997 年提出了 HTML 4 标准。

由于在提出 HTML 4 时，互联网环境较差，网络带宽不足，网页的呈现形式也非常有限，在早期的网页上，主要的内容还仅仅是文字，但随着网络带宽的不断提高，人们对于互联网的要求也在不断提高，主流网站的内容在不断扩充，直到现在，一些主流互联网媒体的已经相当多了，大型门户的首页，在 1024×768 像素分辨率下，可能需要四屏甚至更多才能够呈现完整页面，代码量就可想而知了。

相对于较早提出的 HTML 4 来讲，各个浏览器在发展过程中也在不断地支持各种标准，这使得 HTML 4 过于混乱，普遍现象是 HTML 4 标准的同样一串代码下，在各个浏览器上呈现出来的效果不同。同时 HTML 4 所提供的样式和标记容易让人混淆，这也让 W3C 组织非常重视，在 2004 年 W3C 组织提出了 XHTML 标准。

XHTML 只是 HTML 的扩展，对于数据类型要求更为严格，让 HTML 标准变得统一。不过 XHTML 并没有成功，大多数的浏览器厂商认为 XHTML 作为一个过渡化的标准并没有太大必要，所以 XHTML 并没有成为主流，而 HTML 5 便因此应运而生。

HTML 5 的前身名为 Web Applications 1.0，由网页超文本技术工作小组（Web Hypertext Application Technology Working Group，WHATWG）在 2004 年提出，于 2007 年被 W3C 接

纳。W3C 随即成立了新的 HTML 工作团队，包括 AOL、Apple、Google、IBM、Microsoft、Mozilla、Nokia、Opera 及数百个其他的开发商。这个团队于 2009 年公布了第一份 HTML 5 正式草案，将成为 HTML 和 HTMLDOM 的新标准。

Web 技术发展历程时间表如图 1-1 所示。

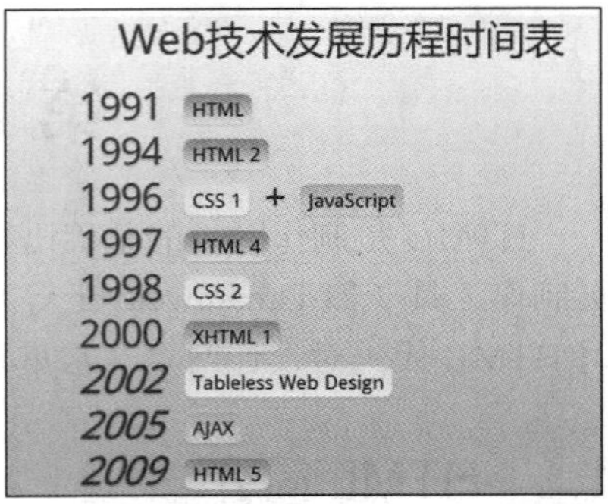

图 1-1 Web 技术发展历程时间表

1.1.2 HTML 5 的特性及元素

1．HTML 5 的特性

HTML 4 主要用于在浏览器中呈现丰富的文本内容和实现超链接，HTML 5 继承了这些特点，但更侧重于在浏览器中实现 Web 应用程序。对于网页的制作，HTML 5 主要有两方面的改进，即实现 Web 应用程序和用于更好地呈现内容。

（1）实现 Web 应用程序

HTML 5 引入新的功能，以帮助 Web 应用程序的创建者更好地在浏览器中创建多媒体应用程序，这是当前 Web 应用的热点。多媒体应用程序目前主要由 Ajax 和 Flash 来实现，HTML 5 的出现增强了这种应用。HTML 5 用于实现 Web 应用程序的功能如下：

● 绘画的 canvas 元素，该元素就像在浏览器中嵌入一块画布，可以在画布上绘画。
● 更好的用户交互操作，包括拖放、内容可编辑等。
● 扩展的 HTMLDOM 应用程序编程接口（Application Programming Interface，API）。
● 本地离线存储。
● Web SQL 数据库。
● 离线网络应用程序。
● 跨文档消息。
● Web Workers 优化 JavaScript 执行。

（2）更好地呈现内容

基于 Web 表现的需要，HTML 5 引入了更好地呈现内容的元素，主要有以下几项：

● 用于视频、音频播放的 video 元素和 audio 元素。
● 用于文档结构的 article、footer、header、nav 和 section 等元素。
● 功能强大的表单控件。

2．HTML 5 元素

根据内容类型的不同，可以将 HTML 5 的标签元素分为 7 类，如表 1-1 所示。

表 1-1 HTML 5 的标签元素

标 签 元 素	描　　　述
内嵌	向文档中添加其他类型的元素，例如 audio、video、canvas 和 iframe 等
流	在文档和应用的 body 中使用的元素，例如 form、h1 和 small 等
标题	段落标题，例如 h1、h2 和 hgroup 等
交互	与用户交互的内容，例如音频和视频的控件、button 和 textarea 等

标签元素	描　　述
元数据	通常出现在页面的 head 中，设置页面其他部分的表现和行为，例如 script、style 和 title 等
短语	文本和文本标签元素，例如 mark、kbd、sub 和 sup 等
片段	用于定义页面片段的元素，例如 article、aside 和 title 等

其中的一些元素如 canvas、audio 和 video，在使用时往往需要其他 API 来配合，以实现细粒度控制，但也可以直接使用它们。

1.2　HTML 编写规范

每个网页都有其基本的结构，包括 HTML 文档的结构，标签的格式等。

1.2.1　HTML 文档结构

1. 标签

HTML 文档由标签和被标签的内容组成。标签能产生所需要的各种效果。其功能类似于一个排版软件，将网页的内容排成理想的效果。这些标签名称大都为相应的英文单词首字母或缩写，例如，p 表示 paragraph（段落）、img 表示 image（图像），便于记忆。各种标签的效果差别很大，但总的表示形式却大同小异，大多数都成对出现。其格式如下：

> <标签> 受标签影响的内容 </标签>

例如，一级标题标签<h1>表示如下：

> <h1> 欢迎！</h1>

需要注意以下两点：

- 每个标签都要用"<"（小于号）和">"（大于号）括起来，如<p>，<table>，以表示这是 HTML 代码而非普通文本。注意，"<"、">"与标签名之间不能留有空格或其他字符。
- 在标签名前加上符号"/"是其结束标签，表示该标签内容的结束，如</h1>。标签也有不用</标签>结尾的，称为单标签。

2. 标签的属性

标签仅仅规定这是哪类信息，这些信息可以是文本，也可以是图像，但是要想显示或控制这些信息，就需要在标签后面加上相关的属性。每个标签都有一系列的属性。标签通过属性来制作出各种效果，格式如下：

> <标签　属性 1="属性值 1"　属性 2="属性值 2" ...> 受标签影响的内容 </标签>

例如，一级标题标签<h1>有属性 align，align 表示文字的对齐方式，具体如下：

> <h1 align="left"> 欢迎！</h1>

1.2.2　HTML 代码规范

页面的 HTML 代码书写必须符合 HTML 规范，这是用户编写良好结构文档的基础，这些文档可以很好地工作于所有的浏览器，并且可以向后兼容。

1．标签和属性的规范

标签和属性的规范需要注意以下几点：

- 并不是所有的标签都有属性，如换行标签就没有属性。
- 根据需要可以使用该标签的所有属性，也可以只使用其中的几个属性。在使用时，属性之间没有顺序。
- 属性和标签一样，都必须用小写字母表示。
- 属性值都要用双引号""""括起来。

2．元素的嵌套

元素必须被正确地嵌套，最有可能发生错误的是在与<table>标签结合时。<table>的直接子元素只能为<thead>、<tbody>、<tfoot>和<tr>，而<thead>、<tbody>和<tfoot>的直接子元素只能为<tr>，而<tr>的直接子元素只能为<td>和<th>才可以放其他标签。此外，类似的标签还有<dl>、<ul>和<select>等。

3．不推荐使用的标签

在 HTML 中，某些标签不推荐使用，例如，<b>、<strong>、<i>、<em>、<dfn>、<code>、<samp>、<kbd>、<var>和<cite>等。因为这些标签有些是可以用 CSS 统一控制的，还有一些是不常使用的。

4．代码的缩进

在编写 HTML 代码时要注意使用代码缩进来提高程序的结构性和层次性，不要使用制表符或制表符加空格的混合方式缩进。

1.2.3　使用 HTML 语法编写 HTML 5 文档

HTML 5 的语法格式兼容 HTML 4 和 XHTML 1，也就是说可以使用 HTML 4 或 XHTML 1 语法可以编写 HTML 5 网页。HTML 5 文档是一种纯文本格式的文件，文档的基本结构如下：

```
<!doctype html>
<html>
  <head>
    <meta charset="gb2312">
    <title>文档标题</title>
  </head>
  <body>
     网页内容
  </body>
</html>
```

1．文档类型

在使用 HTML 语法编写 HTML 5 文档时，要求指定文档类型，以确保浏览器能在

4

HTML 5 标准模式下渲染网页。文档类型声明的格式如下：

<!doctype html>

此行代码称为 doctype 声明，doctype 是 document type（文档类型）的简写。要建立符合标准的网页，doctype 声明是必不可少的关键组成部分。doctype 声明必须放在每一个 HTML 5 文档的最顶部，在所有代码和标签之前。

2．HTML 文档标签<html>…</html>

HTML 文档标签的格式如下：

<html> HTML 文档的内容 </html>

<html>处于文档的最前面，表示 HTML 文档的开始，即浏览器从<html>开始解释，直到遇到</html>为止。每个 HTML 文档均以<html>开始，以</html>结束。

3．HTML 文档头标签<head>…</head>

HTML 文档包括头部（head）和主体（body）。HTML 文档头标签的格式如下：

<head> 头部的内容 </head>

文档头部内容在开始标签<html>和结束标签</html>之间定义，其内容可以是标题名或文本文件地址、创作信息等网页信息说明。

4．文档编码

HTML 5 文档直接使用 meta 元素的 charset 属性指定文档编码，格式如下：

<meta charset="gb2312">

为了被浏览器正确地解释和通过 W3C 代码校验，所有的 HTML 5 文档都必须声明它们所使用的编码语言。文档声明的编码应该与实际的编码一致，否则就会呈现为乱码。对于中文网页的设计者来说，用户一般使用符合 GB2312—1980《信息交换用汉字编码字符集基本集》标准的文字即可。

5．HTML 文档标题标签<title>…</title>

HTML 文档标题标签的格式如下：

<title> 标题名 </title>

在文档头部定义的标题内容并不在浏览器窗口中显示，而是在浏览器的标题栏中显示。尽管头部定义的信息很多，但能在浏览器标题栏中显示的信息只有标题。

标题会给浏览者带来方便。首先，标题概括了网页的内容，能使浏览者迅速了解网页的大概内容。其次，如果浏览者喜欢该网页，将它加入书签中或保存到磁盘上，标题就作为该页面的标志或文件名。另外，使用搜索引擎时显示的结果也是页面的标题。可见，标题是非常重要的。

6．HTML 文档主体标签<body>…</body>

HTML 文档主体标签的格式如下：

<body>
　　网页的内容
</body>

主体位于头部之后，以<body>为开始标签，</body>为结束标签。它定义网页中显示的主要内容与显示格式，是整个网页的核心，网页中要真正显示的内容都包含在主体中。

1.3 网页文件的创建过程

一个网页可以简单得只有几个文字，也可以复杂得像一张或几张海报。下面创建一个只有文本组成的简单页面，通过它来学习网页的编辑和保存过程。用任何网页编辑器都能编辑制作 HTML 文件。下面用最简单的"记事本"来编辑网页文件。操作步骤如下：

1）打开记事本。单击 Windows 的"开始"按钮，选择"程序"→"附件"→"记事本"命令。

2）创建新文件，并按 HTML 语言规则编辑。在"记事本"窗口中输入 HTML 代码，具体的内容如图 1-2 所示。

3）保存网页。在"记事本"窗口中选择"文件"→"保存"命令。此时将弹出"另存为"对话框，在"保存在"下拉列表框中选择文件要存放的路径，在"文件名"文本框中输入以 html 或 htm 为扩展名的文件名，如 welcome.html，在"保存类型"下拉列表框中选择"文本文档（*.txt）"选项，如图 1-3 所示。最后单击"保存"按钮，将记事本中的内容保存在本地计算机的磁盘中。

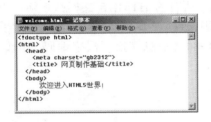

图 1-2 输入 HTML 代码

图 1-3 "另存为"对话框

4）在本地计算机中找到保存文件的位置，双击 welcome.html 文件启动浏览器，即可看到网页的显示结果。

如果希望将该网页作为网站的首页（主页），当浏览者输入网址后，就显示该网页的内容，可以把这个文件设为默认文档，文件名为 index.html 或 index.htm。

除了使用记事本编辑网页以外，读者还可以使用常用的文本编辑器 Editplus，或者所见即所得的网页制作工具 Dreamweaver 来编辑网页。

1.4 搭建支持 HTML 5 的浏览器环境

尽管各主流厂商的最新版浏览器都对 HTML 5 提供了很好的支持，但 HTML 5 毕竟是一种全新的 HTML 标签语言，许多功能必须在搭建好相应的浏览环境后才可以正常浏览。因此，在正式执行一个 HTML 5 页面之前，必须先搭建支持 HTML 5 的浏览器环境，并检查浏览器是否支持 HTML 5 标签。

目前，常见的浏览器包括 Microsoft 的 IE 系列（仅有 IE 9 及其以上版本）浏览器，Opera Software 的 Opera 浏览器与 Google 的 Chrome 浏览器。由于 Windows XP 操作系统下不能安装 IE 9，因此本书所有的应用实例主要执行的浏览器为 Opera，其对应的版本号为11.62。如果读者需要运行本书中的实例，则要安装该版本的 Opera 浏览器。

【演练 1-1】 制作简单的 HTML 5 文档，检测浏览器是否支持 HTML 5，本例文件 1-1.html 在 IE 6 浏览器中的显示效果如图 1-4 所示，在 Opera 浏览器中的显示效果如图 1-5 所示。

图 1-4　IE 6 浏览器中的显示效果

图 1-5　Opera 浏览器中的显示效果

代码如下：

```
<!doctype html>
<html>
  <head>
    <meta charset="gb2312">
    <title>检查浏览器是否支持 HTML 5</title>
  </head>
  <body>
    <canvas id="my" width="200" height="100" style="border:3px solid #00f;
    background-color:#f00">                <!-- HTML 5 的 canvas 画布标签-->
    该浏览器不支持 HTML 5
    </canvas>
  </body>
</html>
```

【说明】 在 HTML 页面中插入一段 HTML 5 的 canvas 画布标签，当浏览器支持该标签时，将显示一个矩形；反之，则在页面中显示"该浏览器不支持 HTML 5"的提示。

1.5　文字与段落排版

网页的外观是否美观，很大程度上取决于其排版。在页面中出现大段的文字，通常采用分段的形式进行划分。本节从段落的细节设置入手，使读者学习后能利用标签进行基本的文字与段落排版。

1.5.1　注释标签<!--...-->

与很多计算机语言一样，HTML 文档也提供注释功能。浏览器会忽略此标签中的文字

（可以是多行）而不显示。一般使用注释标签的目的是为文档中的不同部分加上说明，方便日后阅读和修改。注释标签的格式如下：

<!-- 注释内容 -->

注释并不局限于一行，长度不受限制。结束标签与开始标签可以不在一行上。

1.5.2　强制换行标签

在 HTML 文档中，无法用多个〈Enter〉、空格、〈Tab〉键来调整文档段落的格式，要用 HTML 的标签来强制换行、分段。

放在一行的末尾，可以使后面的文字、图像、表格等显示于下一行，且不会在行与行之间留下空行，即强制文本换行。由于浏览器会自动忽略 HTML 文档中的空白和换行部分，这使
成为最常用的标签之一。强制换行标签的格式如下：

文字　

浏览器解释时，从该处换行。换行标签单独使用，可使页面清晰、整齐。

1.5.3　段落标签<p>…</p>

段落标签放在段落的头部和尾部，用于定义一个段落。<p>…</p>标签不但能使后面的文字换到下一行，还可以使两段之间多加一空行，相当于

标签。段落标签的格式如下：

<p align="left|center|right"> 文字 </p>

其中，属性 align 用来设置段落文字在网页上的对齐方式：left（左对齐）、center（居中）和 right（右对齐），默认为 left。格式中的"|"表示"或者"，即多项选其一。

1.5.4　定位标签<div>…</div>

定位标签用来设定文字、图像和表格的摆放位置。在多个段落中设置对齐方式时，常使用<div>…</div>标签。定位标签的格式如下：

<div align="left|center|right"> 文本、图像或表格 </div>

其中，属性 align 用来设置文本块、文字段或标题在网页上的对齐方式，取值为 left、center 和 right，默认为 left。

1.5.5　水平线标签<hr />

在页面中插入一条水平标尺线（horizontal rules），可以将不同功能的文字分隔开，看起来整齐、明了。当浏览器解释到 HTML 文档中的<hr/>标签时，会在此处换行，并加入一条水平线段。线段的样式由标签的参数决定。水平线标签的格式如下：

<hr align="left|center|right" size="横线粗细" width="横线长度" color="横线色彩" noshade="noshade" />

其中，属性 size 用于设定线条粗细，以像素为单位，默认值为 2。

属性 width 用于设定线段长度，可以是绝对值（以像素为单位）或相对值（相对于当前窗口的百分比）。所谓绝对值，是指线段的长度是固定的，不随窗口尺寸的改变而改变。所谓相对值，是指线段的长度相对于窗口的宽度而定，窗口的宽度改变时，线段的长度也随之增减，默认值为 100%，即始终填满当前窗口。

属性 color 用于设定线条色彩，默认为黑色。色彩可以用相应的英文名称或以"#"引导的十六进制代码来表示，如表 1-2 所示。

表 1-2　色彩代码表

色　　彩	色彩英文名称	十六进制代码
黑色	black	#000000
蓝色	blue	#0000ff
棕色	brown	#a52a2a
青色	cyan	#00ffff
灰色	gray	#808080
绿色	green	#008000
乳白色	ivory	#fffff0
橘黄色	orange	#ffa500
粉红色	pink	#ffc0cb
红色	red	#ff0000
白色	white	#ffffff
黄色	yellow	#ffff00
深红色	crimson	#cd061f
黄绿色	greenyellow	#0b6eff
水蓝色	dodgerblue	#0b6eff
淡紫色	lavender	#dbdbf8

1.5.6　标题文字标签<h#>…</h#>

在页面中，标题是一段文字内容的核心，所以总是用加强的效果来表示。网页中的信息可以分为主要点、次要点，可以通过设置不同大小的标题，增加文章的条理性。标题文字标签的格式如下：

<h# align="left|center|right"> 标题文字 </h#>

"#"用来指定标题文字的大小，#取 1～6 的值，取 1 时文字最大，取 6 时文字最小。

属性 align 用来设置标题在页面中的对齐方式，包括 left（左对齐）、center（居中）或 right（右对齐），默认为 left。

1.5.7　文字与段落排版综合实例

【演练 1-2】 制作一个购物商城积分说明的页面，本例文件 1-2.html 在浏览器中显示的效果如图 1-6 所示。

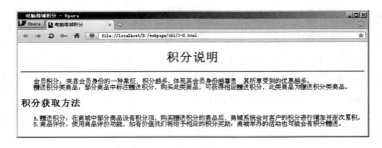

图 1-6　页面显示效果

代码如下：

```
<!doctype html>
<html>
<head>
<title>电脑商城积分</title>
</head>
<body>
    <h1 align="center">积分说明</h1>
    <hr />
    <p>    会员积分：突显会员身份的一种象征，积分越多，体现其会员
身份越尊贵，其所享受到的优惠越多。<br />
        赠送积分类商品：部分商品中标注赠送积分，购买此类商品，可获得
相应赠送积分，此类商品为赠送积分类商品。
    </p>
    <h2>积分获取方法</h2>
    <div align="left">
        A.赠送积分：在商城中部分商品设有积分项，购买赠送积分的商品
后，商城系统会对客户的积分进行增加并逐次累积。<br />
        B.商品评价：使用商品评价功能，如有价值我们将给予相应的积分奖
励；商城举办的活动也可能会有积分赠送。
    </div>
</body>
</html>
```

【说明】　从本例可以看出，HTML 语言忽略多余的空格，最多只空一个空格。在需要空格的位置，可以用" "插入一个空格，或者输入全角中文空格。" "为非换行的空格符号，用它可以在文本中加入任意多个空格。例如，在本例中，积分说明段落的开头为了实现首行缩进的效果，在段落标签<p>后面连续加上 4 个" "空格符号。

1.6　超链接

超链接（hyperlink）是网页互相联系的桥梁，超链接可以看做一个"热点"，它可以从当前网页定义的位置跳转到其他位置，包括当前页的某个位置，以及 Internet、本地硬盘或局域网上的其他文件，甚至跳转到声音、图像等多媒体文件。

当网页中包含超链接时，其外观形式为彩色（一般为蓝色）且带下画线的文字或图像。单击这些文本或图像，可跳转到相应位置。鼠标指针指向超链接时，将变成手形。

1. 锚点标签<a>…</a>

锚点（anchor）标签由<a>定义，它在网页上建立超文本链接。通过单击一个词、句或图像，可从此处转到另一个链接资源（目标资源），这个目标资源有唯一的地址（URL）。具有以上特点的词、句或图像就称为热点。<a>标签的格式如下：

<a href="URL" target="打开窗口方式"> 热点 </a>

href 属性为超文本引用，它的值为一个 URL，是目标资源的有效地址。如果要创建一个不链接到其他位置的空超链接，则可用 "#" 代替 URL。target 属性设定链接被单击后所要开始窗口的方式，可选值为：_blank，_parent，_self 和_top。

2. 指向其他页面的链接

创建指向其他页面的链接，就是在当前页面与其他相关页面之间建立超链接。根据目标文件与当前文件的目录关系，有 4 种写法。注意，应该尽量采用相对路径。

1）链接到同一目录内的网页文件，格式如下：

<a href="目标文件名.htm"> 热点文本 </a>

其中，"目标文件名"是链接所指向的文件。

2）链接到下一级目录中的网页文件，格式如下：

<a href="子目录名/目标文件名.htm"> 热点文本 </a>

3）链接到上一级目录中的网页文件，格式如下：

<a href="../目标文件名.htm"> 热点文本 </a>

其中，"../"表示退到上一级目录中。

4）链接到同级目录中的网页文件，格式如下：

<a href="../子目录名/目标文件名.htm"> 热点文本 </a>

表示先退到上一级目录中，然后再进入目标文件所在的目录。

3. 指向本页中的链接

要在当前页面内实现超链接，需要定义两个标签：一个为超链接标签，另一个为书签标签。超链接标签的格式如下：

<a href="#记号名"> 热点文本 </a>

即单击"热点文本"，将跳转到"记号名"开始的文本。

书签就是用<a>标签对文本做一个记号。如果有多个链接，则对不同目标文本要设置不同的书签名。书签名在<a>标签的 name 属性中定义，格式如下：

<a name="记号名"> 目标文本附近的字符串 </a>

4. 指向下载文件的链接

如果链接到的文件不是 HTML 文件，则该文件将作为下载文件。指向下载文件的链接格式如下：

> **<a href="下载文件名">** 热点文本 **</a>**

5．指向电子邮件的链接

单击指向电子邮件的链接，将打开默认的电子邮件程序，如 FoxMail、Outlook Express 等，并自动填写邮件地址。指向电子邮件链接的格式如下：

> **<a href="mailto:E-mail 地址">** 热点文本 **</a>**

例如，E-mail 地址是 zhby1972@126.com，可以建立如下链接：

> 信箱:<a href="mailto: zhby1972@126.com">和我联系</a>

6．超链接综合实例

【演练 1-3】 制作商城购物指南简介及下载的页面，本例文件包括 1-2.html、1-3.html 两个展示网页和 gwzn.rar 下载文件。在浏览器中显示的效果如图 1-7 和图 1-8 所示。

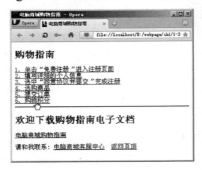

图 1-7　页面之间的链接

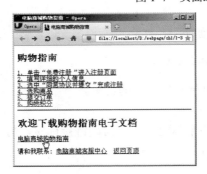

图 1-8　下载链接

代码如下：

```
<!doctype html>
<html>
  <head> <title>电脑商城购物指南</title> </head>
  <body>
    <h2><a name="top">购物指南</a></h2>
    <a href="#" target="_blank">1、单击"免费注册"进入注册页面</a><br/>
```

```
<a href="#">2、填写详细的个人信息</a><br/>
<a href="#">3、选中"同意协议并提交"完成注册</a><br/>
<a href="#">4、选购商品</a><br/>
<a href="#">5、提交订单</a><br/>
<a href="1-2.html">6、购物积分</a><br/>
<hr>
<h2>欢迎下载购物指南电子文档</h2>
<a href="gwzn.rar">电脑商城购物指南</a> <br/><br/>
请和我联系：<a href="mailto:guanyu@126.com">电脑商城客服中心</a>  <a
href="#top">返回页顶</a>
    </body>
  </html>
```

【说明】

1）当把鼠标指针移到超链接上时，鼠标指针变为手形，单击链接则打开指定的网页 1-2.html。如果在<a>标签中省略属性 target，则在当前窗口中显示；当 target="_blank"时，将在新的浏览器窗口中显示。

2）在图 1-8 所示的网页中单击下载热点"电脑商城购物指南"，将弹出"正在下载文件"对话框，提示用户将该文件下载到指定位置。

1.7 图像

图像是美化网页最常用的元素之一。虽然有很多种计算机图像格式，但由于受网络带宽和浏览器的限制，在 Web 上常用的图像格式有 3 种：.GIF、JPEG 和 PNG。

1.7.1 图像标签<img>

使用图像标签可以把一幅图像加入到网页中。用图像标签还可以设置图像的替代文本、尺寸和布局等属性。图像标签的格式如下：

> **<img src="图像文件名" alt="简单说明" width="图像宽度" height="图像高度"
> border="边框宽度" hspace="水平方向空白" vspace="垂直方向空白"
> align="环绕方式|对齐方式" />**

标签中的属性说明如下。

src：指出要加入图像的文件名，即"图像文件的路径\图像文件名"。

alt：在浏览器尚未完全读入图像时，在图像位置显示的文字。

width：宽度（像素数或百分数）。通常只设为图像的真实大小以免失真。若需要改变图像大小，最好事先使用图像编辑工具进行修改。百分数是指相对于当前浏览器窗口的百分比。

height：设定图像的高度（像素数或百分数）。

hspace：设定图像边沿空白，以免文字或其他图像过于贴近。设定图像左、右的空间水平方向空白像素数。

vspace：设定图像上、下的空白空间，空白高度采用像素作为单位。

align：图像与文本混合排放时，设定图像在水平（环绕方式）或垂直方向（对齐方式）上的位置，包括 left（图像居左，文本在图像的右边）、right（图像居右，文本在图像的左边）、top（文本与图像在顶部对齐）、middle（文本与图像在中央对齐）或 bottom（文本与图像在底部对齐）。

如果不设定图像的大小，则图像将按其本身的大小显示。可使用<img>标签的 width 属性和 height 属性来设置图像的大小。width 属性和 height 属性的属性值可取像素数，也可取百分数。

1.7.2　用图像作为超链接热点

图像也可作为超链接热点，单击图像则跳转到被链接的文本或其他文件。格式如下：

<a href="URL"> <img src="图像文件名" /> </a>

例如：

```
<a href="vb_book.html">                    <!-- 单击图像则打开 vb _book.html -->
<img src="vb.jpg" alt="VB 封面" width="140" height="190" hspace="10" vspace="5" /> </a>
```

1.7.3　图像应用综合实例

【演练 1-4】　商城促销信息图文混排，本例文件 1-4.html 在浏览器中显示的效果如图 1-9 所示。

图 1-9　页面的显示效果

代码如下：

```
<!doctype html>
<html>
<head>
<title>电脑商城促销信息-图文混排</title>
</head>
<body>
  <h1>促销信息</h1>
  <p><img src="images/hpnote.jpg" title="高端配置，特惠拍卖" align="left"></p>
  <p>    拍卖上网笔记本</p>
```

        `<p>    采用第二代智能 i5 处理器，全新 ATI HD6750 128 位高端独立显卡，配备 1G GDDR5 专业级高速显存。</p>`
        `<p>    拍卖疯狂价 1000 元起。</p>`
    `</body>`
    `</html>`

【说明】 如果不设置文本对图像的环绕，则图像在页面中将占用一整片空白区域。利用 `<img>` 标签的属性，可以使文本环绕图像。使用该标签设置文本环绕方式后，将一直有效，直到遇到下一个设置标签为止。

1.8　表格

表格将文本和图像按行、列排列，它与列表一样，有利于表达信息。表格除了用来显示数据外，还用于搭建网页的结构，使整个页面更规则地放置图像和空白，并使条目更清晰。

1.8.1　简单表格

最简单的表格仅包括行和列。表格的标签为 `<table>`，行的标签为 `<tr>`，表项的标签为 `<td>`。其中，`<tr>` 是单标签，一行的结束是新一行的开始。表项内容写在 `<td>` 与 `</td>` 之间。`<table>` 标签必须成对使用，简单表格的格式如下：

```
<table border="n" width="x|x%" height="y|y%" cellspacing="i" cellpadding="j">
<caption align="left|right|top|bottom valign=top|bottom>标题</caption>
<tr> <th>表头 1</th> <th>表头 2</th> <th>…</th> <th>表头 n</th></tr>
<tr> <td>表项 1</td> <td>表项 2</td> <td>…</td> <td>表项 n</td></tr>
…
<tr> <td>表项 1</td> <td>表项 2</td> <td>…</td> <td>表项 n</td></tr>
</table>
```

在上面格式中，`<caption>` 标签用来给表格增加标题，其中的 align 属性用来设置标题相对于表格水平方向的对齐方式，valign 属性用来设置标题相对于表格垂直方向的对齐方式。

表格是一行一行建立的，在每一行中填入该行每一列的表项数据。可以把表头看做一行，只不过用的是 `<th>` 标签。

在浏览器中显示时，`<th>` 标签的文字按粗体显示，`<td>` 标签的文字按正常字体显示。

表格的整体外观由 `<table>` 标签的属性决定。

border：定义表格边框的粗细，n 为整数，单位为像素。如果省略，则不带边框。

width：定义表格的宽度，x 为像素数或百分数（占窗口的）。

height：定义表格的高度，y 为像素数或百分数（占窗口的）。

cellspacing：定义表项间隙，i 为像素数。

cellpadding：定义表项内部空白，j 为像素数。

需要说明的是，表格所使用的边框、宽度等样式一般应放在专门的 CSS 样式文件中（将在后续章节讲解），此处讲解这些属性仅仅是为了演示表格案例中的页面效果，在真正设计表格外观时是通过 CSS 样式完成的。

1.8.2 表格内文字的对齐方式

在默认情况下，表项居于单元格的左端。可用列、行的属性设置表项数据在单元格中的位置。

1. 水平对齐

表项数据的水平对齐通过标签<th>、<td>和<tr>的 align 属性实现。align 的属性值分别为 left（左对齐）、center（表项数据的居中）、right（右对齐）或 justify（左右调整）。

2. 垂直对齐

表项数据的垂直对齐通过标签<th>、<td>和<tr>的 valign 属性实现。valign 的属性值分别为 top（靠单元格顶）、bottom（靠单元格底）、middle（靠单元格中）或 baseline（同行单元数据项位置一致）。

1.8.3 表格在页面中的对齐方式

前面介绍的是表格中各单元格的属性。现在，把表格作为一个整体，介绍如何设置表格在页面中的位置。与图像一样，表格在浏览器窗口中的位置也有 3 种：居左、居中和居右。使用<table>标签的 align 属性设置表格在页面中的位置，格式如下：

```
<table align="left|center|right">
```

当表格位于页面的左侧或右侧时，文本填充在另一侧；当表格居中时，表格两边没有文本；当 align 属性省略时，文本在表格的下面。

1.8.4 表格应用综合实例

【演练 1-5】 制作商品销量一览表页面，本例文件 1-5.html 在浏览器中显示的效果如图 1-10 所示。

代码如下：

图 1-10　商品销量一览表

```
<!doctype html>
<html>
  <head><title>商品销量一览表</title></head>
  <body>
    <h1 align="center">笔记本电脑季度销量一览表
</h1>
    <table  width="500"  height="200"  border="3"
align="center">
      <tr>
      <th>品牌</th>
      <th>一季度</th>
      <th>二季度</td>
      <th>三季度</th>
      <th>四季度</th>
      <tr>
      <td align="center">志翔</td>
```

```
                <td align="center">2506</td>
                <td align="center">3025</td>
                <td align="center">3422</td>
                <td align="center">2890</td>
            <tr>
                <td align="center">天翔</td>
                <td align="center">2307</td>
                <td align="center">3312</td>
                <td align="center">4213</td>
                <td align="center">3288</td>
            <tr>
                <td align="center">飞翔</td>
                <td align="center">1688</td>
                <td align="center">2769</td>
                <td align="center">3212</td>
                <td align="center">2110</td>
            <tr>
                <td align="center">宇翔</td>
                <td align="center">2067</td>
                <td align="center">2342</td>
                <td align="center">3180</td>
                <td align="center">2566</td>
        </table>
    </body>
</html>
```

【说明】 在设计页面时，经常需要利用表格来定位页面元素。使用表格可以导入表格化数据，设计页面分栏，定位页面上的文本和图像等。表格布局具有结构相对稳定、简单通用等优点，但使用嵌套表格布局时 HTML 层次结构复杂，代码量非常大。因此，表格布局仅适用于页面中数据规整的局部布局，而页面的整体布局一般采用主流的 Div+CSS 布局，Div+CSS 布局将在后续章节进行详细讲解。

1.9 列表

列表分为无序列表和有序列表。带序号标志（如数字、字母等）的表项组成有序列表，否则为无序列表。

1.9.1 无序列表标签<ul><li>…</ul>

无序列表中每一个表项的前面是项目符号（如●、■等符号）。建立无序列表可使用<ul>标签和<li>表项标签。格式如下：

```
<ul type="符号类型">
    <li type="符号类型 1"> 第一个列表项
    <li type="符号类型 2"> 第二个列表项
    …
</ul>
```

值得注意的是，<li>标签是单标签。即一个表项的开始，就是前一个表项的结束。

从浏览器上看，无序列表的特点是，列表项目作为一个整体，与上下段文本间各有一行空白；表项向右缩进并左对齐，每行前面有项目符号。

type 指定每个表项左端的符号类型，可为 disc（实心圆点）、circle（空心圆点）、square（方块），也可自己设置图片。方法有两种，下面分别介绍。

1．在<ul>后指定符号的样式

在<ul>后指定符号的样式，可设定直到</ul>的加重符号。例如：

<ul type="disc">	符号为实心圆点●
<ul type="circle">	符号为空心圆点○
<ul type="square">	符号为方块■
<ul img src="mygraph.gif">	符号为指定的图片文件

2．在<li>后指定符号的样式

在<li>后指定符号的样式，可以设置从该<li>起直到</ul>的项目符号。格式就是将前面的 ul 换为 li。

【演练 1-6】 无序列表应用示例，本例文件 1-6.html 的显示效果如图 1-11 所示。

代码如下：

图 1-11　文件 1-6.html 的显示效果

```
<!doctype html>
<html>
    <head>
    <title>无序列表</title>
    </head>
    <body>
        <h2 align="center">笔记本厂商</h2>
        <h3>国外厂商</h3>
        <ul>
            <li type="circle">山姆
            <li type="square">蒂姆
            <li type="disc">汉姆
            <li>海姆
        </ul>
        <h3>国内厂商</h3>
        <ul type="circle">
            <li type="square">志翔
            <li>天翔
            <li>飞翔
            <li type="disc">宇翔
        </ul>
    </body>
</html>
```

1.9.2　有序列表标签<ol><li>…</ol>

通过带序号的列表可以更清楚地表达信息的顺序。使用<ol>标签可以建立有序列表，表项的标签仍为<li>。格式如下：

```
<ol type="符号类型">
  <li type="符号类型 1"> 表项 1
  <li type="符号类型 2"> 表项 2
    …
</ol>
```

在浏览器中显示时，有序列表整个表项与上下段文本之间各有一行空白；列表项目向右缩进并左对齐；各表项前带顺序号。

可以改变有序列表中的序号种类，利用<ol>或<li>中的 type 属性可设定 5 种序号：数字、大写英文字母、小写英文字母、大写罗马字母和小写罗马字母。序号标签默认为数字。

在<ol>后指定符号的样式，可设定直到</ol>的表项加重记号。格式如下：

```
<ol type="1">                序号为数字
<ol type="A">                序号为大写英文字母
<ol type="a">                序号为小写英文字母
<ol type="I">                序号为大写罗马字母
<ol type="i">                序号为小写罗马字母
```

在<li>后指定符号的样式，可设定该表项前的加重记号。格式只需把上面的<ol>改为<li>。

【演练 1-7】 有序列表应用示例。本例文件 1-7.html 的显示效果如图 1-12 所示。
代码如下：

```
<!doctype html>
<html>
  <head>
  <meta charset="gb2312">
  <title>有序列表</title>
  </head>
  <body>
   <h3 align="center">笔记本销量排行榜</h3>
   <ol type="I">
     <li>山姆笔记本
     <li>汉姆笔记本
     <li>海姆笔记本
     <li>志翔笔记本
     <li>天翔笔记本
   </ol>
  </body>
</html>
```

图 1-12　文件 1-7.html 的显示效果

1.10　实训

列表嵌套把主页分为多个层次，给人以很强的层次感。有序列表和无序列表不仅可以自

身嵌套，而且彼此之间可以互相嵌套。制作无序列表中嵌套有序列表的页面，本例文件
1-8.html 的显示效果如图 1-13 所示。

代码如下：

```html
<!doctype html>
<html>
    <head>
    <meta charset="gb2312">
    <title>在无序列表中嵌套有序列表</title>
    </head>
    <body>
        <h3>笔记本按国家年度销量</h3>
        <ul type="square">        <!-- 无序列表 -->
          <li>美国产笔记本
          <ol>                    <!-- 嵌套有序列表 -->
            <li>山姆(8000 万台)
            <li>汉姆(7500 万台)
          </ol>
          <li>中国产笔记本
          <ol type="a">          <!-- 嵌套有序列表 -->
            <li>志翔(7000 万台)
            <li>天翔(6000 万台)
            <li>飞翔(5000 万台)
          </ol>
        </ul>
    </body>
</html>
```

图 1-13 文件 1-8.html 的显示效果

习题 1

1. 使用文字与段落标签制作如图 1-14 所示的网页。
2. 使用嵌套列表制作如图 1-15 所示的网页。

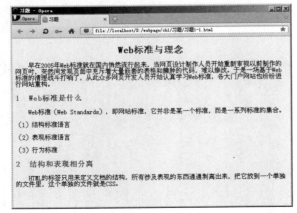

图 1-14 习题 1

图 1-15 习题 2

3. 使用表格和图像标签制作如图 1-16 所示的网页。

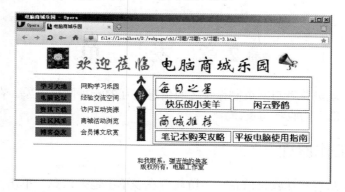

图 1-16　习题 3

第2章 表　　单

表单是用于实现浏览者与网页制作者之间信息交互的一种网页对象。在 Internet 上，表单被广泛用于各种信息的收集与反馈。

2.1　表单的工作原理

表单的作用是从客户端收集信息。当访问者在表单中输入信息，单击"提交"按钮后，这些信息将被发送到服务器，服务器端脚本或应用程序将对这些信息进行处理。服务器进行响应时，会将被请求信息发送回访问者（或客户端），或者基于该表单内容执行一些操作，表单的工作原理如图 2-1 所示。

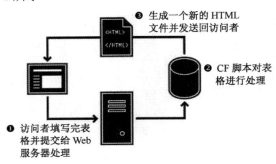

图 2-1　表单的工作原理

2.2　表单标签

网页上具有可输入表项及项目选择等控制所组成的栏目称为表单。<form>标签用于创建供用户输入的 HTML 表单。表单的基本语法及格式如下：

```
<form name="表单名" action="URL" method="get|post">
    …
</form>
```

<form>标签主要处理表单结果的处理和传送，常用属性的含义如下。
- name 属性：表单的名字，在一个网页中用于唯一识别一个表单。
- action 属性：表单处理的方式，往往是 E-mail 地址或网址。
- method 属性：表单数据的传送方向，是获得（GET）表单还是送出（POST）表单。

2.3　表单元素

表单中通常包含一个或多个表单元素，常见的表单元素如表 2-1 所示。

表 2-1　常见的表单元素

表单元素名称	功　　能
input	规定用户可输入数据的输入字段
keygen	规定用于表单的密钥对生成器字段
object	定义一个嵌入的对象
output	定义不同类型的输出,比如脚本的输出
select	定义下拉列表/菜单
textarea	定义一个多行的文本输入区域

2.3.1　<input>元素

<input>元素用来定义浏览者可输入数据的输入字段,根据不同的 type 属性,输入字段可以是文本字段、密码字段、复选框、单选按钮、按钮、隐藏域、电子邮件、日期时间、数值、范围、图像和文件等。<input>元素的基本语法及格式如下:

<input type="表项类型" name="表项名" value="默认值" size="x" maxlength="y" />

<input>元素常用属性的含义如下。

- type 属性:指定要加入表单项目的类型(text,password,checkbox,radio,button,hidden,email,date pickers,number,range,image,file,submit 或 reset 等)。
- name 属性:该表项的控制名,主要在处理表单时起作用。
- size 属性:输入字段中的可见字符数。
- maxlength 属性:允许输入的最大字符数目。
- checked 属性:当页面加载时是否预先选择该 input 元素(适用于 type="checkbox"或 type="radio")。
- step 属性:输入字段的合法数字间隔。
- max 属性:输入字段的最大值。
- min 属性:输入字段的最小值。
- required 属性:设置必须输入字段的值。
- pattern 属性:输入字段的值的模式或格式。
- readonly 属性:设置字段的值无法修改。
- placeholder 属性:设置用户填写输入字段的提示。
- autocomplete 属性:设置是否使用输入字段的自动完成功能。
- autofocus 属性:设置输入字段在页面加载时是否获得焦点(不适用于 type="hidden")。
- disabled 属性:当页面加载时是否禁用该 input 元素(不适用于 type="hidden")。

1. 文字和密码的输入

使用<input>元素的 type 属性,可以在表单中加入表项,并控制表项的风格。如果 type 属性值为 text,则输入的文本以标准的字符显示;如果 type 属性值为 password,则输入的文本显示为"*"。在表项前应加入表项的名称,如"您的姓名"等,以告诉浏览者在随后的表项中应该输入的内容。文本框和密码框的格式如下:

<input type="text" name="文本框名">

```
<input type="password" name="密码框名">
```

2．重置和提交

如果浏览者想清除输入到表单中的全部内容，则可以使用<input>元素中的 type 属性设置重置（reset）按钮，以省去在重新输入前，一项一项删除的麻烦；当浏览者完成表单的填写，想要发送时，可使用<input>元素的 type 属性设置的提交（submit）按钮，将表单内容发送给 action 属性中的网址或函件信箱；如果浏览者想制作一个普通的按钮，则可使用<input>元素的 type 属性设置普通（button）按钮。3 种按钮的格式如下：

```
<input type="reset" value="按钮名">
<input type="submit" value="按钮名">
<input type="button" value="按钮名">
```

当省略 value 的设置值时，重置和提交的按钮分别显示为"重置"和"提交"。

3．复选框和单选按钮

在页面中的某些地方需要列出几个项目，让浏览者通过选择按钮来选择项目。选择按钮可以是复选框（checkbox）或单选按钮（radio）。用<input>元素的 type 属性可设置选择按钮的类型；value 属性可设置该选择按钮的控制初值，用于告诉表单制作者选择结果；用 checked 属性表示是否为默认选中项；name 属性是控制名，同一组的选择钮的控制名是相同的。复选框和单选按钮的格式如下：

```
<input type="checkbox" name="复选框名" value="提交值">
<input type="radio" name="单选按钮名" value="提交值">
```

4．电子邮件输入框

当浏览者需要通过表单提交电子邮件信息时，可以将<input>元素的 type 属性设置为 email 类型，即可设计用于包含 email 地址的输入框。当浏览者提交表单时，会自动验证输入 email 值的合法性。格式如下：

```
<input type="email" name="电子邮件输入框名">
```

5．日期时间选择器

HTML 5 提供了日期时间选择器 date pickers，拥有多个可供选取日期和时间的新型输入文本框，类型如下所示。

● date：选取日、月、年。
● month：选取月和年。
● week：选取周和年。
● time：选取时间（小时和分钟）。
● datetime：选取时间日、月、年（UTC 世界标准时间）。
● datetime-local：选取时间日、月、年（本地时间）。
日期时间选择器的语法格式如下：

```
<input type="选择器类型" name="选择器名">
```

6．URL 输入框

当浏览者需要通过表单提交网站的 URL 地址时，可以将<input>元素的 type 属性设置为

URL 类型，即可设计用于包含 URL 地址的输入框。当浏览者提交表单时，会自动验证输入 URL 值的合法性。格式如下：

<input type="url" name="url 输入框名">

7．数值输入框

当浏览者需要通过表单提交数值型数据时，可以将<input>元素的 type 属性设置为 number 类型，即可设计用于包含数值型数据的输入框。当浏览者提交表单时，会自动验证输入数值型数据的合法性。格式如下：

<input type="number" name="数值输入框名">

8．范围滑动条

当浏览者需要通过表单提交一定范围内的数值型数据时，可以将<input>元素的 type 属性设置为 range 类型，即可设计用于设置输入数值范围的滑动条。当浏览者提交表单时，会自动验证输入数值范围的合法性。格式如下：

<input type="range" name="范围滑动条名">

另外，用户在使用数值输入框和范围滑动条时可以配合使用 max（最大值）、min（最小值）、step（数字间隔）和 value（默认值）属性来规定对数值的限定。

9．隐藏域

网站服务器发送到客户端的信息，除浏览者直观看到的页面内容之外，可能还包含一些"隐藏"信息。例如，浏览者登录后的用户名、用户 ID 等。这些信息对于浏览者可能没用，但对网站服务器非常有用，一般将这些信息"隐藏"起来，而不在页面中显示。

将<input>元素的 type 属性设置为 hidden 类型，即可创建一个隐藏域。格式如下：

<input type="hidden" name="隐藏域名" value="提交值">

10．文件域

文件域用于上传文件，将<input>元素的 type 属性设置为 file 类型即可创建一个文件域。文件域会在页面中创建一个不能输入内容的地址文本框和一个"浏览"按钮。格式如下：

<input type="file" name="文件域名">

【演练 2-1】 制作商品图片上传的表单页面，使用文件域上传文件，浏览者单击"浏览"按钮后，将弹出"打开"对话框。选择文件后，路径将显示在地址文本框中，页面的显示效果如图 2-2 所示。

代码如下：

```
<!doctype html>
<html>
  <head>
    <meta charset="gb2312">
    <title>商品图片上传</title>
  </head>
```

```
<body>
<h2>商品图片上传</h2>
<form action="" method="post" enctype="multipart/form-data">
 <p><input type="file" name="files" /><br />
    <input type="submit" name="upload" value="上传" /></p>
</form>
</body>
</html>
```

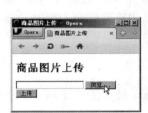

图 2-2　页面的显示效果

　　【说明】　需要注意的是，在设计包含文件域的表单时，由于提交的表单数据包括普通的表单数据和文件数据等多部分内容，所以必须设置表单的"enctype"编码属性为"multipart/form-data"，表示将表单数据分为多部分提交。

2.3.2　选择栏<select>

　　当浏览者选择的项目较多时，如果用选择按钮来选择，则所占页面的空间就会较大，这时可以用<select>标签和<option>标签来设置选择栏。选择栏可分为两种：弹出式和字段式。

　　<select>标签的格式如下：

```
<select size="x" name="控制操作名" multiple>
  <option …> … </option>
  <option …> … </option>
    …
</select>
```

<select>标签各个属性的含义如下。

● size：取数字，表示在带滚动条的选择栏中一次可显示的列表项数。

● name：控制操作名。

● multiple：不带值，加上本项表示可选多个选项，否则只能单选。

<option>标签的格式如下：

```
<option selected value="可选择的内容"> … </option>
```

<option>标签各个属性的含义如下。

● selected：不带值，加上本项表示该项是预置的。

● value：指定控制操作的初始值。若省略，则初始值为 option 中的内容表示选项值。

选择栏有两种形式：弹出式选择栏和字段式选择栏。字段式选择栏与弹出式选择栏的主要区别在于，前者在<select>中的 size 属性值取大于 1 的值，此值表示在选择栏中不拖动滚动条可以显示的选项的数目。

2.3.3 多行文本域<textarea>…</textarea>

在意见反馈栏中往往需要浏览者发表意见和建议，且提供的输入区域一般比较大，可以输入较多的文字。使用<textarea>标签可以设置允许成段文字的输入，格式如下：

```
<textarea name="文本域名" rows="行数" cols="列数">
    多行文本
</textarea>
```

其中的行数和列数是指不拖动滚动条就可看到的部分。

2.4 表单的高级用法

在某些情况下，用户需要对表单元素进行限制，设置表单元素为只读或禁用，常应用于以下场景。

1）只读场景：网站服务器不希望浏览者修改的数据，这些数据在表单元素中显示。例如，注册或交易协议、商品价格等。

2）禁用场景：只有满足某个条件后，才能选用某项功能。例如，只有浏览者同意注册协议后，才允许单击"注册"按钮。

只读和禁用效果分别通过设置"readonly"和"disabled"属性来实现。

【演练 2-2】 制作商城服务协议页面，浏览页面后，商城服务协议只能阅读而不能修改，并且只有浏览者同意注册协议后，才允许单击"注册"按钮，服务协议页面的显示效果如图 2-3 所示。

代码如下：

```
<!doctype html>
<html>
  <head>
    <meta charset="gb2312">
    <title>电脑商城服务协议</title>
  </head>
  <body>
<h2>阅读电脑商城服务协议</h2>
<form>
  <textarea name="content" cols="60" rows="8" readonly="readonly">
    欢迎阅读服务条款协议，电脑商城的权利和义务……
  </textarea><br /><br />
```

图 2-3 服务协议页面的显示效果

```
            同意以上协议<input name="agree" type="checkbox" />
            <input name="btn" type="submit" value="注册" disabled="disabled" />
        </form>
        </body>
    </html>
```

【说明】 浏览者选择"同意以上协议"复选框并不能真正实现使"注册"按钮有效，还需要为其添加 JavaScript 脚本才能实现这一功能，这里只是讲解如何使表单元素只读和禁用。

2.5 实训

制作商城"会员注册"表单页面，使用表单技术制作会员注册页面，收集会员的个人资料。首先显示未注册前的初始页面，如图 2-4a 所示；浏览者可以通过美观便捷的日期选择器设置会员的生日，如图 2-4b 所示；接下来输入完整的会员信息，其中输入的电子邮件地址格式不正确，然后单击"提交"按钮，如图 2-4c 所示；表单提交后，检查出电子邮件地址无效，如图 2-4d 所示。

图2-4 "会员注册"表单页面的显示效果

a) 初始页面 b) 设置日期 c) 输入完整信息 d) 电子邮件地址无效

代码如下：

```
<!doctype html>
<html>
    <head>
        <meta charset="gb2312">
        <title>会员注册表</title>
    </head>
    <body>
    <h2>会员注册</h2>
    <form>
        <p>
```

账号：<input type="text" pattern="^\w{6,12}$" required autofocus name="userid" id="userid" placeholder="您的账号（6 到 12 位英文）">

</p>

<p>

密码：<input type="password" required name="pass" id="pass" placeholder="您的密码">

</p>

<p>

性别：<input type="radio" name="sex" value="男" checked>男

  <input type="radio" name="sex" value="女">女

</p>

<p>

爱好：<input type="checkbox" name="like" value="音乐">音乐

  <input type="checkbox" name="like" value="上网">上网

  <input type="checkbox" name="like" value="足球"checked />足球

  <input type="checkbox" name="like" value="下棋">下棋

</p>

<p>

职业：<select size="3" name="work">

  <option value="政府职员">政府职员</option>

  <option value="工程师" selected>工程师</option>

  <option value="工人">工人</option>

  <option value="教师">教师</option>

  <option value="医生">医生</option>

  <option value="学生">学生</option>

 </select>

</p>

<p>

收入：<select name="salary">

  <option value="1000 元以下">1000 元以下</option>

  <option value="1000-2000 元">1000-2000 元</option>

  <option value="2000-3000 元">2000-3000 元</option>

  <option value="3000-4000 元">3000-4000 元</option>

  <option value="4000 元以上">4000 元以上</option>

 </select>

</p>

<p>

电子邮箱：<input type="email" required name="email" id="email" placeholder="您的电子邮箱">

</p>

<p>

生日：<input type="date" min="1980-01-01" max="2012-3-16" name="birthday" id="birthday" value="1982-10-10">

</p>

<p>

博客地址：<input type="url" name="blog" placeholder="您的博客地址" id="blog">

</p>

<p>

年龄：<input type="number" name="age" id="age" value="25" autocomplete="off" placeholder="您的年龄">

</p>

<p>

工作年限：<input type="range" min="1" step="1" max="20" name="slider" name="workingyear" id="workingyear" placeholder="您的工作年限" value="3">

</p>

<p>

个人简介：<textarea name="think" cols="40" rows="4"></textarea>

</p>

<p>

    <input type="submit" name="submit" value="提交"/>
<input type="reset" name="reset" value="重写" />

</p>

</form>

</body>

</html>

【说明】

1）"职业"选择栏使用的是弹出式选择栏；"收入"选择栏使用的是字段式选择栏，其 <select> 标签中的 size 属性值设置为 3。

2）HTML 5 表单在各浏览器中的支持程度和表现并不一致。例如，日期时间选择器和滑动条刻度仅被 Opera 浏览器支持。HTML 5 表单中的标签类型和属性目前没有一个浏览器能够完美支持。

习题 2

1．制作如图 2-5 所示的会员注册表单。

2．制作如图 2-6 所示的调查问卷表表单。

图 2-5　会员注册表单　　　　　　　　图 2-6　调查问卷表表单

第3章　HTML 高级应用

HTML 5 引入了结构元素构建网页布局、API、多媒体和数据库支持等高级应用功能，允许更大的灵活性，支持开发非常精彩的交互式网站。HTML 5 还提供了高效的数据管理、绘制、视频和音频工具，促进了 Web 和便携式设备的跨浏览器应用的开发。

3.1　使用结构元素构建网页布局

HTML 5 可以使用结构元素构建网页布局，使 Web 设计和开发变得更加容易。HTML 5 提供了各种切割和划分页面的手段，允许用户创建的切割组件不仅能用来有逻辑地组织站点，而且能够赋予网站聚合的能力。HTML 5 可谓是"信息到网站设计的映射方法"，因为它体现了信息映射的本质——划分信息，并给信息加上标签，使其变得容易使用和理解。

在 HTML 5 中，为了使文档的结构更加清晰明确，可以使用文档结构元素构建网页布局。HTML 5 中的主要文档结构元素包括以下几个。

- <section>标签：文档中的一段或者一节。
- <nav>标签：构建导航。
- <header>标签：页面的页眉。
- <footer>标签：页面的页脚。
- <article>标签：文档、页面、应用程序或网站中一体化的内容。
- <aside>标签：与页面内容相关、有别于主要内容的部分。
- <hgroup>标签：段或者节的标题。
- <time>标签：日期和时间。
- <mark>标签：文档中需要突出的文字。

使用结构元素构建网页布局的典型布局如图 3-1 所示。

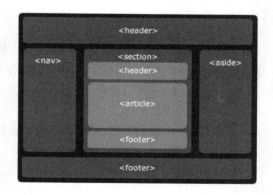

图 3-1　使用结构元素构建网页布局的典型布局

1．<section>标签

<section>标签用来定义文档中的节（区段），如章节、页眉、页脚或文档中的其他部分。例如，下面的代码定义了文档中的区段，解释了 PRC 的含义。

```
<section>
    <h1>PRC</h1>
    <p>The People's Republic of China was born in 1949</p>
</section>
```

2．<nav>标签

<nav>标签用来定义导航超链接的部分。例如，下面的代码定义了导航条中常见的首

页、上一页和下一页超链接。

```
<nav>
<a href="index.html">首页</a>
<a href="prev.html">上一页</a>
<a href="next.html">下一页</a>
</nav>
```

3．<header>标签

<header> 标签用来定义文档的页眉（介绍信息）。例如，下面的代码定义了文档的欢迎信息。

```
<header>
<h1>欢迎光临我的主页</h1>
<p>我的名字是张三丰</p>
</header>
```

4．<footer>标签

<footer>标签用来定义 section 或 document 的页脚，通常该标签包含网站的版权、创作者的姓名、文档的创作日期及联系信息。例如，下面的代码定义了网站的版权信息。

```
<footer>
<p>Copyright © 1996-2012 ChampWorld Corporation, All Rights Reserved</p>
</footer>
```

5．<article>标签

<article>标签用来定义独立的内容，该标签定义的内容可独立于页面中的其他内容使用。<article>标签经常应用于论坛帖子、报纸文章、博客条目和用户评论等应用中。

<section>标签可以包含<article>标签，<article>标签也可以包含<section>标签。<section>标签用来分组类似的信息，而<article>标签则用来放置诸如一篇文章或是博客一类的信息，这些内容可在不影响内容含义的情况下被删除或是被放置到新的上下文中。<article>标签，正如它的名称所暗示的那样，提供了一个完整的信息包。相比之下，<section>标签包含的是有关联的信息，但这些信息自身不能被放置到不同的上下文中，否则其代表的含义就会丢失。

除了内容部分，一个<article>标签通常有它自己的标题（一般放在 header 标签里面），有时还有自己的脚注。

【演练 3-1】 使用<article>标签定义简介商品的文章。本例文件 3-1.html 的显示效果如图 3-2 所示。

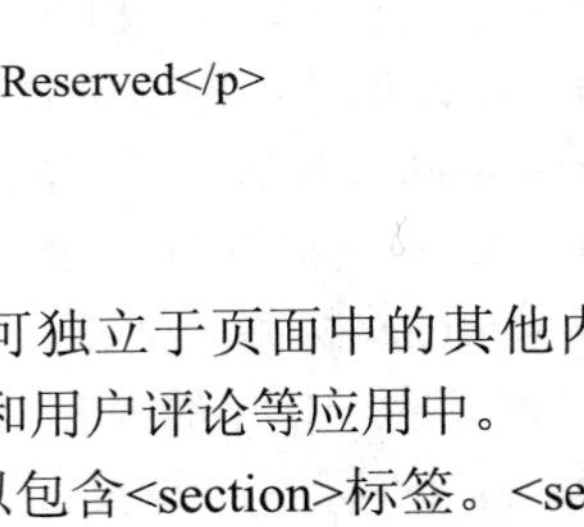

代码如下：

```
<!doctype html>
<html>
<head>
<meta charset="gb2312">
<title> article 标签示例</title>
```

图 3-2　文件 3-1.html 的显示效果

```
    </head>
    <body>
    <article>
        <header>
            <h1>山姆笔记本电脑</h1>
            <p>发布日期: 2011/05/01</p>
        </header>
        <p><b>山姆笔记本电脑</b>，美国制造...（文章正文）</p>
        <footer>
            <p>著作权归***公司所有。</p>
        </footer>
    </article>
    </body>
    </html>
```

【说明】 这个示例讲述的是使用<article>标签定义文章的方法。在<header>标签中嵌入了文章的标题部分，标题"山姆笔记本电脑"被嵌入到<h1>标签中，文章的发布日期被嵌入到<p>标签中；在标题部分下面的<p>标签中，嵌入了文章的正文；在结尾处的<footer>标签中嵌入了文章的著作权，作为脚注。整个示例的内容相对独立、完整，因此，对这部分内容使用了<article>标签。

<article>标签是可以嵌套使用的，内层的内容在原则上需要与外层的内容相关联。例如，在一篇文章中，针对该文章的评论就可以使用嵌套<article>标签的方法实现；用来呈现评论的<article>标签被包含在表示整体内容的<article>标签中。

【演练 3-2】 使用嵌套的<article>标签定义文章及评论。本例文件 3-2.html 的显示效果如图 3-3 所示。

代码如下：

```
<!doctype html>
<html>
<head>
<meta charset="gb2312">
<title>嵌套定义 article 标签示例</title>
</head>
<body>
<article>
    <header>
        <h1>山姆笔记本电脑</h1>
        <p>发布日期: 2011/05/01</p>
    </header>
    <p><b>山姆笔记本电脑</b>，美国制造...（文章正文）</p>
    <section>
        <h2>评论</h2>
        <article>
            <header>
                <h3>发表者：张三丰</h3>
```

图 3-3　文件 3-2.html 的显示效果

```
                    <p>1 小时前</p>
                </header>
                <p>我喜欢笔记本电脑,我最喜爱的品牌是山姆。</p>
            </article>
            <article>
                <header>
                    <h3>发表者:王刚</h3>
                    <p>1 小时前</p>
                </header>
                <p>我更喜欢汉姆笔记本,性价比更高。</p>
            </article>
        </section>
    </article>
</body>
</html>
```

【说明】

1) 这个示例比【演练 3-1】的内容更加完整了,添加了文章读者的评论内容,示例的整体内容还是比较独立、完整的,因此使用了<article>标签。其中,示例的内容又分为几个部分,文章的标题放在了<header>标签中,文章正文放在了<header>标签后面的<p>标签中,然后<section>标签将正文与评论部分进行了区分,在<section>标签中嵌入了评论的内容,在评论中的<article>标签中又可以分为标题与评论内容部分,分别放在<header>标签和<p>标签中。

2) 在 HTML 5 中,<article>标签可以看做是一种特殊的<section>标签,它比<section>标签更强调独立性。即<section>标签强调分段或分块,而<article>标签则强调独立性。具体来说,如果一块内容相对来说比较独立、完整的时候,应该使用<article>标签;但是如果用户需要将一块内容分成几段,应该使用<section>标签。另外,用户不要为没有标题的内容区块使用<section>标签。

6. <aside>标签

<aside>标签用来表示当前页面或文章的附属信息部分,它可以包含与当前页面或主要内容相关的引用、侧边栏、广告、导航条,以及其他类似的有别于主要内容的部分。

【演练 3-3】 使用<aside>标签定义了网页的侧边栏信息,本例文件 3-3.html 的显示效果如图 3-4 所示。

代码如下:

```
<!doctype html>
<html>
<head>
<meta charset="gb2312">
<title>侧边栏示例</title>
</head>
<body>
<aside>
    <nav>
        <h2>评论</h2>
        <ul>
```

图 3-4 文件 3-3.html 的显示效果

```html
        <li><a href="http://blog.sina.com.cn/1683">弹吉他的侠客</a>        12-24 14:25</li>
        <li><a href="http://blog.sina.com.cn/u/1345">黄河风</a>        12-22 23:48<br/>
            <a href="http://blog.sina.com.cn/s/1256">顶，拜读一下小哥的文章</a>
        </li>
        <li>
            <a href="http://blog.sina.com.cn/u/1259295385">新浪官博</a>09-20 08:50<br/>
            <a href="#">恭喜！您已经成功开通了博客</a>
        </li>
    </ul>
  </nav>
</aside>
</body>
</html>
```

【说明】 本例为一个典型的博客网站中的侧边栏部分，因此放在了<aside>标签中；该侧边栏有包含导航作用的超链接，因此放在<nav>标签中；侧边栏的标题是"评论"，放在了<h2>标签中；在标题之后使用了一个无序列表<ul>标签，用来存放具体的导航超链接。

7．<hgroup>标签

<hgroup>标签用于对标题及其子标题进行分组，通常会将 h1～h6 标签分组，例如一个内容区块的标题及其子标题分为一组。如果一篇文章只有主标题，这种情况不需要使用<hgroup>标签分组。

如果文章有主标题，主标题下有子标题，就需要使用<hgroup>标签分组。例如，下面的代码定义了标题的分组。

```html
<article>
    <header>
        <hgroup>
            <h1>文章主标题</h1>
            <h2>文章子标题</h2>
        </hgroup>
        <p>2011 年 12 月 30 日</p>
    </header>
    <p>文章正文</p>
</article>
```

8．<time>标签

<time>标签定义公历的时间（24 小时制）或日期，时间和时区偏移是可选的。<time>标签能够以机器可读的方式对日期和时间进行编码，例如，用户代理能够把生日提醒或排定的事件添加到用户日程表中，搜索引擎也能够生成更智能的搜索结果。<time>标签的属性如表 3-1 所示。

表 3-1　<time>标签的属性

属　　性	描　　述
datetime	规定日期/时间，否则由元素的内容给定日期/时间
pubdate	指示<time>标签中的日期/时间是文档（或<article>标签）的发布日期

其中，编码时机器读到的部分在 datetime 属性中，而标签的开始标记与结束标记中间的部分是显示在网页上的；pubdate 属性是一个可选的属性，它可以用到<article>标签中的<time>标签上，表示<time>标签代表了文章或整个网页的发布日期。

例如，下面的代码定义了新闻中的公告时间和新闻本身的发布时间。

```
<article>
    <header>
        <h1>关于<time datetime=2011-10-20>10 月 20 日</time>笔记本优惠促销的通知</h1>
        <p>此新闻的发布日期:<time datetime=2011-10-10 pubdate>2011 年 10 月 10 日</time></p>
    </header>
    <p>大家好：我是美国山姆公司中华区的总代表，……（关于笔记本优惠促销的通知）</p>
</article>
```

9．<mark>标签

<mark>标签用来定义带有记号的文本，其主要功能是在文本中高亮显示某个或某几个字符，旨在引起用户的特别注意。

【演练 3-4】 使用<mark>标签高亮显示文本中的字符，本例文件 3-4.html 的显示效果如图 3-5 所示。

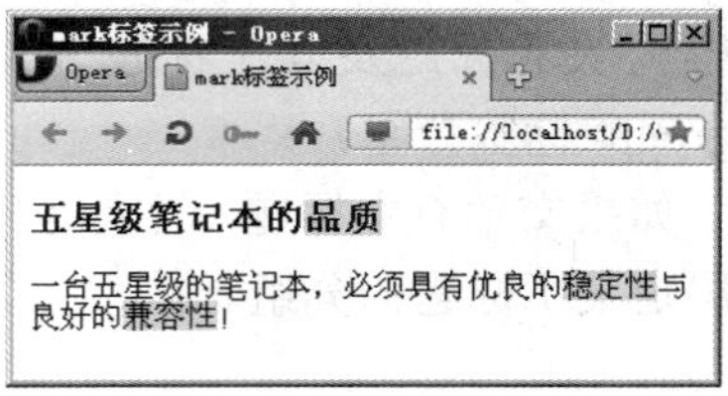

代码如下：

```
<!doctype html>
<html>
<head>
<meta charset="gb2312">
<title>mark 标签示例</title>
</head>
<body>
    <h3>五星级笔记本的<mark>品质</mark></h3>
    <p>一台五星级的笔记本，必须具有优良的<mark>稳定性</mark>与良好的<mark>兼容性</mark>！
</body>
</html>
```

图 3-5　文件 3-4.html 的显示效果

【说明】 <mark>标签这种高亮显示的特征，除用于文档中突出显示某些重要内容之外，还常用于查看搜索结果页面中关键字的高亮显示，其目的主要是引起浏览者的注意。

3.2　音频和视频

HTML 5 提供了不需要插件就可以播放的音频（audio）和视频（video）。

3.2.1　音频和视频格式

如果用户需要在网页中使用 HTML 5 的音频和视频，就必须熟悉下面列举的音频和视频格式。音频格式有 Ogg Vorbis、MP3 和 WAV。视频格式有 Ogg、H.264（MP4）和 WebM。

1．音频格式

（1）Ogg Vorbis

Ogg Vorbis 是一种新的音频压缩格式，类似于 MP3 等现有的音乐格式。它是完全免费、开放和没有专利限制的。Ogg Vobis 有一个很出众的特点，就是支持多声道。Ogg Vorbis 文件的扩展名是 ogg，这种文件的设计格式非常先进，目前创建的 Ogg 文件可以在未来的任何播放器上播放。因此，这种文件格式可以不断地进行大小和音质的改良，而不影响旧有的编码器或播放器。

（2）MP3

MP3 格式诞生于 20 世纪 80 年代的德国。所谓的 MP3 是指 MPEG 标准中的音频部分，也就是 MPEG 音频层。MPEG 音频文件的压缩是一种有损压缩，通过牺牲声音文件中 12kHz～16kHz 之间的高音频部分的质量来压缩文件的大小。相同时间长度的音乐文件，用 MP3 格式存储，一般只有 WAV 文件的 1/10，而音质也次于 CD 格式或 WAV 格式的声音文件。

（3）WAV

WAV 格式是 Microsoft 公司开发的一种声音文件格式，用于保存 Windows 平台的音频信息资源，被 Windows 平台及其应用程序所支持，支持多种音频位数、采样频率和声道，是目前 PC 上广为流行的声音文件格式。几乎所有的音频编辑软件都能识别 WAV 格式。

2．视频格式

（1）Ogg

Ogg 也是 HTML 5 所使用的视频格式之一。Ogg 采用多通道编码技术，可以在保持编码器的灵活性的同时，不损害原本的立体声空间影像，而且实现的复杂程度比传统的联合立体声方式要低。

（2）H.264（MP4）

MP4 的全称是 MPEG-4 Part 14，是一种储存数字音频和数字视频的多媒体文件格式，文件扩展名为.mp4。MP4 封装格式基于 QuickTime 容器格式定义，媒体描述与媒体数据分开，目前被广泛应用于封装 H.264 视频和 ACC 音频，是高清视频的代表。

（3）WebM

WebM 由 Google 提出，是一个开放、免费的媒体文件格式。WebM 影片格式其实是以 Matroska（即 MKV）容器格式为基础开发的新容器格式，包括 VP8 影片轨和 Ogg Vorbis 音轨。WebM 标准的网络视频更加偏向于开源并且是基于 HTML 5 标准的，WebM 项目旨在为对每个人都开放的网络开发高质量、开放的视频格式，其重点是解决视频服务这一核心的网络用户体验。

3.2.2　音频标签<audio>

目前，大多数音频是通过插件（如 Flash）来播放的。然而，并非所有浏览器都拥有同样的插件。HTML 5 规定了一种通过音频标签<audio>来包含音频的标准方法，<audio>标签能够播放声音文件或者音频流。

1．<audio>标签支持的音频格式及浏览器兼容性

<audio>标签支持 3 种音频格式，在不同的浏览器中的兼容性如表 3-2 所示。

表 3-2 3 种音频格式的浏览器兼容性

音 频 格 式	IE 9	Firefox 3.5	Opera 10.5	Chrome 10	Safari 3.0
Ogg Vorbis		√	√	√	
MP3	√			√	√
WAV		√	√		√

2. <audio>标签的属性

<audio>标签的属性如表 3-3 所示。

表 3-3 <audio>标签的属性

属 性	描 述
autoplay	如果出现该属性，则音频在就绪后马上播放
controls	如果出现该属性，则向用户显示控件，比如播放、暂停和音量控件
loop	如果出现该属性，则每当音频结束时重新开始播放
preload	如果出现该属性，则音频在页面加载时进行加载，并预备播放
src	要播放音频的 URL

【演练 3-5】 使用<audio>标签播放音频。本例文件 3-5.html 的显示效果如图 3-6 所示。

代码如下：

图 3-6 文件 3-5.html 的显示效果

```
<!doctype html>
<html>
    <head>
    <meta charset="gb2312">
    <title>音频标签 audio 示例</title>
    </head>
    <body>
     <h3>播放音频</h3>
     <audio src="song.ogg" controls="controls" autoplay="autoplay">
         您的浏览器不支持音频标签.
     </audio>
    </body>
</html>
```

【说明】

1）<audio>与</audio>标签之间插入的内容是供不支持<audio>标签的浏览器显示的。

2）Opera 浏览器不支持 MP3 格式的音频播放，读者可以在 Chrome 浏览器中验证播放 MP3 格式的音频。

3）<audio>标签允许包含多个<source>标签。<source>标签可以链接不同的音频文件，浏览器将使用第一个可识别的格式。例如下面的示例代码提供了两个不同的音频文件链接。

```
<audio controls="controls">
    <source src="song.ogg" type="audio/ogg">
```

```
<source src="song.mp3" type="audio/mpeg">
    您的浏览器不支持音频标签.
</audio>
```

3.2.3 视频标签<video>

对于视频来说，大多数视频也是通过插件（如 Flash）来显示的。然而，并非所有浏览器都拥有同样的插件。HTML 5 规定了一种通过视频标签<video>来包含视频的标准方法。<video>标签能够播放视频文件或者视频流。

1．<video>标签支持的视频格式及浏览器兼容性

<video>标签支持 3 种视频格式，在不同的浏览器中的兼容性如表 3-4 所示。

表 3-4 3 种视频格式的浏览器兼容性

视 频 格 式	IE 9	Firefox 3.5	Opera 10.5	Chrome 10	Safari 3.0
Ogg		√	√	√	
MPEG 4	√			√	√
WebM		√	√	√	

2．<video>标签的属性

<video>标签的属性如表 3-5 所示。

表 3-5 <video>标签的属性

属　　性	描　　述
autoplay	如果出现该属性，则视频在就绪后马上播放
controls	如果出现该属性，则向用户显示控件，比如播放、暂停和音量控件
height	设置视频播放器的高度
loop	如果出现该属性，则当音频结束时重新开始播放
preload	如果出现该属性，则视频在页面加载时进行加载，并预备播放。如果使用"autoplay"属性，则忽略该属性
src	要播放音频的 URL
width	设置视频播放器的宽度

【演练 3-6】 使用<video>标签播放视频。本例文件 3-6.html 的显示效果如图 3-7 所示。

代码如下：

```
<!doctype html>
<html>
    <head>
    <meta charset="gb2312">
    <title>视频标签 video 示例</title>
    </head>
    <body>
    <h3>播放视频</h3>
     <video    src="movie.ogg"    width="320"    height="240"
```

图 3-7 文件 3-6.html 的显示效果

39

```
controls="controls" autoplay="autoplay">
                您的浏览器不支持视频标签.
        </video>
      </body>
    </html>
```

【说明】

1）<video>与</video>标签之间插入的内容是供不支持<video>标签的浏览器显示的。

2）Opera 浏览器不支持 MP4 格式的视频播放，读者可以在 Chrome 浏览器中验证播放 MP4 格式的视频。

3）<video>标签同样允许包含多个<source>标签，这里不再赘述。

3.3 canvas 绘图

HTML 5 的<canvas>元素有一个基于 JavaScript 的绘图 API，在页面上放置一个 <canvas>元素就相当于在页面上放置了一块"画布"，可以在其中进行图形的描绘。 <canvas>元素拥有多种绘制路径、矩形、圆形、字符及添加图像的方法，设计者可以控 制其每一像素。

3.3.1 创建<canvas>元素

<canvas>元素的主要属性是画布宽度属性 width 和高度属性 height，单位是像素。向页 面中添加<canvas>元素的语法格式如下：

<canvas id="画布标识" width="画布宽度" height="画布高度">

…

</canvas>

<canvas>看起来很像<img>，唯一不同就是它不含 src 和 alt 属性。如果不指定 width 和 height 属性值，默认的画布大小是宽 300 像素、高 150 像素。

例如，创建一个标识为 myCanvas、宽度为 200 像素、高度为 100 像素的<canvas>元 素，代码如下：

<canvas id="myCanvas" width="200" height="100"></canvas>

3.3.2 构建绘图环境

大多数<canvas>绘图 API 都没有定义在<canvas>元素本身上，而是定义在通过画布的 getContext()方法获得的一个"绘图环境"对象上。

getContext()方法返回一个用于在画布上绘图的环境，其语法如下：

canvas.getContext(contextID)

参数 contextID 指定了用户想要在画布上绘制的类型。"2D"即二维绘图，这个方法返回 一个上下文对象 CanvasRenderingContext2D，该对象导出一个二维绘图 API。

3.3.3　通过 JavaScript 绘制图形

\<canvas\>元素只是图形容器，其本身是没有绘图能力的，所有的绘制工作必须在 JavaScript 内部完成。

在画布上绘图的核心是上下文对象 CanvasRenderingContext2D，用户可以在 JavaScript 代码中使用 getContext()方法渲染上下文，进而在画布上显示形状和文本。

JavaScript 使用 getElementByID 方法通过 canvas 的 ID 定位 canvas 元素，例如以下代码：

> var myCanvas = document.getElementByID('myCanvas');

然后，创建 context 对象，例如以下代码：

> var myContext = myCanvas.getContext("2D");

getContext()方法使用一个上下文作为其参数，一旦渲染上下文可用，程序就可以调用各种绘图方法。如表 3-6 所示列出了渲染上下文对象的常用方法。

表 3-6　渲染上下文对象的常用方法

方　　法	描　　述
fillRect()	绘制一个填充的矩形
strokeRect()	绘制一个矩形轮廓
clearRect()	清除画布的矩形区域
lineTo()	绘制一条直线
arc()	绘制圆弧或圆
moveTo()	将当前绘图点移动到指定位置
beginPath()	开始绘制路径
closePath()	标记路径绘制操作结束
stroke()	绘制当前路径的边框
fill()	填充路径的内部区域
fillText()	在画布上绘制一个字符串
createLinearGradient()	创建一条线性颜色渐变
drawImage()	把一幅图像放置到画布上

需要说明的是，canvas 画布的左上角为坐标原点（0,0）。

1．绘制矩形

（1）绘制填充的矩形

fillRect()方法用来绘制填充的矩形，语法格式如下：

> **fillRect(x, y, weight, height)**

其中的参数含义如下。

x, y：矩形左上角的坐标。

weight, height：矩形的宽度和高度。

说明：fillRect()方法使用 fillStyle 属性所指定的颜色、渐变和模式来填充指定的矩形。

（2）绘制矩形轮廓

strokeRect()方法用来绘制矩形的轮廓，语法格式如下：

strokeRect(x, y, weight, height)

其中的参数含义如下。

x, y：矩形左上角的坐标。

weight, height：矩形的宽度和高度。

说明：strokeRect()方法按照指定的位置和大小绘制一个矩形的边框（但并不填充矩形的内部），线条颜色和线条宽度由 strokeStyle 和 lineWidth 属性指定。

【演练 3-7】 绘制填充的矩形和矩形轮廓。本例文件 3-7.html 的显示效果如图 3-8 所示。

代码如下：

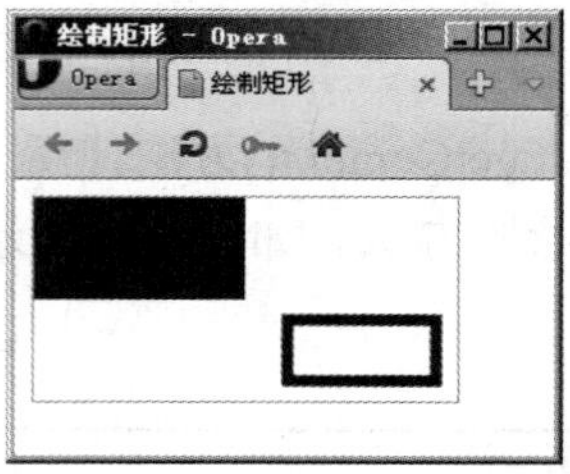

图 3-8 文件 3-7.html 的显示效果

```
<!doctype html>
<html>
  <head>
    <meta charset="gb2312">
    <title>绘制矩形</title>
  </head>
  <body>
    <canvas id="myCanvas" width="200" height="100" style="border:1px solid #c3c3c3;">
    您的浏览器不支持 canvas 元素.
    </canvas>
    <script type="text/javascript">
      var c=document.getElementById("myCanvas");          //获取画布对象
      var cxt=c.getContext("2d");                          //获取画布上绘图的环境
      cxt.fillStyle="#ff0000";                             //设置填充颜色
      cxt.fillRect(0,0,100,50);                            //绘制填充矩形
      cxt.strokeStyle="#0000ff";                           //设置轮廓颜色
      cxt.lineWidth="5";                                   //设置轮廓线条宽度
      cxt.strokeRect(120,60,70,30);                        //绘制矩形轮廓
    </script>
  </body>
</html>
```

【说明】 本例中画布的边框是采用 CSS 样式 style="border:1px solid #c3c3c3;"来实现的，CSS 样式将在本书的后续章节中讲解。

2．绘制直线

（1）lineTo()方法

lineTo()方法用来绘制一条直线，语法格式如下：

lineTo(x, y)

其中的参数含义如下。

x, y：直线终点的坐标。

42

说明：lineTo()方法为当前子路径添加一条直线。这条直线从当前点开始，到（*x,y*）结束。当方法返回时，当前点是（*x,y*）。

（2）moveTo()方法

在绘制直线时，通常配合 moveTo()方法设置绘制直线的当前位置并开始一条新的子路径，其语法格式如下：

moveTo(x, y)

其中的参数含义如下。

x, y：新的当前点的坐标。

说明：moveTo()方法将当前位置设置为（*x,y*），并用它作为第一点创建一条新的子路径。如果之前有一条子路径并且它包含刚才的那一点，那么从路径中删除该子路径。

【演练 3-8】 绘制一条直线。本例文件 3-8.html 的显示效果如图 3-9 所示。

代码如下：

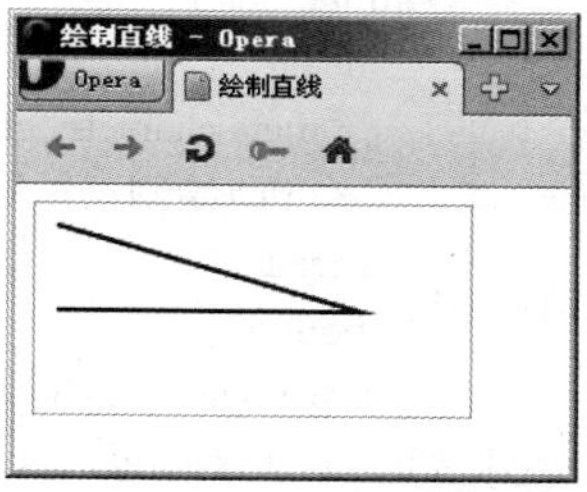

图 3-9　文件 3-8.html 的显示效果

```
<!doctype html>
<html>
  <head>
    <meta charset="gb2312">
    <title>绘制直线</title>
  </head>
  <body>
    <canvas id="myCanvas" width="200" height="100"
style="border:1px solid #c3c3c3;">
      您的浏览器不支持 canvas 元素.
    </canvas>
    <script type="text/javascript">
      var c=document.getElementById("myCanvas");      //获取画布对象
      var cxt=c.getContext("2d");                     //获取画布上绘图的环境
      cxt.moveTo(10,10);                              //定位绘图起点
      cxt.strokeStyle="#0000ff";                      //设置线条颜色
      cxt.lineWidth="2";                              //设置线条宽度
      cxt.lineTo(150,50);                            //第一条直线的终点坐标
      cxt.lineTo(10,50);                             //第二条直线的终点坐标
      cxt.stroke();                                  //绘制当前路径的边框
    </script>
  </body>
</html>
```

【说明】 本例中使用 moveTo()方法指定了绘制直线的起点位置，lineTo()方法接受直线的终点坐标，最后使用 stroke()方法完成绘图操作。

当用户需要绘制一个路径封闭的图形时，需要使用 beginPath()方法初始化绘制路径和closePath()方法标记路径绘制操作结束。beginPath()方法的语法格式如下：

beginPath()

说明：beginPath()方法丢弃任何当前定义的路径且开始一条新的路径，并把当前的点设置为（0,0）。当第一次创建画布的环境时，beginPath()方法会被显式地调用。

closePath()方法的语法格式如下：

closePath()

说明：closePath()方法用来关闭一条打开的子路径。如果画布的子路径是打开的，closePath()方法将通过添加一条线条连接当前点和子路径起始点来关闭它；如果子路径已经闭合了，这个方法不做任何事情。一旦子路径闭合，就不能再为其添加更多的直线或曲线了；如果要继续向该路径添加直线或曲线，需要调用moveTo()方法开始一条新的子路径。

【演练3-9】 绘制一个三角形。本例文件3-9.html的显示效果如图3-10所示。

代码如下：

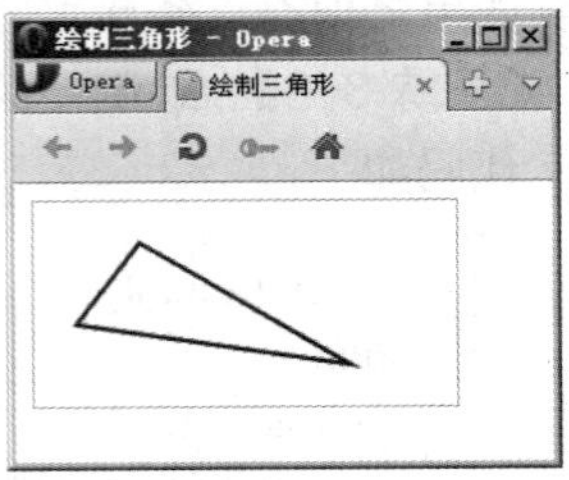

```
<!doctype html>
<html>
  <head>
    <meta charset="gb2312">
    <title>绘制三角形</title>
  </head>
  <body>
    <canvas  id="myCanvas"  width="200"  height="100"
style="border:1px solid #c3c3c3;">
      您的浏览器不支持 canvas 元素.
    </canvas>
    <script type="text/javascript">
      var c=document.getElementById("myCanvas");        //获取画布对象
      var cxt=c.getContext("2d");                       //获取画布上绘图的环境
      cxt.strokeStyle="#0000ff";                        //设置线条颜色
      cxt.lineWidth="2";                                //设置线条宽度
      cxt.beginPath();                                  //初始化路径
      cxt.moveTo(50,20);                                //定位绘图起点
      cxt.lineTo(150,80);                               //第一条直线的终点坐标
      cxt.lineTo(20,60);                                //第二条直线的终点坐标
      cxt.closePath();  //封闭路径，使第一条直线的起点坐标与第二条直线的终点坐标闭合
      cxt.stroke();                                     //绘制当前路径的边框
    </script>
  </body>
</html>
```

图3-10 文件3-9.html的显示效果

【说明】 本例中使用beginPath()方法初始化路径，第一次使用moveTo()方法改变当前绘画位置到（50,20），接着使用两次lineTo()方法绘制三角形的两边，最后使用closePath()方法关闭路径形成三角形的第三边。

3．绘制圆弧或圆

arc()方法使用一个中心点和半径，为一个画布的当前子路径添加一条弧，语法格式如下：

arc(x, y, radius, startAngle, endAngle, counterclockwise)

其中的参数含义如下。

x, y：描述弧的圆形的圆心坐标。

radius：描述弧的圆形的半径。

startAngle, endAngle：用于确定沿着圆指定弧的开始点和结束点的一个角度。这个角度用弧度来衡量，沿着 x 轴正半轴的三点钟方向的角度为 0，角度沿着逆时针方向而增加。

counterclockwise：用于指定弧沿着圆周的逆时针方向（TRUE）还是顺时针方向（FALSE）遍历。

说明：这个方法的前 5 个参数指定了圆周的一个起始点和结束点。调用这个方法会在当前点和当前子路径的起始点之间添加一条直线。接下来，它沿着圆周在子路径的起始点和结束点之间添加弧。最后一个 counterclockwise 参数指定了圆应该沿着哪个方向遍历来连接起始点和结束点。

【演练 3-10】 绘制圆弧和圆。本例文件 3-10.html 的显示效果如图 3-11 所示。

代码如下：

图 3-11 文件 3-10.html 的显示效果

```html
<!doctype html>
<html>
  <head>
    <meta charset="gb2312">
    <title>绘制圆弧和圆</title>
  </head>
  <body>
    <canvas id="myCanvas" width="200" height="100"
style="border:1px solid #c3c3c3;">
      您的浏览器不支持 canvas 元素.
    </canvas>
    <script type="text/javascript">
      var c=document.getElementById("myCanvas");     //获取画布对象
      var cxt=c.getContext("2d");                    //获取画布上绘图的环境
      cxt.fillStyle="#ff0000";                       //设置填充颜色
      cxt.beginPath();                               //初始化路径
      cxt.arc(60,50,20,0,Math.PI*2,true);            //逆时针方向绘制填充的圆
      cxt.closePath();                               //封闭路径
      cxt.fill();                                     //填充路径的内部区域
      cxt.beginPath();                               //初始化路径
      cxt.arc(140,40,20,0,Math.PI,true);             //逆时针方向绘制填充的圆弧
      cxt.closePath();                               //封闭路径
      cxt.fill();                                     //填充路径的内部区域
      cxt.beginPath();                               //初始化路径
      cxt.arc(140,60,20,0,Math.PI,false);            //顺时针绘制圆弧的轮廓
      cxt.closePath();                               //封闭路径
      cxt.stroke();                                   //绘制当前路径的边框
    </script>
  </body>
</html>
```

【说明】 本例中使用 fill()方法绘制填充的圆弧和圆，如果只是绘制圆弧的轮廓而不填充的话，则使用 stroke()方法完成绘制。

4．绘制文字

（1）绘制填充文字

fillText()方法用于以填充方式绘制字符串，语法格式如下：

    fillText(text,x,y,[maxWidth])

其中的参数含义如下。

text：表示绘制文字的内容。

x, y：绘制文字的起点坐标。

maxWidth：可选参数，表示显示文字的最大宽度，可以防止溢出。

（2）绘制轮廓文字

strokeText()方法用于以轮廓方式绘制字符串，语法格式如下：

    strokeText(text,x,y,[maxWidth])

该方法的参数部分的解释与 fillText()方法相同。

fillText()方法和 strokeText()方法的文字属性设置如下。

font：设置字体。

textAlign：设置水平对齐方式。

textBaseline：设置垂直对齐方式。

【演练 3-11】 绘制填充文字和轮廓文字。本例文件 3-11.html 的显示效果如图 3-12 所示。

代码如下：

图 3-12　文件 3-11.html 的显示效果

```
<!doctype html>
<html>
  <head>
    <meta charset="gb2312">
    <title>绘制文字</title>
  </head>
<body>
    <canvas id="myCanvas" width="200" height="100" style="border:1px solid #c3c3c3;">
    您的浏览器不支持 canvas 元素.
    </canvas>
    <script type="text/javascript">
        var c=document.getElementById("myCanvas");          //获取画布对象
        var cxt=c.getContext("2d");                         //获取画布上绘图的环境
        cxt.fillStyle="#ff0000";                           //设置填充颜色
        cxt.font = '16pt  黑体';
        cxt.fillText('画布上绘制的文字', 10, 30);            //绘制填充文字
        cxt.strokeStyle="#0000ff";                         //设置线条颜色
        cxt.shadowOffsetX = 5;                             //设置阴影向右偏移 5 像素
        cxt.shadowOffsetY = 5;                             //设置阴影向下偏移 5 像素
```

```
            cxt.shadowBlur = 10;                                //设置阴影模糊范围
            cxt.shadowColor = 'black';                          //设置阴影的颜色
            cxt.lineWidth="1";                                  //设置线条宽度
            cxt.font = '40pt 黑体';
            cxt.strokeText('完美', 40, 80);                      //绘制轮廓文字
        </script>
    </body>
</html>
```

【说明】 本例中的填充文字使用的是默认的渲染属性，轮廓文字使用了阴影渲染属性，这些属性同样适用于其他图形。

5．绘制渐变

（1）绘制线性渐变

createLinearGradient()方法用于创建一条线性颜色渐变，语法格式如下：

createLinearGradient(xStart, yStart, xEnd, yEnd)

其中的参数含义如下。

xStart, yStart：指定渐变的起始点的坐标。

xEnd, yEnd：指定渐变的结束点的坐标。

说明：该方法创建并返回了一个新的 CanvasGradient 对象，它在指定的起始点和结束点之间线性地内插颜色值。这个方法并没有为渐变指定任何颜色，用户可以使用返回对象的 addColorStop()方法来实现这个功能。要使用一个渐变来勾勒线条或填充区域，只需要把 CanvasGradient 对象赋给 strokeStyle 属性或 fillStyle 属性即可。

（2）绘制径向渐变

createRadialGradient()方法用于创建一条放射颜色渐变，语法格式如下：

createRadialGradient(xStart, yStart, radiusStart, xEnd, yEnd, radiusEnd)

其中的参数含义如下。

xStart, yStart：指定开始圆的圆心坐标。

radiusStart：指定开始圆的半径。

xEnd, yEnd：指定结束圆的圆心坐标。

radiusEnd：指定结束圆的半径。

说明：该方法创建并返回了一个新的 CanvasGradient 对象，该对象在两个指定圆的圆周之间放射性地插值颜色。这个方法并没有为渐变指定任何颜色，用户可以使用返回对象的 addColorStop()方法来实现这个功能。要使用一个渐变来勾勒线条或填充区域，只需要把 CanvasGradient 对象赋给 strokeStyle 属性或 fillStyle 属性即可。

addColorStop()方法在渐变中的某一点添加一个颜色变化，语法格式如下：

addColorStop(offset, color)

其中的参数含义如下。

offset：这是一个范围在 0.0～1.0 的浮点值，表示渐变的开始点和结束点之间的偏移量。offset 为 0 对应开始点，offset 为 1 对应结束点。

color：指定 offset 显示的颜色，沿着渐变某一点的颜色是根据这个值及任何其他的颜色色标来插值的。

【演练 3-12】 绘制线性渐变和径向渐变。本例文件 3-12.html 的显示效果如图 3-13 所示。

代码如下：

```
<!doctype html>
<html>
  <head>
    <meta charset="gb2312">
    <title>绘制渐变</title>
  </head>
  <body>
    <canvas id="myCanvas" width="200" height="100" style="border:1px solid #c3c3c3;">
    您的浏览器不支持 canvas 元素.
    </canvas>
    <script type="text/javascript">
        var c=document.getElementById("myCanvas");          //获取画布对象
        var cxt=c.getContext("2d");                          //获取画布上绘图的环境
        var grd=cxt.createLinearGradient(10,0,180,30);       //绘制线性渐变
        grd.addColorStop(0,"#00ff00");                       //渐变起点
        grd.addColorStop(1,"#0000ff");                       //渐变结束点
        cxt.fillStyle=grd;
        cxt.fillRect(10,0,180,30);
        var radgrad=cxt.createRadialGradient(100,70,1,100,70,30);   //绘制径向渐变
        radgrad.addColorStop(0,"#00ff00");                   //渐变起点
        radgrad.addColorStop(0.9,"#0000ff");                 //渐变偏移量
        radgrad.addColorStop(1,"#ffffff");                   //渐变结束点
        cxt.fillStyle=radgrad;
        cxt.fillRect(70,40,60,60);
    </script>
  </body>
</html>
```

图 3-13　文件 3-12.html 的显示效果

6. 绘制图像

canvas 相当有趣的一项功能就是可以引入图像，它可以用于图片合成或者制作背景等。只要是 Gecko 排版引擎支持的图像（如 PNG、GIF 和 JPEG 等）都可以引入到 canvas 中，并且其他的 canvas 元素也可以作为图像的来源。

用户可以使用 drawImage()方法在一个画布上绘制图像，也可以将源图像的任意矩形区域缩放或绘制到画布上，语法格式如下。

格式一：

drawImage(image, x, y)

格式二：

drawImage(image, x, y, width, height)

格式三：

drawImage(image,sourceX,sourceY,sourceWidth,sourceHeight,destX,destY,destWidth,destHeight)

drawImage()方法有 3 种格式。格式一把整个图像复制到画布，将其放置到指定点的左上角，并且将每个图像像素映射成画布坐标系统的一个单元；格式二也把整个图像复制到画布，但是允许用户使用画布单位来指定想要的图像的宽度和高度；格式三则是完全通用的，它允许用户指定图像的任何矩形区域并复制它，对画布中的任何位置都可进行任意缩放。

其中的参数含义如下。

image：所要绘制的图像。

x, y：要绘制图像左上角的坐标。

width, height：图像实际绘制的尺寸，指定这些参数使得图像可以缩放。

sourceX, sourceY：图像所要绘制区域的左上角。

sourceWidth, sourceHeight：图像所要绘制区域的大小。

destX, destY：所要绘制的图像区域左上角的画布坐标。

destWidth, destHeight：图像区域所要绘制的画布大小。

3.4 HTML 5 的发展前景

HTML 5 在快速地成长，值得所有人密切关注。随着 Flash 的落幕，HTML 5 技术已经取代了 Flash 在移动设备的地位，已经成为了移动平台唯一的标准。其实，HTML 5 的时代才刚刚开始，HTML 5 的标准还在不断完善中，对 HTML 5 的支持和应用也才刚开始受到关注。

HTML 5 是革命性的，它强化了 Web 网页的表现性能。其次，HTML 5 追加了本地数据库等 Web 应用的功能。在 HTML 5 平台上，视频、音频、图像、动画及网页的交互都被标准化，HTML 5 将成为一种最基本的"互联网语言"。

HTML 5 技术能够让互联网浏览器以生动的图像和效果对用户的操作做出回应，用户无须装载附加软件便可拥有游戏式的互动效果。程序开发者可以借助 HTML 5 开发出兼容智能手机、平板电脑和 PC 的软件，不再是只能为某种特定的硬件或者在线商店设计专门的应用程序。

HTML 5 最强大的生命力表现在其破除了应用在不同操作系统和机型之间的障碍，具有巨大的跨平台优势。这就意味着，基于 HTML 5 的开发应用，可以在搭载不同操作系统的终端上运行，这对广大开发者来说绝对是一个福音。再加上其应用的广泛性，可以便捷地完成目前所需的各种应用，包括支持文字、图片、视频和游戏，且不需要任何插件的帮助。

随着 Google、Apple 等创新公司的发展，HTML 5 技术将同 Google Chrome、Google Android 移动操作系统、Apple iOS 等日渐成为发展的趋势。互联网巨头脸谱网倾向于 HTML 5+JavaScript+CSS，苹果手握 Apple iOS，Google 强推 Android，而这些都与 HTML 5 密切相关。可以预见，HTML 5 的出现，将迎来互联网"大一统"的时代。

3.5 实训

使用 canvas 画布绘制图像的功能把一幅图像映射到画布上，本例文件 3-13.html 的显示

49

效果如图 3-14 所示。

代码如下：

```html
<!doctype html>
<html>
  <head>
    <meta charset="gb2312">
    <title>绘制图像</title>
  </head>
  <body>
    <canvas id="myCanvas" width="200" height="100" style="border:1px solid #c3c3c3;">
    您的浏览器不支持 canvas 元素.
    </canvas>
    <script type="text/javascript">
      var c=document.getElementById("myCanvas");        //获取画布对象
      var cxt=c.getContext("2d");                        //获取画布上绘图的环境
      var img=new Image();
      img.src="flower.png";                             //设置图像来源
      cxt.drawImage(img,0,0);                            //将图像映射到画布上
    </script>
  </body>
</html>
```

图 3-14　文件 3-13.html 的显示效果

canvas 绘画功能非常强大，除了以上所讲的基本绘画方法之外，还包括设置 canvas 绘图样式、canvas 画布处理、canvas 中图形图像的组合和 canvas 动画等功能。由于篇幅所限，本书未能涵盖所有的知识点，读者可以自学其他相关的内容。

习题 3

1．使用文档结构元素制作如图 3-15 所示的网页效果。
2．使用文档结构元素制作如图 3-16 所示的网页效果。

图 3-15　习题 1 网页效果

图 3-16　习题 2 网页效果

3．制作如图 3-17 所示的播放音频和视频的网页效果。

图 3-17　播放音频和视频的网页效果

4. 使用 canvas 元素绘图，显示效果如图 3-18 所示，其中最右侧的图像是加载到画布的一幅图像。

5. 使用 canvas 元素绘图，显示效果如图 3-19 所示。

图 3-18　习题 4 显示效果

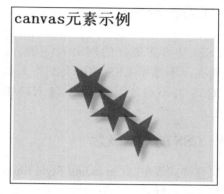

图 3-19　习题 5 显示效果

第4章 CSS 基础

CSS 是一种表现（Presentation）语言，用来格式化网页，控制字体、布局和颜色等。CSS 扩展了 HTML 的功能，减少了网页的存储空间，加快了网络传送速度。因为 CSS 的表现与 HTML 的结构相分离，CSS 通过对页面结构的风格进行控制，控制整个页面的风格。当需要更改这些页面的样式设置时，只要在样式表中进行修改即可，无须对每个页面逐个修改，从而大大简化了格式化的工作。

4.1 CSS 概述

CSS 是目前最好的网页表现语言，可以最大限度地提高制作网页的效率和灵活程度。现在，不懂得 CSS 的网页制作人员不能称为专业的网页制作人员。学会 HTML 语言再学 CSS 并不难，因为 CSS 与 HTML 一样也是一种标记语言，甚至很多属性都来源于 HTML。

4.1.1 CSS 的基本概念

层叠样式表单（Cascading Style Sheets，CSS）简称为样式表，是用于（增强）控制网页样式并允许将样式信息与网页内容分离的一种标记性语言。样式就是格式，在网页中，包括文字的大小、颜色及图片位置等，都是设置显示内容的样式。层叠是指当在 HTML 文档中引用多个定义样式的样式文件（CSS 文件）时，若多个样式文件间所定义的样式发生冲突，将依据层次顺序进行处理。

众所周知，使用 HTML 编写网页并不难，但对于一个由几百个网页组成的网站来说，统一采用相同的格式就困难了。用 CSS 就能解决这个问题，因为 CSS 可将样式的定义与 HTML 文件分离出来，只要建立一个定义样式的 CSS 文件，并让所有 HTML 都调用这个 CSS 文件所定义的样式即可，如图 4-1 所示。以后要更改 HTML 文档中某段落的样式时，只需更改 CSS 文档中的样式定义即可。CSS 不仅可以使用在 HTML 中，还可以用在 XML、JavaScript 中。

CSS 功能强大，CSS 的样式设定功能比 HTML 多，几乎可以定义所有的网页元素，CSS 的语法比 HTML 的语法还容易学习。现在几乎所有漂亮的网页都用了 CSS，CSS 已经成为网页设计必不可少的工具之一。

CSS 的编辑方法同 HTML 一样，可以用任何文本编辑器或网页编辑软件，还可用专门的 CSS 编辑软件。

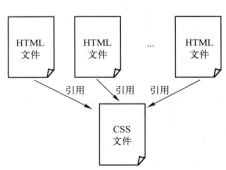

图 4-1 HTML 文件调用 CSS 文件的示意图

4.1.2 CSS 的发展历史

在 HTML 迅猛发展的 20 世纪 90 年代，CSS 也以各种形式应运而生，用户可以使用这些样式语言来调节网页的显示方式。

1994 年 Hakon Wium Lie 为 HTML 样式提出了 CSS 的最初建议。Bert Bos 当时正在设计一个名为 Argo 的浏览器，他们决定一起合作设计 CSS，于是形成了 CSS 的最初版本。1994 年 Hakon Wium Lie 在芝加哥的一次会议上第一次正式提出了 CSS 的建议，1995 年他与 Bert Bos 一起再次展示了这个建议。当时 W3C 刚刚建立，W3C 对 CSS 的发展很感兴趣，它为此专门组织了一次讨论会。1996 年 12 月 W3C 终于推出了 CSS 规范的第一个版本 CSS 1.0。这一规范立即引起了各方的积极响应，随即 MicroSoft 公司和 Netscape 公司纷纷表示自己的浏览器能够支持 CSS 1.0，从此 CSS 技术的发展几乎一帆风顺。1998 年，W3C 发布了 CSS 2.0/2.1 版本，这也是至今流行最广并且主流浏览器都采用的标准。随着计算机软件、硬件及互联网日新月异的发展，浏览者对网页的视觉和用户体验提出了更高的要求，开发人员对如何快速提供高性能、高用户体验的 Web 应用也提出更高的要求。

早在 2001 年 5 月，W3C 就着手开发 CSS 3 规范，CSS 3 规范被分为若干个相互独立的模块。一方面分成若干较小的模块利于规范及时更新和发布，及时调整模块的内容；另外一方面，由于受支持设备和浏览器厂商的限制，设备或者厂商可以有选择地支持一部分模块，支持 CSS 3 的一个子集，这样将有利于 CSS 3 的推广。

CSS 3 的产生大大简化了编程模型，它不是仅对已有功能的扩展和延伸，而更多的是对 Web UI 设计理念和方法的革新。相信未来 CSS 3 配合 HTML 5 标准，将极大地引起一场 Web 应用的变革，甚至是整个 Internet 产业的变革。需要说明的是，到目前为止 CSS 3 规范还没有最终定稿。

4.1.3 CSS 3 的特点

Web 开发者可以借助 CSS 3 设计圆角、多背景、用户自定义字体、3D 动画、渐变、盒阴影、文字阴影和透明度等来提高 Web 设计的质量，开发人员将不必再依赖图片或者 JavaScript 去完成这些任务，极大地提高了网页的开发效率。

1. CSS 3 在选择器上面的支持

利用属性选择器用户可以根据属性值的开头或结尾很容易选择某个元素，利用兄弟选择器可以选择同级兄弟结点或紧邻下一个结点的元素，利用伪类选择器可以选择某一类元素，CSS 3 在选择器上的丰富支持让用户可以灵活地控制样式。

2. CSS 3 在样式上的支持

- 开发人员最期待 CSS 3 的特性是"圆角"，这个功能可以给网页设计人员省去很多时间和精力去切图拼凑一个圆角。
- CSS 3 可以轻松地实现阴影、盒阴影、文本阴影和渐变等特效。
- @font-face 可以自定义字体，如果用户使用传统的方式，需要借助一个带有特殊文字的设计图来实现，而通过 CSS 3 用@font-face 就可以了。
- CSS 3 对于连续文本换行提供了一个属性 word-wrap，用户可以设置其为 normal（不换行）或 break-word（换行），解决了连续英文字符出现页面错位的问题。

● 使用 CSS 3 还可以为边框添加背景。

3．CSS 3 对于动画的支持

CSS 3 支持的动画类型有：transform 变换动画、transition 过渡动画和 animation 动画。

4．浏览器对 CSS 3 的兼容性

类似于 HTML 5，没有一种浏览器是完全兼容 CSS 3 的。因此，本章中的实例可能采用不同的浏览器进行验证，如无特别声明，仍采用 Opera 浏览器浏览 CSS 3 网页。

4.1.4 CSS 的代码规范

任何一个项目或者系统开发之前都需要定制一个开发约定和规则，这样有利于项目的整体风格统一、代码维护和扩展。由于 Web 项目开发的分散性、独立性和整合的交互性等，所以定制一套完整的约定和规则显得尤为重要。

1．目录结构命名规范

存放 CSS 样式文件的目录一般命名为 style 或 css。

2．CSS 样式文件的命名规范

在项目初期，会把不同类别的样式放于不同的 CSS 文件，是为了 CSS 编写和调试的方便；在项目后期，基于网站性能上的考虑会整合不同的 CSS 文件到一个 CSS 文件，这个文件一般命名为 style.css 或 css.css。

3．CSS 选择符的命名规范

所有 CSS 选择符必须由小写英文字母或"_"下画线组成，必须以字母开头，不能为纯数字。设计人员要用有意义的单词或缩写组合来命名选择符，做到"见其名知其意"，这样就节省了查找样式的时间。样式名必须能够表示样式的大概含义（禁止出现如 Div1、Div2、Style1 等命名），读者可以参考表 4-1 中的样式命名。

表 4-1　样式命名参考

页 面 功 能	命 名 参 考	页 面 功 能	命 名 参 考	页 面 功 能	命 名 参 考
容器	wrap/container/box	头部	header	加入	joinus
导航	nav	底部	footer	注册	regsiter
滚动	scroll	页面主体	main	新闻	news
主导航	mainnav	内容	content	按钮	button
顶导航	topnav	标签页	tab	服务	service
子导航	subnav	版权	copyright	注释	note
菜单	menu	登录	login	提示信息	msg
子菜单	submenu	列表	list	标题	title
子菜单内容	submenucontent	侧边栏	sidebar	指南	guide
标志	logo	搜索	search	下载	download
广告	banner	图标	icon	状态	status
页面中部	mainbody	表格	table	投票	vote
小技巧	tips	列定义	column_1of3	友情链接	friendlink

当定义的样式名比较复杂时，用下画线把层次分开，例如，以下定义页面导航菜单选择

符的 CSS 代码：

```
#nav_logo{...}
#nav_logo_ico{...}
```

4.2   CSS 与 HTML 文档的结合方法

CSS 控制网页内容显示格式的方式是通过许多定义的样式属性（如字号、段落控制等）实现的，并将多个样式属性定义为一组可供调用的选择符（Selector）。其实，选择符就是某一个样式的名称，称为选择符的原因是，当 HTML 文档中某元素要使用该样式时，必须利用该名称来选择样式。

要想在浏览器中显示出样式表的效果，就要让浏览器识别并调用该样式。当浏览器读取样式表时，要依照文本格式来读。这里介绍 4 种在页面中插入样式表的方法：定义内部样式表、定义行内样式、链入外部样式表和导入外部样式表。

4.2.1   定义内部样式表

内部样式表是指把样式表放到页面的<head>…</head>区内，这些定义的样式就应用到页面中了，样式表是用<style>标签插入的。定义的样式表可以在整个 HTML 文档中调用。可以在 HTML 文档的<html>和<body>标签之间插入一个<style>…</style>标签对，在其中定义样式。

1. 内部样式表的格式

内部样式表的格式如下：

```
<style type="text/css">
<!--
  选择符 1{属性:属性值; 属性:属性值 …}          /* 注释内容 */
  选择符 2{属性:属性值; 属性:属性值 …}
      …
  选择符 n{属性:属性值; 属性:属性值 …}
-->
</style>
```

<style>…</style>标签对用来说明所要定义的样式。type 属性指定 style 使用 CSS 的语法来定义。当然，也可以指定使用像 JavaScript 之类的语法来定义。属性和属性值之间用冒号"："隔开，定义之间用分号"；"隔开。

<!--… -->的作用是避免旧版本浏览器不支持 CSS，把<style>…</style>的内容以注释的形式表示，这样对于不支持 CSS 的浏览器，会自动略过此段内容。

选择符可以使用 HTML 标签的名称，所有 HTML 标签都可以作为 CSS 选择符使用。

/* …*/为 CSS 的注释符号，主要用于注释 CSS 的设置值。注释内容不会被显示或引用在网页上。

2. 组合选择符的格式

除了在<style>…</style>内分别定义各种选择符的样式外，如果多个选择符具有相同的样式，可以采用组合选择符，以减少重复定义的麻烦，其格式如下：

```
<style type="text/css">
<!--
    选择符 1，选择符 2，…，选择符 n{属性:属性值；属性:属性值 …}
-->
</style>
```

【演练 4-1】 使用内部样式表排版商品促销页面。本例文件 4-1.html 的显示效果如图 4-2 所示。

图 4-2 使用内部样式表

代码如下：

```
<!doctype html>
<html>
  <head>
  <meta charset="gb2312">
  <title>内部样式表实例</title>
  </head>
  <style type="text/css">
  body {font-size:11pt}
  h1 {font-family:宋体;font-size:30pt;font-weight:bold;color:purple;text-align:center}
  h1.title {font-size:13pt; font-weight:bold;color:#666;text-align:center}
  p {font-size:11pt;color:black;text-indent: 2em}    /*定义段落文字 11pt；蓝色；文本缩进两个字符*/
  p.author{color:blue;text-align:right}                /*定义作者文字蓝色、右对齐*/
  p.img{text-align:center}                             /*定义图像居中对齐*/
  p.content{color:blue}                                /*定义内容文字蓝色*/
  p.note{color:green;text-align:left}                  /*定义注释文字绿色、左对齐*/
  </style>
  <body>
```

56

```
        <h1>山姆笔记本限时促销</h1>
        <p>7 月 16 日～7 月 27 日，回答问题即可获得……最高价值 900 元。</p>
        <h1 class="title">超薄超值款</h1>
        <p class="author">发布：电脑之星</p>
        <p class="img"><img src="images/note.png" /></p>
        <p class="content">超移动办公解决方案: 13.3 寸……质感机身。</p>
        <p class="note">购买山姆笔记本电脑，享受世界一流的安全和 IT 支持选项。</p>
    </body>
</html>
```

【说明】

1）p 元素定义了 4 个类：author、img、content 和 note。当<p>标签使用定义的这些类时，会按照类所定义的属性来显示。如果不是指定类中的标签，就不能使用该设置的属性。

2）当一个网页文档具有唯一的样式时，可以使用嵌入的样式表。但是，如果多个网页都使用同一样式表，采用外部样式表会更适合。

4.2.2 定义行内样式表

行内样式表也称内嵌样式表，是指在 HTML 标签中插入 style 属性，再定义要显示的样式表，而 style 属性的内容就是 CSS 的属性和值。用这种方法，可以很简单地对某个标签单独定义样式表。这种样式表只对所定义的标签起作用，并不对整个页面起作用。有时候这种方式却非常有效。其格式如下：

<标签 style="属性:属性值; 属性:属性值 …">

【演练 4-2】 使用行内样式表排版商品促销页面。本例文件 4-2.html 的显示效果如图 4-3 所示。

图 4-3 使用行内样式

代码如下：

```
<!doctype html>
<html>
 <head>
 <meta charset="gb2312">
 <title>使用行内样式</title>
 </head>
 <body>
   <!--行内定义的 h3 样式，不影响其他 h3 标题-->
   <h3 style="font-size:30pt;color:purple;text-align:center">山姆笔记本限时促销</h3>
   <!--行内定义的 h3 样式，不影响其他 h3 标题-->
   <h3 style="font-size:13pt; font-weight:bold;color:#666;text-align:center">超薄超值款</h1>
   <h3 align="right">发布：电脑之星</h3>
   <p style="text-align:center"><img src="images/note.png" /></p>
   <!--下面的段落文字为 10 磅大小，蓝色,不影响其他段落-->
   <p style="font-size:11pt; color:blue;text-indent:2em">超移动办公……质感机身。</p>
   <!--下面的段落不受影响，仍然为默认显示-->
   <p>购买山姆笔记本电脑，享受世界一流的安全和 IT 支持选项。</p>
 </body>
</html>
```

【说明】 需要注意的是，行内样式表与需要显示的内容混合在一起，且在标签中采用设置 style 属性的方法，一次只能控制一个标签的样式。因此，使用行内样式表会失去一些样式表的优点，这种方法应该尽量少用。

4.2.3 链入外部样式表

1．链入外部样式表的格式

链入外部样式表就是当浏览器读取到 HTML 文档的样式表链接标签时，将向所链接的外部样式表文件索取样式。先将样式表保存为一个样式表文件（css），然后在网页中用<link>标签链接这个样式表文件。<link>标签必须放到页面的<head>…</head>标签对内。其格式如下：

```
<head>
  …
  <link rel="stylesheet" href="外部样式表文件名.css" type="text/css">
  …
</head>
```

其中，<link>标签表示浏览器从"外部样式表文件.css"文件中以文档格式读出定义的样式表。rel="stylesheet"属性定义在网页中使用外部的样式表，type="text/css"属性定义文件的类型为样式表文件，href 属性用于定义 css 文件的 URL。

2．样式表文件的格式

样式表文件可以用任何文本编辑器（如记事本）打开并编辑，一般样式表文件的扩展名为.css。样式表文件的内容是定义的样式表，不包含 HTML 标签。样式表文件的格式如下：

```
选择符 1{属性:属性值; 属性:属性值 ...}            /* 注释内容 */
选择符 2{属性:属性值; 属性:属性值 ...}
  ...
选择符 n{属性:属性值; 属性:属性值 ...}
```

　　一个外部样式表文件可以应用于多个页面。当改变这个样式表文件时，所有页面的样式都会随之改变。在设计者制作大量相同样式页面的网站时，这非常有用，不仅减少了重复的工作量，而且有利于以后的修改。浏览时也减少了重复下载的代码，加快了显示网页的速度。

　　【演练 4-3】 链入外部样式表制作商品促销页面，在一个 HTML 文档中链入外部样式表文件，至少需要两个文件，一个是 HTML 文件，另一个是 CSS 文件 style.css。本例文件4-3.html 的显示效果如图 4-4 所示。

图 4-4　链入外部样式表

HTML 文件代码如下：

```
<!doctype html>
<html>
  <head>
  <meta charset="gb2312">
  <title>外部的样式表的应用</title>
  <link rel="stylesheet" href="style/style.css" type="text/css">
  </head>
  <body>
    <h1>山姆笔记本限时促销</h1>
    <p>7 月 16 日～7 月 27 日，回答问题即可获得商城……最高价值 900 元。</p>
    <h1 class="title">超薄超值款</h1>
```

```
    <p class="author">发布：电脑之星</p>
    <p class="img"><img src="images/note.png" /></p>
    <p class="content">超移动办公解决方案: 13.3 寸超薄……质感机身。</p>
    <p class="note">购买山姆笔记本电脑，享受世界一流的安全和 IT 支持选项。</p>
  </body>
</html>
```

CSS 文件名为 style.css，存放于 style 文件夹中，代码如下：

```
body {font-size:11pt}
/*修改标题 1 的样式*/
h1 {font-family:宋体;font-size:30pt;font-weight:bold;color:purple;text-align:center}
h1.title {font-size:13pt; font-weight:bold;color:#666;text-align:center}
p {font-size:11pt;color:black;text-indent: 2em}    /*定义段落文字 11pt；蓝色；文本缩进两个字符*/
p.author{color:blue;text-align:right}                      /*定义作者文字蓝色、右对齐*/
p.img{text-align:center}                                   /*定义图像居中对齐*/
p.content{color:blue}                                      /*定义内容文字蓝色*/
p.note{color:green;text-align:left}                        /*定义注释文字绿色、左对齐*/
```

【说明】　为了实现段落首行缩进的效果，在定义 p 的样式中加入属性 text-indent:2em，即可实现段落首行缩进两个字符的效果。

4.2.4　导入外部样式表

导入外部样式表就是当浏览器读取 HTML 文件时，复制一份样式表到这个 HTML 文件中，即在内部样式表的<style>标签对中导入一个外部样式表文件。其格式如下：

```
<style type="text/css">
<!--
  @import url("外部样式表的文件名 1.css");
  @import url("外部样式表的文件名 2.css");
  其他样式表的声明
-->
</style>
```

"外部样式表的文件名"指出要导入的样式表文件，扩展名为.css。其方法与链入样式表文件的方法相似，但导入外部样式表文件的输入方式更有优势，实质上它相当于内部样式表。

注意，@import 语句后的";"号不能省略。所有的@import 声明必须放在样式表的开始部分，在其他样式表声明的前面，其他 CSS 规则放在其后的<style>标签对中。如果在内部样式表中指定了规则（如.bg{ color: black; background: orange }），其优先级将高于导入的外部样式表中相同的规则。

【演练 4-4】　使用导入外部样式表制作商品促销页面，导入的外部样式表文件（如 extstyle.css）中包含.bgcolor{background: blue}，但结果不是蓝色的背景，依然是浅灰色的背景，因为内部样式表的优先级高于前面导入的外部样式表。本例文件 4-4.html 的显示效果如图 4-5 所示。

图 4-5 导入外部样式表

HTML 文件代码如下：

```
<!doctype html>
<html>
  <head>
  <meta charset="gb2312">
  <title>导入外部样式表</title>
    <style type="text/css">
      @import url(style/extstyle.css);
      .bgcolor{ color: black; background: #ccc }    /* 定义类，字体为黑色；背景为浅灰色 */
    </style>
  </head>
  <body>
    <!-- 由内部样式表.bgcolor 决定，背景显示为浅灰色，而不是外部样式表中定义的蓝色 -->
    <h3 class="bgcolor">山姆笔记本限时促销</h3>
    <!--下面的标题 3 中使用了行内样式，其优先级别高于导入的外部样式表-->
    <h3 style="font-size:13pt; font-weight:bold;color:#666;text-align:center">超薄超值款</h1>
    <p class="author">发布：电脑之星</p>
    <p class="img"><img src="images/note.png" /></p>
    <p class="content">超移动办公解决方案: 13.3 寸超薄金属……质感机身。</p>
    <!--下面的段落中使用了行内样式，其优先级别高于导入的外部样式表-->
    <p style="color:purple">购买山姆笔记本电脑，享受世界一流的安全和 IT 支持选项。</p>
  </body>
</html>
```

CSS 文件名为 extstyle.css，存放于 style 文件夹中，代码如下：

```
h3{font-size:30pt;font-weight:bold;color:purple; text-align:center}
p{font-size:11pt; color:black;text-indent: 2em}     /*定义段落文字 11pt；黑色；文本缩进两个字符*/
p.author{color:blue;text-align:right}               /*定义作者文字蓝色、右对齐*/
p.img{text-align:center}                            /*定义图像居中对齐*/
p.content{color:blue}                               /*定义内容文字蓝色*/
p.note{color:green;text-align:left}                 /*定义注释文字绿色、左对齐*/
.bgcolor{background:blue}                           /*定义类，背景为蓝色*/
```

【说明】 被@import 导入的样式表的顺序决定它们的层叠顺序，在不同规则中出现的相同元素由排在后面的规则决定。例如，在本例中，<h3 class="bgcolor">山姆笔记本限时促销</h3>中文字的背景色由行内样式.bgcolor 决定。

4.3 样式表语法

本节将介绍样式表的相关语法。

4.3.1 CSS 的定义组成

CSS 的定义是由 3 个部分构成的：选择符（selector）、属性（attribute）和属性的取值（value）。其语法如下：

selector{attribute:value}   /* （选择符{属性：属性值}）*/

选择符就是 CSS 样式的名字，当在 HTML 文档中表现一个 CSS 样式的时候，通过 CSS 选择符来指定此 HTML 标签使用此 CSS 样式。

CSS 选择符可以分为很多类，包括：类型选择符、class 类选择符、id 选择符、通用选择符、分组选择符、包含选择符、元素指定选择符、子对象选择符和属性选择符。下面讲解几种常用的选择符。

4.3.2 常用的选择符

1．类型选择符

类型选择符是指以文档对象模型（DOM）作为选择符，即选择某个 HTML 标签为对象，设置其样式规则。类型选择符就是网页元素本身，定义时直接使用元素名称。其格式如下：

```
E
{
  /*CSS 代码*/
}
```

其中，E 表示网页元素（element）。例如以下代码表示的类型选择符：

```
body{
    font-size:13pt;background-image:url(images/bgpic.jpg)         /*定义页面属性*/
}
div{
    width:774px ;                                      /*把所有的 Div 元素定义为宽
                                                        度为 774 像素*/

}
```

2．class 类选择符

（1）class 类选择符的格式

用类选择符能够把相同的标签分类定义为不同的样式。例如，希望同一种标签（如<p>）

在不同的地方使用不同的样式（一个段落向右对齐，一个段落居中），就可以先定义两个类，在应用时只要在标签中指定它属于哪一个类，就可以使用该类的样式了。其格式如下：

```
<style type="text/css">
<!--
   标签 1.类名称 1{属性:属性值; 属性:属性值 ...}
   标签 2.类名称 2{属性:属性值; 属性:属性值 ...}
      ...
   标签 3.类名称 n{属性:属性值; 属性:属性值 ...}
-->
</style>
```

"标签.类名称"仍然称为选择符。"类名称"为定义类的选择符名称，类名称可以是任意英文单词组合或者以英文字母开头的英文字母与数字的组合，一般根据其功能和效果简要命名。其适用范围为整个 HTML 文档中所有由类选择符所引用的设置。"标签"名称可以用HTML 的标签。

（2）无"标签"类选择符

还有一种用法，在选择符中省略 HTML"标签"名，这样可以把几个不同的元素定义成相同的样式。其格式如下：

```
<style type="text/css">
<!--
   .类名称 1{属性:属性值; 属性:属性值 ...}
   .类名称 2{属性:属性值; 属性:属性值 ...}
      ...
   .类名称 n{属性:属性值; 属性:属性值 ...}
-->
</style>
```

有无"标签"的区别在于，若在定义 clsss 类选择符前加上 HTML 的标签，其适用范围将只限于该标签所包含的内容。这种省略 HTML 标签的类选择符是最常用的定义方法，使用这种方法，可以很方便地在任意标签上套用预先定义好的类样式。

使用 class 类选择符时，需要使用英文"."（点）进行标识。例如以下示例代码：

```
.red{
   color:red ;
}
```

应用 class 类选择符的代码如下：

```
<p class="red">红色的文字段落</p>
```

3．id 选择符

id 选择符用来对某个单一元素定义单独的样式。定义 id 选择符时要在 id 名称前加上一个"#"号。与类选择符相同，定义 id 选择符也有两种方法。

（1）用 id 选择符定义样式

第一种方法是用 id 选择符定义样式，格式如下：

```
<style type="text/css">
<!--
    #id 名 1{属性:属性值; 属性:属性值 …}
    #id 名 2{属性:属性值; 属性:属性值 …}
      …
    #id 名 n{属性:属性值; 属性:属性值 …}
-->
</style>
```

其中,"#id 名"是定义的 id 选择符名称。该选择符名称在一个文档中是唯一的,只对页面中的唯一元素进行样式定义。这个样式定义在页面中只能出现一次,其适用范围为整个 HTML 文档中所有由 id 选择符所引用的设置。

(2) 在选择符中加上 HTML "标签"名的 id 选择符定义样式

第二种用法是在选择符中加上 HTML "标签"名,其格式如下:

```
<style type="text/css">
<!--
    标签 1#id 名 1{属性:属性值; 属性:属性值 …}
    标签 2#id 名 2{属性:属性值; 属性:属性值 …}
      …
    标签 n#id 名 n{属性:属性值; 属性:属性值 …}
-->
</style>
```

其中,"标签"是 HTML 的标签名称。若在 id 选择符前加上 HTML 的标签,其适用范围将只限于该标签所包含的内容。id 选择符局限性很大,只能单独定义某个元素的样式,一般只在特殊情况下使用。使用 id 选择符时,需要使用 "#"进行标识。例如以下示例代码:

```
#top{
    width:774px ;                          /*把所有的 div 元素定义为宽度为 774 像素*/
}
```

应用 id 选择符的代码如下:

```
<div id="top">    </div>
```

4.span 选择符

span 在样式表中作为一个选择符使用,而且它也能接受 style、class 和 id 选择符。把 span 元素加入到 HTML 中,它允许网页制作者给出样式,但无须附加在一个 HTML 的结构标签上。span 没有结构的意义,它纯粹是应用样式,所以当样式表失效时它就失去任何作用。

<span>标签也可以用来定义区域,但一般用于网页中某一个小问题段落。其格式如下:

```
<span id="样式名">…</span>    或    <span class="样式名">…</span>
```

5.div 选择符

div(division 的简写)在功能上与 span 相似,最主要的差别在于,div 是一个块级标签。div 可以包含段落、标题、表格甚至其他部分。这使 div 便于建立不同集成的类，如章节、摘要或备注。在定义区域间使用不同样式时，可使用<div>标签。其格式如下：

<div id="样式名">...</div> 或 **<div class="样式名">...</div>**

6. 通用选择符

通用选择符指选定文档对象模型（DOM）中所有类型的单个对象，是一种特殊的选择符，它用*表示。其格式如下：

* ｛CSS 代码｝

例如以下示例代码：

```
*{
    font-size:12pt;                         /*定义文档中所有字体的大小为 12pt*/
}
```

7. 通用兄弟元素选择符 E~F

通用兄弟元素选择符 E~F 用来指定位于同一个父元素之中，某个元素之后的所有其他某个种类的兄弟元素所使用的样式。其格式如下：

E~F：{att}

其中 E、F 均表示元素，att 表示元素的属性。通用兄弟元素选择符 E~F 表示匹配 E 元素之后的 F 元素。例如以下示例代码：

```
div ~ p {background-color:#00ff00;}                /*E 元素为 div，F 元素为 p*/
```

应用此样式的代码如下：

```
<div style="width:733px; border: 1px solid #666; padding:5px;">
<div>
    <p>匹配 E 元素之后的 F 元素</p>            <!-- E 元素中的 F 元素，所以不匹配-->
    <p>匹配 E 元素之后的 F 元素</p>            <!-- E 元素中的 F 元素，所以不匹配-->
</div>
<hr />
<p>匹配 E 元素之后的 F 元素</p>            <!-- E 元素后的 F 元素，所以匹配-->
<p>匹配 E 元素之后的 F 元素</p>            <!-- E 元素后的 F 元素，所以匹配-->
<hr />
<p>匹配 E 元素之后的 F 元素</p>            <!-- E 元素后的 F 元素，所以匹配-->
<hr />
<div>匹配 E 元素之后的 F 元素</div>          <!-- E 元素本身，所以不匹配-->
<hr />
<p>匹配 E 元素之后的 F 元素</p>            <!-- E 元素后的 F 元素，所以匹配-->
</div>
```

通用兄弟元素选择符的显示效果如图 4-6 所示。

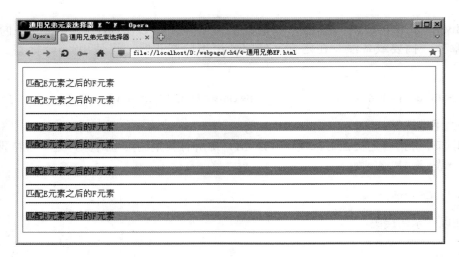

图 4-6　通用兄弟元素选择符的显示效果

8．包含选择符

在样式中会经常常用到包含选择符，因为布局中经常用到容器层和里面的子层，如果用到包含选择符，就可以对某个容器层的子层控制，使其他同名的对象不受该规则的影响。包含选择符对象要依次选择出对象，从大到小，即从容器层到子层。包含选择符能够简化代码，实现大范围的样式控制。其格式如下：

```
E1 E2
{
/*对子层控制规则*/
}
```

其中 E1 指父层对象，E2 指子层对象，即 E1 对象包含 E2 对象。例如以下示例代码：

```
.div1 h2{
    /*定义类 div1 层中所有 h2 的标题样式*/
    font-size:18px;
}
.div1 p{
    /*定义类 div1 层中所有 p 的标题样式*/
    font-size:12px;
}
```

9．分组选择符

分组选择符指的是对多个标签设置同一样的样式，在不同的类型中，表示同一样的样式。其格式如下：

```
E1,E2,E3
{
    /*CSS 代码*/
}
```

当对多个对象定义了相同的样式时，用户可以把它们分为一组，这样能够简化代码读写。例如以下示例代码：

```
.class1{
   font-size:13px;
   color:red;
   text-decraotian:underline;
}
.class2{
   font-size:13px;
   color:blue;
   text-decroation:underline;
}
```

可以分组为：

```
.class1,class2{
   font-size:13px;
   text-decroation:underline;
}
.class1{
   color:red;
}
.class2{
   color:blue;
}
```

10. 属性选择符

属性选择符是在元素后面加一个中括号，中括号中列出各种属性或者表达式。属性选择符可以匹配 HTML 文档中元素定义的属性、属性值或属性值的一部分。属性选择符存在 7 种具体形式。

（1）E[att]属性名选择符

E[att]属性名选择符用于存在属性匹配，通过匹配存在的属性来控制元素的样式，一般要把匹配的属性包含在中括号中。其格式如下：

E[att]
{
  /*CSS 代码*/
}

其中，E 表示网页元素，att 表示元素的属性。E[att]属性名选择符匹配文档中具有 att 属性的 E 元素。例如以下示例代码：

```
h1[class]{
   color:red;                              /*作用于任何带 class 属性的 h1 元素*/
}
img[alt]{
```

```
            border:none;                              /*作用于任何带 alt 属性的 img 元素*/
        }
        a[href][title]{
            font-weight:bold;                          /*作用于同时带 href 和 title 属性的 a 元素*/
        }
```

（2）E[att=val]属性值选择符

E[att=val]属性值选择符用于精准属性匹配，只有当属性值完全匹配指定的属性值时才会应用样式。其格式如下：

```
        E[att=val]
        {
            /*CSS 代码*/
        }
```

其中，E 表示网页元素，att 表示元素的属性，val 表示属性值。E[att=val]属性值选择符匹配文档中具有 att 属性且其值为 val 的 E 元素。例如以下示例代码：

```
        a[href = "www.163.com"][title="网易"]{
            font-size:12px;          /*作用地址指向 www.163.com，并且 title 提示字样为"网易"的 a 元素*/
        }
```

（3）E[att~=val]属性值选择符

E[att~=val]属性值选择符用于空白分隔匹配，通过为属性定义字符串列表，然后只要匹配其中任意一个字符串即可控制元素样式。其格式如下：

```
        E[att~=val]
        {
            /*CSS 代码*/
        }
```

其中，E 表示网页元素，att 表示元素的属性，val 表示属性值。E[att~=val]属性值选择符匹配文档中具有 att 属性且其中一个值（多个值使用空格分隔）为 val（val 不能包含空格）的 E 元素。例如以下示例代码：

```
        a[title~="baidu"]
        {
            color:red;
        }
```

应用此样式的代码如下：

```
        <a href="http://www.baidu.com/" title="www baidu com">红色</a>
```

其中，标签 a 的 title 属性包含 3 个值（多个值使用空格分隔），其中一个为 baidu，因此可匹配样式。

（4）E[att|=val]属性值选择符

E[att|=val]属性值选择符用于连字符匹配，与空白匹配的功能和用法相同，但是连字符

68

匹配中的字符串列表用连字符"-"进行分割。其格式如下：

```
E[att|=val]
{
    /*CSS 代码*/
}
```

其中，E 表示网页元素，att 表示元素的属性，val 表示属性值。E[att|=val]属性值选择符匹配文档中具有 att 属性且其中一个值为 val，或者以 val 开头，紧随其后的是连字符"-"的 E 元素。例如以下示例代码：

```
*[lang|="en"]
{
    color: red;
}
```

应用此样式的代码如下：

```
<p lang="en">梦之都红色</p>
<p lang="en-US">梦之都红色</p>
```

（5）E[att^=val]属性值子串选择符

E[att^=val]属性值子串选择符用于前缀匹配，只要属性值的开始字符匹配指定字符串，即可对元素应用样式，前缀匹配使用[^=]形式来实现。其格式如下：

```
E[att^=val]
{
    /*CSS 代码*/
}
```

其中，E 表示网页元素，att 表示元素的属性，val 表示属性值。E[att^=val]属性值子串选择符匹配文档中具有 att 属性，且其值的前缀为 val 的 E 元素。例如以下示例代码：

```
p[title^="my"]{
    color:#ff0000;
}
```

应用此样式的代码如下：

```
<p title="myTest">匹配具有 att 属性且值以 val 开头的 E 元素</p>
```

（6）E[att$=val]属性值子串选择符

E[att$=val]属性值子串选择符用于后缀匹配，与前缀相反，只要属性的结尾字符匹配指定字符，使用[$=]形式控制。其格式如下：

```
E[att$=val]
{
    /*CSS 代码*/
}
```

其中，E 表示网页元素，att 表示元素的属性，val 表示属性值。E[att$=val]属性值子串选择符匹配文档中具有 att 属性，且其值的后缀为 val 的 E 元素。例如以下示例代码：

```
p[title$="Test"]{
    color:#ff0000;
}
```

应用此样式的代码如下：

```
<p title="myTest">匹配具有 att 属性且值以 val 结尾的 E 元素</p>
```

（7）E[att*=val]属性值子串选择符

E[att*=val]属性值子串选择符用于子字符串匹配，只要属性中存在指定字符串，即应用样式，使用[*=]形式控制。其格式为：

```
E[att*=val]
{
    /*CSS 代码*/
}
```

其中，E 表示网页元素，att 表示元素的属性，val 表示属性值。E[att*=val]属性值子串选择符匹配文档中具有 att 属性，且其包含 val 的 E 元素。例如以下示例代码：

```
p[title*="est"]{
    color:#ff0000;
}
```

应用此样式的代码如下：

```
<p title="myTest">匹配具有 att 属性且值包含 val 的 E 元素</p>
```

11．伪类选择符

伪类选择符和类选择符不同，不能像类选择符一样随意使用别的名字。伪类可以理解为对象（选择符）在某个特殊状态下（伪类）的样式。

（1）E:root 结构性伪类选择符

E:root 结构性伪类选择符用于匹配文档的根元素。在 HTML 中，根元素永远是 HTML。其格式如下：

```
E:root：[att]
{
    /*CSS 代码*/
}
```

其中，E 表示网页元素，root 表示根，att 表示元素的属性。例如以下示例代码：

```
html:root {background-color:#DCDCDC;}
```

应用此样式的代码如下：

```
<div style="width:733px; border: 1px solid #666; padding:5px;">
```

```
<p>结构性伪类  E:root</p>
```

E:root 结构性伪类选择符的显示效果如图 4-7 所示。

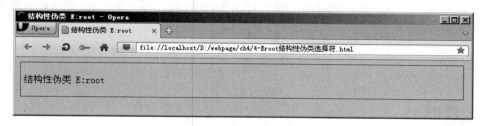

图 4-7　E:root 结构性伪类选择符的显示效果

（2）E:nth-child(n)结构性伪类选择符

E:nth-child(n)结构性伪类选择符用于匹配父元素中的第 n 个子元素 E。其格式如下：

```
E:nth-child(n)：[att]
{
    /*CSS 代码*/
}
```

其中，E 表示网页元素，**nth-child(n)**表示第 n 个子元素，att 表示元素的属性。例如以下
示例代码：

```
.txtnthcld{
    width:500px;                             /*父元素的样式 txtnthcld*/
}
.txtnthcld p{
    color:#099;
}
.txtnthcld p:nth-child(3){
    color:#ff0000;                           /*作用于父元素中第 3 个子元素*/
}
```

应用此样式的代码如下：

```
<ul class="txtnthcld">                       <!--套用父元素的样式 txtnthcld -->
    <p>我们是一起的</p>
    <p>不得变成红的</p>
    <p>我是第三个，我要变红求关注</p>            <!--父元素中的第 3 个子元素-->
</ul>
```

E:nth-child(n)结构性伪类选择符的显示效果如图 4-8 所示。

（3）E:nth-last-child(n)结构性伪类选择符

E:nth-last-child(n)结构性伪类选择符用于匹配父元素中的倒数第 n 个结构子元素 E。其
格式如下：

```
E:nth-last-child(n)：[att]
{
```

```
      /*CSS 代码*/
   }
```

其中，E 表示网页元素，nth-last-child(n)表示倒数第 n 个子元素，att 表示元素的属性。例如以下示例代码：

```
.txtnthcld{
    width:500px;                        /*父元素的样式 txtnthcld*/
}
.txtnthcld p{
    color:#099;
}
.txtnthcld p:nth-last-child(3){
    color:#ff0000;                      /*作用于父元素中倒数第 3 个子元素*/
}
应用此样式的代码如下：
<ul class="txtnthcld">                   <!--套用父元素的样式 txtnthcld -->
    <p>我们是一起的</p>                    <!--父元素中倒数第 3 个子元素-->
    <p>不得变成红的</p>
    <p>我是第三个，我要变红求关注</p>
</ul>
```

E:nth-last-child(n)结构性伪类选择符的显示效果如图 4-9 所示。

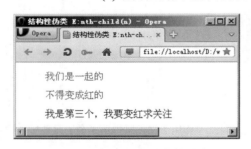

图 4-8　E:nth-child(n)结构性伪类

选择符的显示效果

图 4-9　E:nth-last-child(n)结构性伪类

选择符的显示效果

（4）E:first-child 与 E:last-child 结构性伪类选择符

1）E:first-child 结构性伪类选择符用于匹配父元素中第一个子元素。其格式如下：

E:first-child：[att]

```
{
    /*CSS 代码*/
}
```

其中，E 表示网页元素，first-child 表示第一个子元素，att 表示元素的属性。

2）E:last-child 结构性伪类选择符用于匹配父元素中最后一个子元素。其格式如下：

E:last-child：[att]

```
{
```

```
    /*CSS 代码*/
}
```

其中，E 表示网页元素，last-child 表示最后一个子元素，att 表示元素的属性。例如以下示例代码：

```
.texfstcld{
    width:200px;                        /*父元素的样式 texfstcld*/
}
.texfstcld li{
    width:100%;
    background-color:#999;
    list-style:none;
    border:solid 1px #000;
}
.texfstcld li:first-child{
    border-top:none;                    /*父元素的第一个子元素样式，上边框无框线*/
}
.texfstcld li:last-child{
    border-bottom:none;                 /*父元素的最后一个子元素样式，下边框无框线*/
}
```

应用此样式的代码如下：

```
<ul class="texfstcld">                  <!--套用父元素的样式 texfstcld-->
    <li>购物车</li>                      <!--父元素中的第一个子元素-->
    <li>客服中心</li>
    <li>加入收藏</li>
    <li>登录</li>
    <li>注册</li>                        <!--父元素中的最后一个子元素-->
</ul>
```

E:first-child 与 E:last-child 结构性伪类选择符的显示效果如图 4-10 所示。

（5）E:only-child 结构性伪类选择符

E:only-child 结构性伪类选择符用于匹配属于父元素中唯一的子元素。其格式如下：

```
E:only-child：[att]
{
    /*CSS 代码*/
}
```

其中，E 表示网页元素，only-child 表示唯一的子元素，att 表示元素的属性。例如以下示例代码：

```
.txtonlycld{
    width:500px;                        /*父元素的样式 texfstcld*/
}
.txtonlycld p{
    color:#099;
```

```
    }
    .txtonlycld p:only-child{
        color:#ff0000;                          /*父元素中的唯一子元素，红色文字*/
    }
```

应用此样式的代码如下：

```
<ul class="txtonlycld">                    <!--套用父元素的样式 txtonlycld-->
    <p>我们是一起的</p>                        <!--父元素中的第一个子元素-->
    <p>不得变成红的</p>                        <!--父元素中的第二个子元素-->
</ul>
<ul class="txtonlycld">
    <p>我只有一个，我要变红求关注</p>          <!--父元素中的唯一子元素-->
</ul>
```

E:only-child 结构性伪类选择符的显示效果如图 4-11 所示。

图 4-10 E:first-child 与 E:last-child 结构性伪类   图 4-11 E:only-child 结构性伪类
选择符的显示效果   选择符的显示效果

（6）E:empty 结构性伪类选择符

E:empty 结构性伪类选择符用于匹配内容为空的元素。其格式如下：

E:empty：[att]
{
    /*CSS 代码*/
}

其中，E 表示网页元素，empty 表示内容为空的元素，att 表示元素的属性。例如以下示例代码：

```
.empty{
    width:500px;
    height:20px;
    border:solid 1px #ccc;
}
.empty:empty{
    width:500px;
    height:20px;
    background-color:#ff0000;
}
```

应用此样式的代码如下：

```
<ul class="empty"></ul>
<ul class="empty">有内容就没有背景</ul>
```

E:empty 结构性伪类选择符的显示效果如图 4-12 所示。

（7）E:not(s)否定伪类选择符

E: not(s)否定伪类选择符用于匹配所有不匹配简单选择符 s 的元素 E。其格式如下：

E:not(s)：[att]
{
　/*CSS 代码*/
}

其中，E 表示网页元素，**not(s)**表示所有不匹配简单选择符 s 的元素 E，att 表示元素的属性。例如以下示例代码：

```
.e .txtnot{
    width:200px;
    color:#000;                    /*定义匹配简单选择符的样式，红色黑字*/
}
*:not(li){
    color:#ff0000;                 /*定义不匹配简单选择符的样式，红色文字*/
}
```

应用此样式的代码如下：

```
<ul class="txtnot">
    <li>这里不变色</li>            <!--匹配简单选择符 s 的元素 E-->
    <li>
        <span>这里是红色</span>     <!--不匹配简单选择符 s 的元素 E-->
    </li>
</ul>
```

E:not(s)否定伪类选择符的显示效果如图 4-13 所示。

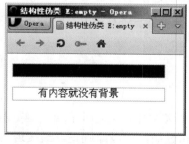

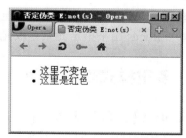

图 4-12　E:empty 结构性伪类选择符的显示效果　　　　图 4-13　E: not(s)否定伪类选择符的显示效果

（8）E:target 目标伪类选择符

E:target 目标伪类选择符用于匹配相关 URL 指向的元素 E。其格式如下：

E:target：[att]

```
{
    /*CSS 代码*/
}
```

其中，E 表示网页元素，target 表示相关 URL 指向的元素 E，att 表示元素的属性。例如以下示例代码：

```
div#content-primary:target {background-color:#ff0; font-weight:bold;line-height:24px }
p{ height:50px;}
```

应用此样式的代码如下：

```
div id="nav-primary">#nav-primary</div>
<div id="content-primary">#content-primary</div>        <!--匹配 URL 指向的元素 E-->
<div id="content-secondary">#content-secondary</div>
<div id="tertiary-content">#tertiary-content</div>
<div id="nav-secondary">#nav-secondary</div>
<p>提示：在地址栏后面输入#content-secondary，可以看到#content-primary 的 div 出现黄色背景</p>
```

E:target 目标伪类选择符的显示效果如图 4-14 所示。

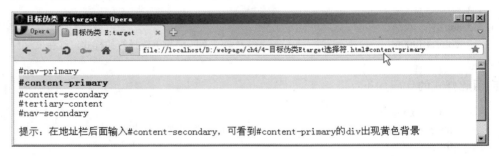

图 4-14　E:target 目标伪类选择符的显示效果

（9）UI 元素状态伪类选择符

UI（User Interface）就是用户界面，这里主要讲解以下 UI 元素状态伪类选择符。

● E:hover 用来指定鼠标指针移动到元素上面时元素使用的样式。
● E:active 用来指定激活被指定元素（鼠标在元素上按着还没有松手）时候使用的样式。
● E:focus 用来指定元素获取光标焦点时使用的样式。

4.4　多重样式表的层叠

前面介绍了在网页中插入样式表的 4 种方法，如果这 4 种方法同时出现，浏览器会以哪种方法定义的规则为准呢？这就涉及样式表的优先级和叠加。一般原则是，最接近目标的样式定义优先级最高。高优先级样式将继承低优先级样式的未重叠定义，但覆盖重叠的定义。根据规定，样式表的优先级别从高到低为：行内样式表、内部样式表、链接样式表、导入样式表和默认浏览器样式表。浏览器将按照上述顺序执行样式表的规则。

样式表的层叠性就是继承性，样式表的继承规则是：外部的元素样式会保留下来，由这个元素所包含的其他元素继承；所有在元素中嵌套的元素都会继承外层元素指定的属性值，有时会把多层嵌套的样式叠加在一起，除非进行更改；遇到存在冲突的地方，以最后定义的为准。

【演练 4-5】 首先链入一个外部样式表，其中定义了 h3 选择符的 color、text-align 和 font-size 属性（标题 3 的文字颜色为红色，向左对齐，尺寸为 8 号字）：

```
h3{color: red; text-align: left; font-size: 8pt}
```

然后在内部样式表中定义了 h3 选择符的 text-align 和 font-size 属性：

```
h3{text-align: right; font-size: 20pt}              /* 标题 3 文字向右对齐；尺寸为 20 号字 */
```

那么这个页面叠加后的样式就是（文字颜色为红色，向右对齐，尺寸为 20 号字）：

```
h3{color: red; text-align: right; font-size: 20pt}
```

字体颜色从外部样式表保留下来，而当对齐方式和字体尺寸各自都有定义时，按照后定义的优先的规则使用内部样式表的定义。

【演练 4-6】 在 div 标签中嵌套 p 标签：

```
div { color: red; font-size:9pt}
…
<div>
  <p>这个段落的文字为红色 9 号字</p>      <!-- p 元素里的内容会继承 div 定义的属性  -->
</div>
```

如果定义了 p 的颜色：

```
div { color: red; font-size:9pt}
p {color: blue}
…
<div>
  <p>这个段落的文字为蓝色 9 号字</p>
</div>
```

显示结果为，段落里的文字大小为 9 号字，继承 div 属性；而 color 属性则依照最后的定义，显示为蓝色。

使用不同的选择符定义相同的元素时，要考虑不同选择符之间的优先级（id 选择符、类选择符和 HTML 标签选择符），id 选择符的优先级最高，其次是类选择符，HTML 标签选择符最低。如果想超越这三者之间的关系，可以用!important 来提升样式表的优先权，例如：

```
p { color: #ff0000!important }
.blue { color: #0000ff}
#id1 { color: #ffff00}
```

同时对页面中的一个段落加上这 3 种样式，它会依照被!important 申明的 HTML 标签选择符的样式，显示红色文字。如果删除!important，则依照优先权最高的 id 选择符，显示黄色文字。

最后还需要注意，不同的浏览器对于 CSS 的理解是不完全相同的。这就意味着，并非全部的 CSS 都能在各种浏览器中得到同样的结果。所以，最好使用多种浏览器检测一下。

4.5　CSS 的属性单位

样式表是由属性和属性值组成的，有些属性值会用到单位。在 CSS 中，属性值的单位与在 HTML 中的有所不同。

4.5.1　长度、百分比单位

使用 CSS 进行文字、版式、边界等的设置时，经常会在属性值后面加上长度或者百分比的单位。

1. 长度单位

长度单位有相对长度单位和绝对长度单位两种类型。

1）相对长度单位是指，以该属性前一个属性的单位值为基础来完成目前的设置。

2）绝对长度单位将不会随着显示设备的不同而改变。换句话说，属性值使用绝对长度单位时，不论在哪种设备上，显示效果都是一样的，如屏幕上的 1cm 与打印机上的 1cm 是一样长的。

由于相对长度单位确定的是一个相对于另一个长度属性的长度，因而它能更好地适应不同的媒体，所以它是首选的。

一个长度的值由可选的正号 "+" 或负号 "−"，加上一个数字，最后是标明单位的两个字母组成。

长度单位如表 4-2 所示。当使用 pt 作为单位时，设置显示字体大小不同，显示效果也会不同。

表 4-2　长度单位

长度单位	简　介	示　例	长度单位类型
em	相对于当前对象内大写字母 M 的宽度	div { font-size : 1.2em }	相对长度单位
ex	相对于当前对象内小写字母 x 的高度	div { font-size : 1.2ex }	相对长度单位
px	像素（pixel），像素是相对于显示器屏幕分辨率而言的	div { font-size : 12px }	相对长度单位
pt	点（point），1pt = 1/72in	div { font-size : 12pt }	绝对长度单位
pc	派卡（pica），相当于汉字新四号铅字的尺寸，1pc =12pt	div { font-size : 0.75pc }	绝对长度单位
in	英寸（inch），1in = 2.54cm = 25.4mm = 72pt = 6pc	div { font-size : 0.13in }	绝对长度单位
cm	厘米（centimeter）	div { font-size : 0.33cm }	绝对长度单位
mm	毫米（millimeter）	div { font-size : 3.3mm }	绝对长度单位

设置属性时，大多数属性仅能使用正数，只有少数属性可使用正、负数。若属性值设置为负数，且超过浏览器所能接受的范围，浏览器将会选择比较靠近且能支持的数值。

2. 百分比单位

百分比单位也是一种常用的相对单位类型。百分比值总是相对于另一个值来说的，该值可以是长度单位或其他单位。每一个可以使用百分比值单位指定的属性，同时也自定义了这个百分比值的参照值。在大多数情况下，这个参照值是该元素本身的字体尺寸。并非所有属性都支持百分比单位。

一个百分比值由可选的正号"+"或负号"−"、一个数字及百分号"%"组成。如果百分比值是正的，正号可以不写。正负号、数字与百分号之间不能有空格。例如：

```
p{ line-height: 150% }              /*本段文字的高度为标准行高的 1.5 倍*/
hr{ width: 80% }                    /*线段长度是相对于浏览器窗口的 80% */
```

注意，无论使用哪种单位，在设置时，数值与单位之间不能加空格。

4.5.2 颜色单位

在 HTML 网页或者 CSS 样式的色彩定义里，设置色彩的方式是 RGB 方式。在 RGB 方式中，所有色彩均由红色（Red）、绿色（Green）和蓝色（Blue）3 种颜色混合而成。

在 HTML 标记中只提供了两种设置颜色的方法：十六进制数和颜色英文名称。CSS 则提供了 3 种定义颜色的方法：十六进制数、颜色英文名称、rgb 函数和 rgba 函数。

1．用十六进制数表示色彩值

在计算机中，定义每种颜色的强度范围为 0～255。当所有颜色的强度都为 0 时，将产生黑色；当所有颜色的强度都为 255 时，将产生白色。

在 HTML 中，使用 RGB 概念指定颜色时，前面是一个"#"号，再加上 6 个十六进制数字表示，表示方法为：#RRGGBB。其中，前两个数字代表红光强度（Red），中间两个数字代表绿光强度（Green），后两个数字代表蓝光强度（Blue）。以上 3 个参数的取值范围为：00～ff。参数必须是两位数。对于只有 1 位的参数，应在前面补 0。这种方法共可表示 256×256×256 种颜色，即 16M 种颜色。而红色、绿色、黑色、白色的十六进制设置值分别为：#ff0000、#00ff00、#0000ff、#000000 和#ffffff。例如下面的示例代码。

```
div { color: #ff0000 }
```

如果每个参数各自在两位上的数字都相同，也可缩写为#RGB 的方式。例如：#cc9900 可以缩写为#c90。

2．用颜色名称表示颜色值

在 CSS 中也提供了与 HTML 一样的用颜色英文名称表示颜色的方式。CSS 只提供了 16 种颜色名称，例如下面的示例代码：

```
div {color: red }
```

3．用 rgb 函数表示颜色值

在 CSS 中，可以用 rgb 函数设置所要的颜色。语法格式为：rgb(R,G,B)。其中，R 为红色值，G 为绿色值，B 为蓝色值。这 3 个参数可取正整数值或百分比值，正整数值的取值范围为 0～255，百分比值的取值范围为颜色强度的百分比 0.0%～100.0%。例如下面的示例代码：

```
div { color: rgb(128,50,220) }
div { color: rgb(15%,100,60%) }
```

4．用 rgba 函数表示颜色值

rgba 函数在 rgb 函数的基础上增加了控制 Alpha 透明度的参数。语法格式如下：rgba

(R,G,B,A)。其中，R、G、B 参数等同于 rgb 函数中的 R、G、B 参数，A 参数表示 Alpha 不透明度，取值为 0~1，不可为负值。例如下面的示例代码：

```
<div style="background-color: rgba(0,0,0,0.5);">
    在 Opera 的浏览器里能看到 Alpha 值为 0.5 的黑色背景
</div>
```

在浏览器中的浏览效果如图 4-15 所示。

图 4-15　rgba 表示颜色的浏览效果

4.6　实训

使用 UI 元素状态伪类选择符控制表单输入框在不同状态下的样式，当浏览者在表单输入框中执行不同的操作时，可以看到输入框显示出不同的样式，本例文件 4-7.html 的显示效果如图 4-16 所示。

 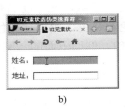  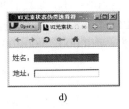

　　　　a)　　　　　　　　　　　b)　　　　　　　　　　　c)　　　　　　　　　　　d)

图 4-16　UI 元素状态伪类选择符的显示效果

a) 页面初次加载的时候　b) 鼠标悬停的时候　c) 单击鼠标未释放的时候　d) 获取焦点的时候

CSS 代码如下：

```
input[type="text"]:hover{ background: #6cf;}      /*鼠标悬停的样式*/
input[type="text"]:focus{ background: #390;}      /*获取焦点的样式*/
input[type="text"]:active{ background: #999;}     /*单击鼠标未释放的样式*/
```

表单代码如下：

```
<form>
<p>姓名：<input type="text" name="name" /></p>
<p>地址：<input type="text" name="address" /></p>
</form>
```

【说明】需要注意的是，active 样式要写到 focus 样式后面，否则是不生效的。因为当浏览者按下鼠标未释放（active）的时候其实也是获取焦点（focus）的时候，所以如果把

focus 样式写到 active 样式后面就把样式重写了。

习题 4

1．使用伪类相关的知识制作鼠标悬停效果。当鼠标未悬停在超链接上时，显示效果如图 4-17a 所示，当鼠标悬停在超链接上时，显示如图 4-17b 所示。

a)

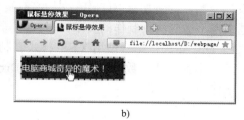
b)

图 4-17　鼠标悬停前后效果对比

a) 鼠标未悬停在超链接上　b) 鼠标悬停在超链接上

2．使用 rgba 颜色实现透明效果，背景图像是透明的，而上方显示的文字是不透明的。如图 4-18 所示。

3．使用 CSS 创建如图 4-19 所示的页面。

图 4-18　使用 rgba 颜色实现透明效果

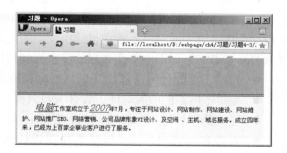

图 4-19　使用 CSS 创建的页面

第 5 章　Div+CSS 布局方法

随着 Web 标准在国内的逐渐普及，许多网站已经开始重构。Web 标准提出将网页的内容与表现分离，同时要求 HTML 文档具有良好的结构。因此，传统的采用表格布局页面的方式越来越不适应网页制作的要求。

采用 Div 布局，结合使用 CSS 样式表制作页面的技术正在形成业界的标准，大到各大门户网站，小到不计其数的个人网站，在 Div+CSS 标准化的影响下，网页设计人员已经把这一要求作为行业标准。

5.1　Div 布局理念

在读者掌握 Div 布局技术之前，首先要了解为什么要使用 Div 布局技术，下面首先介绍采用 Div 布局页面的优点。

5.1.1　Div 布局页面的优点

传统的 HTML 标签中，既有控制结构的标签（如<title>标签和<p>标签），又有控制表现的标签（如<font>标签和<b>标签），还有本应用于结构后来被用于控制表现的标签（如<h1>标签和<table>标签）。页面的整个结构标签与表现标签混合在一起。

Div+CSS 的页面布局不仅仅是设计方式的转变，而且是设计思想的转变，这一转变为网页设计带来了许多便利。虽然在设计中使用的元素依然没有改变，在旧的表格布局中，也会使用到 Div 和 CSS，但旧的页面布局却没有用到它们。采用 Div+CSS 布局方式的优点如下：

- 缩减了页面代码，提高了页面的浏览速度。
- 缩短了网站的改版时间，设计人员只要简单地修改 CSS 文件就可以轻松地改版网站。
- 强大的字体控制和排版能力，使设计人员能够更好地控制页面布局。
- 表现和内容相分离，设计人员将设计部分剥离出来放在一个独立样式文件中，减少了网页无效的可能。
- 方便搜索引擎的搜索，使用只包含结构化内容的 HTML 代替嵌套的标签，搜索引擎将更有效地搜索到用户的内容。
- 用户可以将许多网页的风格格式同时更新。

5.1.2　Div 标签

1．Div 标签简介

Div 的英文全称为 Division，意为"区分"。Div 标签是用来定义 Web 页面的内容中的逻辑区域的标签，用户可以通过手动插入 Div 标签并对它们应用 CSS 定位样式来创建页面布局。Div 标签是一个块级元素，用来为 HTML 文档中的大块内容提供结构和背景，它可以把文档分割为独立的、不同的部分。在基于 Web 标准的网站设计中，不再使用传统的表格定位技术，取而代之的是采用 Div+CSS 布局方式实现各种定位。

使用 Div 标签的方法与使用其他 HTML 标签的方法一样。例如：

<Div>Very excellent webmaster club www.caifuw.com </Div>

如果单独使用 Div 标签而不加任何 CSS 样式，那么它在网页中的效果和使用段落标签
<p>…</p>是一样的。

Div 本身就是容器，用户不但可以嵌入表格，还可以嵌入文本和其他 HTML 代码。

2．Div 的嵌套

Div 标签是可以被嵌套的，这种嵌套的 Div 主要用于实现更为复杂的页面排版。下面以
两个示例说明嵌套的 Div 之间的关系。

【演练 5-1】 未嵌套的 Div 容器。本例文件的 Div 布局效果如图 5-1 所示。

代码如下：

```
<body>
<div id="top">此处显示 id "top" 的内容</div>
<div id="main">此处显示 id "main" 的内容</div>
<div id="footer">此处显示 id "footer" 的内容</div>
</body>
</html>
```

以上代码中分别定义了 id="top"、id="main"和 id="footer"三个 Div 标签，它们之间是并
列关系，没有嵌套。在页面布局结构中以垂直方向顺序排列。而在实际的工作中，这种布局
方式并不能满足需要，经常会遇到 Div 之间的嵌套。

【演练 5-2】 嵌套的 Div 容器。本例文件的 Div 布局效果如图 5-2 所示。

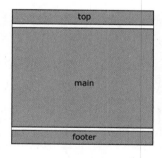
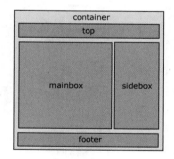

图 5-1　未嵌套的 Div 布局　　　　图 5-2　嵌套的 Div 布局

代码如下：

```
<body>
<div id="container">
  <div id="top">此处显示  id "top" 的内容</div>
  <div id="main">
    <div id="mainbox">此处显示   id "mainbox" 的内容</div>
    <div id="sidebox">此处显示   id "sidebox" 的内容</div>
  </div>
```

```
            <div id="footer">此处显示   id "footer" 的内容</div>
          </div>
          </body>
```

本例中，id="container"的 Div 作为盛放其他元素的容器，它所包含的所有元素对于
id="container"的 Div 来说都是嵌套关系。对于 id="main"的 Div 容器，则根据实际情况进行布
局，这里分别定义 id="mainbox"和"sidebox"两个 Div 标签，虽然新定义的 Div 标签之间是并
列的关系，但都处于 id="main"的 Div 标签内部，因此它们与 id="main"的 Div 形成一个嵌套
关系。

3. Div 标签与 Span 标签的区别

Div 标签与 Span 标签的区别在于，Div 是一个块级元素，它包围的元素会自动换行，
而 Span 仅仅是一个内联元素，不会换行。块级元素相当于内联元素在前后各加了一个
标签。用容器这一词语更容易理解它们的区别，块级元素<div>相当于一个大容器，而内联
元素<span>相当一个小容器，大容器当然可以盛放小容器。读者可以想象以下情景，如果
要在大容器中装一些清水，也想在水里面装一些墨水，可以把小容器中装入墨水然后放入
大容器里的清水里面。

另外，Span 本身没有任何属性，没有结构上的意义，当其他元素都不合适的时候可以
换为 Span，同时 Div 可以包含 Span，反之则不行。

【演练 5-3】 演示 Div 标签与 Span 标签的区别。本例文件 5-3.html 的显示效果如图 5-3
所示。

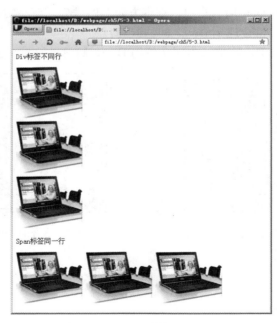

图 5-3　文件 5-3.html 的显示效果

代码如下：

```
          <body>
```

84

```
                <p>Div 标签不同行</p>
                <div><img src="Dell.png"/></div>
                <div><img src="Dell.png"/></div>
                <div><img src="Dell.png"/></div>
                <p>Span 标签同一行</p>
                <span><img src="Dell.png"/></span>
                <span><img src="Dell.png"/></span>
                <span><img src="Dell.png"/></span>
        </body>
```

5.2 CSS 盒模型

在使用 CSS 进行布局的过程中，CSS 盒模型、定位和浮动是最重要的概念，这些概念控制着页面上元素的显示方式。

5.2.1 盒模型的概念

样式表规定了一个 CSS 盒模型（Box Model），每一个整块对象或替代对象都包含在样式表生成器的 Box 容器内，它储存一个对象所有可操作的样式。

盒模型将页面中的每个元素看做一个矩形框，这个框由元素的内容、内边距（padding）、边框（border）和外边距（margin）组成，如图 5-4 所示。对象的尺寸与边框等样式表属性的关系如图 5-5 所示。

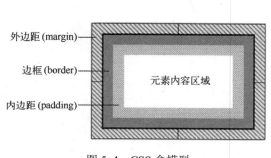

图 5-4 CSS 盒模型

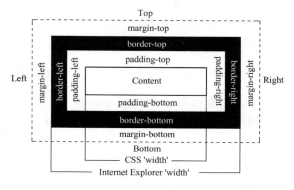

图 5-5 尺寸与边框等样式表属性的关系

盒模型最里面的部分就是实际的内容，内边距紧紧包围在内容区域的周围，如果给某个元素添加背景色或背景图像，那么该元素的背景色或背景图像也将出现在内边距中。在内边距的外侧边缘是边框，边框以外是外边距。边框的作用就是在内边外距之间创建一个隔离带，以避免视觉上的混淆。

内边距、边框和外边距这些属性都是可选的，默认值都是 0。但是，许多元素将由用户代理样式表设置外边距和内边距。为了解决这个问题，可以通过将元素的 margin 和 padding 设置为 0 来覆盖这些浏览器样式。通常在 CSS 样式文件中输入以下代码：

```
* {
    margin: 0;
    padding: 0;
}
```

5.2.2 盒模型的属性

1. 外边距

外边距也称为外补丁。外边距设置属性有 margin-top、margin-right、margin-bottom 和 margin-left，可分别设置，也可以使用 margin 属性一次设置所有边距。

（1）上外边距（margin-top）

语法：**margin-top : length | auto**

参数：length 是由数字和单位标识符组成的长度值或者百分数，百分数是基于父对象的高度。auto 值被设置为对边的值。

说明：设置对象上外边距，外边距始终透明。内联元素要使用该属性，必须先设定元素的 height 或 width 属性，或者设定 position 属性为 absolute。

示例：

body { margin-top: 11.5% }

（2）右外边距（margin-right）

语法：**margin-right : length | auto**

参数：同 margin-top。

说明：同 margin-top。

示例：

body { margin-right: 11.5%; }

（3）下外边距（margin-bottom）

语法：**margin-bottom : length | auto**

参数：同 margin-top。

说明：同 margin-top。

示例：

body { margin-bottom: 11.5%; }

（4）左外边距（margin-left）

语法：**margin-left : length | auto**

参数：同 margin-top。

说明：同 margin-top。

示例：

body { margin-left: 11.5%; }

以上 4 项属性可以控制一个要素四周的边距，每一个边距都可以有不同的值。或者设置一个边距，然后让浏览器使用默认设置设定其他几个边距。可以将边距应用于文字和其他元素。

示例：

> h4 { margin-top: 20px; margin-bottom: 5px; margin-left: 100px; margin-right: 55px }

设定边距参数值最常用的方法是利用长度单位（px、pt 等），也可以用比例值设定边距。

将边距值设为负值，就可以将两个对象叠在一起，例如把下边距设为−55px，右边距为60px。

（5）外边距（margin）

语法：**margin : length | auto**

参数：length 是由数字和单位标识符组成的长度值或百分数，百分数是基于父对象的高度；对于内联元素来说，左右外边距可以是负数值。auto 值被设置为对边的值。

说明：设置对象四边的外边距，如图 5-5 所示，位于盒模型的最外层，包括 4 项属性：margin-top（上外边距）、margin-right（右外边距）、margin-bottom（下外边距）和 margin-left（左外边距），外延边距始终是透明的。

如果提供全部 4 个参数值，将按 margin-top（上）、margin-right（右）、margin-bottom（下）、margin-left（左）的顺序作用于 4 条边（顺时针）。每个参数中间用空格分隔。

如果只提供 1 个，将用于全部的 4 条边。

如果提供两个，第 1 个用于上、下边，第 2 个用于左、右边。

如果提供 3 个，第 1 个用于上边，第 2 个用于左、右边，第 3 个用于下边。

内联元素要使用该属性，必须先设定对象的 height 或 width 属性，或者设定 position 属性为 absolute。

示例：

> body { margin: 36pt 24pt 36pt }
> body { margin: 11.5% }
> body { margin: 10% 10% 10% 10% }

2．边框

常用的边框属性有 7 项：border-top（上边框）、border-right（右边框）、border-bottom（下边框）、border-left（左边框）、border-width（边框宽度）、border-color（边框颜色）、border-style（边框样式）。其中 border-width 可以一次性设置所有的边框宽度，border-color 同时设置四面边框的颜色时，可以连续写上 4 种颜色，并用空格分隔。上述连续设置的边框都按 border-top、border-right、border-bottom、border-left 顺序（顺时针）。

（1）所有边框宽度（border-width）

语法：**border-width : medium | thin | thick | length**

参数：medium 为默认宽度，thin 为小于默认宽度，thick 为大于默认宽度。Length 是由数字和单位标识符组成的长度值，不可为负值。

说明：如果提供全部 4 个参数值，将按上、右、下、左的顺序作用于 4 个边框。如果只提供一个，将用于全部的 4 条边。如果提供两个，第 1 个用于上、下边，第 2 个用于左、右边。如果提供 3 个，第 1 个用于上边，第 2 个用于左、右边，第 3 个用于下边。

要使用该属性，必须先设定对象的 height 或 width 属性，或者设定 position 属性为 absolute。如果将 border-style 设置为 none，本属性将失去作用。

示例：

    span { border-style: solid; border-width: thin }
    span { border-style: solid; border-width: 1px thin }

（2）边框样式（border-style）

语法：**border-style : none | hidden | dotted | dashed | solid | double | groove | ridge | inset | outset**

参数：border-style 属性包括多个边框样式的参数。

- none：无边框。与任何指定的 border-width 值无关。
- dotted：边框为点线。
- dashed：边框为长短线。
- solid：边框为实线。
- double：边框为双线。两条单线与其间隔的和等于指定的 border-width 值。
- groove：根据 border-color 的值画 3D 凹槽。
- ridge：根据 border-color 的值画菱形边框。
- inset：根据 border-color 的值画 3D 凹边。
- outset：根据 border-color 的值画 3D 凸边。

说明：如果提供全部 4 个参数值，将按上、右、下、左的顺序作用于 4 个边框。如果只提供 1 个，将用于全部的 4 条边。如果提供两个，第 1 个用于上、下边，第 2 个用于左、右边。如果提供 3 个，第 1 个用于上边，第 2 个用于左、右边，第 3 个用于下边。

要使用该属性，必须先设定对象的 height 或 width 属性，或者设定 position 属性为 absolute。

如果 border-width 不大于 0，本属性将失去作用。

示例：

    body { border-style: double groove }
    body { border-style: double groove dashed }
    p { border-style: double; border-width: 3px }

（3）边框颜色（border-color）

语法：**border-color : color**

参数：color 指定颜色。

说明：要使用该属性，必须先设定对象的 height 或 width 属性，或者设定 position 属性为 absolute。如果 border-width 等于 0 或将 border-style 设置为 none，本属性将失去作用。

示例：

    body { border-color: silver red }
    body { border-color: silver red rgb(223, 94, 77) }
    body { border-color: silver red rgb(223, 94, 77) black }
    h4 { border-color: #ff0033; border-width: thick }
    p { border-color: green; border-width: 3px }

p { border-color: #666699 #ff0033 #000000 #ffff99; border-width: 3px }

（4）上边框宽度（border-top）

语法：**border-top : border-width || border-style || border-color**

参数：该属性是复合属性。请参阅各参数对应的属性。

说明：请参阅 border-width 属性。

示例：

div { border-bottom: 25px solid red; border-left: 25px solid yellow; border-right: 25px solid blue; border-top: 25px solid green }

（5）右边框宽度（border-right）

语法：**border-right : border-width || border-style || border-color**

参数：该属性是复合属性。请参阅各参数对应的属性。

说明：请参阅 border-width 属性。

（6）下边框宽度（border-bottom）

语法：**border-bottom : border-width || border-style || border-color**

参数：该属性是复合属性。请参阅各参数对应的属性。

说明：请参阅 border-width 属性。

（7）左边框宽度（border-left）

语法：**border-left : border-width || border-style || border-color**

参数：该属性是复合属性。请参阅各参数对应的属性。

说明：请参阅 border-width 属性。

示例：

h4{border-top-width: 2px; border-bottom-width: 5px; border-left-width: 1px; border-right-width: 1px}

（8）边框圆角（border-radius）

语法：**border-radius : length {1,4}**

参数：length 由浮点数字和单位标识符组成的长度值，不允许为负值。

说明：边框圆角的第 1 个 length 值是水平半径，如果第 2 个值省略，则它等于第 1 个值，这时这个角就是一个 1/4 圆角，如果任意一个值为 0，则这个角是矩形，不再是圆角。

示例：

```
<div style="border-width: 5px;border-style: solid;border-radius: 11px 11px 11px 11px;padding:5px;">
    圆角效果
</div>
```

边框圆角 border-radius 的显示效果如图 5-6 所示。

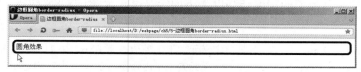

图 5-6　边框圆角 border-radius 的显示效果

（9）阴影（box-shadow）

语法：**box-shadow：length length length color**

参数：第 1 个 length 值表示阴影水平偏移值（可取正负值），第 2 个 length 值表示阴影垂直偏移值（可取正负值），第 3 个 length 值表示阴影模糊值，color 表示阴影颜色。

说明：设置块阴影。

示例：

```
<div style="box-shadow:5px 3px 6px #00f;border-width: 1px;border-style: solid;padding:4px 10px;">
    BOX 阴影效果
</div>
```

阴影 box-shadow 的显示效果如图 5-7 所示。

图 5-7　阴影 box-shadow 的显示效果

3．内边距

内边距也称内补丁，位于对象边框和对象之间，包括 4 项属性：padding-top（上内边距）、padding-right（右内边距）、padding-bottom（下内边距）、padding-left（左内边距），内边距属性不允许为负值。与外边距类似，内边距也可以用 padding 一次性设置所有的对象间隙，格式也和 margin 相似，这里不再一一列举。

5.2.3　盒模型的宽度与高度

在 CSS 中，width 和 height 属性也经常用到，它们分别表示内容区域的宽度和高度。增加或减少内边距、边框和外边距不会影响内容区域的尺寸，但是会增加元素的总尺寸。盒模型的宽度与高度是元素内容、内边距、边框和外边距这 4 部分的属性值之和。

1．盒模型的宽度

盒模型的宽度=margin-left（左外边距）+border-left（左边框）+padding-left（左内边距）+width（内容宽度）+padding-right（右内边距）+border-right（右边框）+margin-right（右外边距）

2．盒模型的高度

盒模型的高度=margin-top（上外边距）+border-top（上边框）+padding-top（上内边距）+height（内容高度）+padding-bottom（下内边距）+border-bottom（下边框）+margin-bottom（下外边距）

为了更好地理解盒模型的宽度与高度，下面定义某个元素的 CSS 样式，代码如下：

```
#test{
    margin:10px 20px;              /*定义元素上下外边距为 10px，左右外边距为 20px*/
    padding:20px 10px;            /*定义元素上下内边距为 20px，左右内边距为 10px*/
    border-width:10px 20px;      /*定义元素上下边框宽度为 10px，左右边框宽度为 20px*/
```

```
        border:solid #f00;              /*定义元素边框类型为实线型，颜色为红色*/
        width:100px;                    /*定义元素宽度为 100px*/
        height:100px;                   /*定义元素高度为 100px*/
    }
```

盒模型的宽度=20px+20px+10px+100px+10px+20px+20px=200px

盒模型的高度=10px+10px+20px+100px+20px+10px+10px=180px

5.2.4 外边距的叠加

设计人员在进行 CSS 网页布局时经常会遇到外边距的叠加问题，如果不理解其内涵就容易造成许多麻烦。简单地说，当两个元素的垂直外边距相遇时，这两个元素的外边距就会进行叠加，合并为一个外边距。

1．两个元素垂直相遇时叠加

当两个元素垂直相遇时，第一个元素的下外边距与第二个元素的上外边距会发生叠加合并，合并后的外边距的高度等于这两个元素的外边距值的较大者，如图 5-8 所示。

2．两个元素包含时叠加

假设两个元素没有内边距和边框，且一个元素包含另一个元素，它们的上外边距或下外边距也会发生叠加合并，如图 5-9 所示。

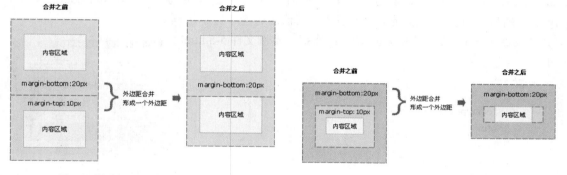

图 5-8　两个元素垂直相遇时叠加　　　　图 5-9　两个元素包含时叠加

5.2.5 盒模型综合案例

【演练 5-4】 修饰商城社区管理员登录表单的输入框为只显示下边框线的虚细线框，本例文件 5-4.html 的显示效果如图 5-10 所示。

代码如下：

图 5-10　修饰后的表单输入框

```
        <!doctype html>
        <html>
        <head>
        <style type="text/css">
        .textBorder{
            border-top-width: 0px;          /*上边框宽度为 0px，不显示*/
            border-right-width: 0px;        /*右边框宽度为 0px，不显示*/
```

```
        border-bottom-width: 1px;          /*下边框宽度为 1px，显示*/
        border-left-width: 0px;            /*左边框宽度为 0px，不显示*/
        border-style: dashed;              /*虚线边框*/
        border-color: #666;                /*灰色边框*/
    }
    </style>
</head>
<body>
<img src="images/log.gif" align="left">
<form action="" method="post">
<p>账号：
<input name="logname" type="text" class="textBorder" size="20" /></p>
<p>密码：
<input name="pass" type="password" class="textBorder" size="20" ></p>
<p><img src="images/admin.gif">  <img src="images/logout.gif"></p>
</form>
</body>
</html>
```

【说明】 登录表单的输入框应用了样式.textBorder，虽然设置了输入框的 4 个边的样式都是虚线（border-style: dashed;），但由于只有下边框线的宽度为 1px（border-bottom-width: 1px;），所以只有下边框线显示为虚细线，其他 3 边均不显示边框线。

【演练 5-5】 设置商城 logo 图片的布局。本例文件 5-5.html 的显示效果如图 5-11 所示。

图 5-11　商城 logo 图片的布局

代码如下：

```
<!doctype html>
<html>
<head>
<style type="text/css">
body {
    margin:0px;padding:0px;
    background:#ccc;                      /*浅灰色背景*/
}
#logo {
    width:182px;                          /*logo 宽度 182px*/
    border:5px solid #666;                /*边框为粗细 5px 的灰色实线*/
    padding:10px 20px 40px 80px;          /*上、右、下、左内边距分别为 10px、20px、40px、80px*/
    background:#ff7300;                   /*内边距填充的背景色为橘红色*/
    margin:30px auto;                     /*水平居中*/
}
</style>
</head>
<body>
<div id="logo"><img src="images/logo.jpg" alt="logo"/>
</div>
```

```
</body>
</html>
```

【说明】 在#logo 样式定义中的 margin:30px auto；的水平居中效果是相对于页面主体body 的，即相对于主体 body 只有上外边距为 30px，其余自动分配。

5.3 CSS 的定位

CSS 为定位和浮动提供了一些属性，利用这些属性，可以建立列式布局，将布局的一部分与另一部分重叠，还可以完成通常需要使用多个表格才能完成的任务。

定位（position）的基本思想很简单，它允许设计人员定义元素框相对于其正常位置应该出现的位置，这个属性定义建立元素布局所用的定位机制。任何元素都可以定位，不过绝对或固定元素会生成一个块级框，而不论该元素本身是什么类型。position 属性可以选择 4 种不同类型的定位模式，语法如下：

position : static | relative | absolute | fixed

参数：static 静态定位为默认值，为无特殊定位，对象遵循 HTML 定位规则。

relative 生成相对定位的元素，相对于其正常位置进行定位。

absolute 生成绝对定位的元素。元素的位置通过 left、top、right 和 bottom 属性进行规定。

fixed 生成绝对定位的元素，相对于浏览器窗口进行定位。元素的位置通过 left、top、right 及 bottom 属性进行规定。

5.3.1 静态定位

静态定位是 position 属性的默认值，即该元素出现在文档的常规位置，不会重新定位。通常此属性可以不设置，除非是要覆盖以前的定义。

【演练 5-6】 静态定位。假设有这样一个页面布局，页面中分别定义了 id="top"、id="box"和 id="footer"这 3 个 Div 容器，彼此是并列关系。id="box"的容器又包含 id="box-1"、id="box-2"和 id="box-3"这 3 个子 Div 容器，彼此也是并列关系。编写相应的 CSS 样式，生成的文件 5-6.html 的显示效果如图 5-12 所示。

代码如下：

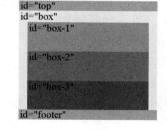

图 5-12 静态定位的效果

```
<!doctype html>
<html>
<head>
<title>静态定位</title>
<style type="text/css">
body {
width:400px;              /*设置 body 宽度*/
font-size:30px;
}
#top {
```

```css
    width:400px;                    /*设置元素宽度*/
    line-height:30px;               /*行高为 30px*/
    background-color:#6cf;          /*背景色为浅蓝色*/
    padding-left:5px;               /*左内边距为 5px*/
}
#box {
    width:400px;                    /*设置元素宽度*/
    background-color:#ff6;          /*背景色为深黄色*/
    padding-left:5px;               /*左内边距为 5px*/
    position:static;                /*静态定位*/
}
#box-1 {
    width:350px;                    /*设置元素宽度*/
    background-color:#c9f;          /*设置背景色*/
    margin-left:20px;               /*左外边距为 20px*/
    padding-left:5px;               /*左内边距为 5px*/
}
#box-2 {
    width:350px;                    /*设置元素宽度*/
    background-color:#c6f;          /*设置背景色*/
    margin-left:20px;               /*左外边距为 20px*/
    padding-left:5px;               /*左内边距为 5px*/
}
#box-3 {
    width:350px;                    /*设置元素宽度*/
    background-color:#c3f;          /*设置背景色*/
    margin-left:20px;               /*左外边距为 20px*/
    padding-left:5px;               /*左内边距为 5px*/
}
#footer {
    width:400px;                    /*设置元素宽度*/
    line-height:30px;               /*行高为 30px*/
    background-color:#6cf;          /*背景色为浅蓝色*/
    padding-left:5px;               /*左内边距为 5px*/
}
</style>
</head>
<body>
<div id="top">id=&quot;top&quot;</div>
<div id="box">id=&quot;box&quot;
    <div id="box-1">
        <p>id=&quot;box-1&quot;</p>
        <p> </p>
    </div>
    <div id="box-2">
        <p>id=&quot;box-2&quot;</p>
```

```
                <p> </p>
            </div>
        <div id="box-3">
            <p>id=&quot;box-3&quot;</p>
            <p> </p>
        </div>
    </div>
</div>
<div id="footer">id=&quot;footer&quot;</div>
</body>
</html>
```

【说明】 由于 position 属性值为 static，并没有特殊的定位含义，所有即使对 id="box"的
块级元素增加定位方面的代码，页面布局也不会发生任何变化。

5.3.2 相对定位

相对定位（position:relative;）指的是通过设置水平或垂直位置的值，让这个元素"相对
于"它原始的起点进行移动。需要特别注意的是，即便是
将某元素进行相对定位，并赋予新的位置值，元素仍然占
据原来的空间位置，移动后会导致覆盖其他元素。

【演练 5-7】 相对定位。使用上面的【演练 5-6】进
行深入讨论，将 id="box"的块级元素向下移动 50px，向
右移动 50px。编写相应的 CSS 样式，生成的文件 5-7.
html 的显示效果如图 5-13 所示。

本例修改了 id="box"块级元素的 CSS 定义，代码
如下：

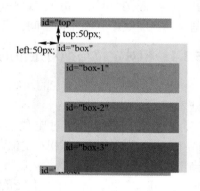

图 5-13　相对定位的效果

```
#box {
    width:400px;                        /*设置元素宽度*/
    background-color:#ff6;              /*设置背景色*/
    padding-left:5px;                   /*设置内边距*/
    position:relative;                  /*设置相对定位*/
    top:50px;                           /*设置向下移动 50px*/
    left:50px;                          /*设置向右移动 50px*/
}
```

【说明】 由于 id="box"的块级元素向下并且"相对于"初始位置向右各移动了 50px，原
来的位置不但没有让 id="footer"的块级元素占据，反而还将其遮盖了一部分。

5.3.3 绝对定位

用"position:absolute;"表示绝对定位，使用绝对定位的对象可以被放置在文档中的任何
位置，位置将依据浏览器左上角的 0 点开始计算。绝对定位的对象可以层叠，层叠的顺序由
z-index 控制，z-index 值越高其位置就越高。

【演练 5-8】 绝对定位。继续使用【演练 5-6】进行深入讨论，将 id="box-1"的块级元

素进行绝对定位，向下移动 50px，向右移动 200px。编写相应的 CSS 样式，生成的文件 5-8.
html 在浏览器中显示的效果如图 5-14 所示。

本例只修改了 id="box-1"的块级元素的 CSS 定
义，代码如下：

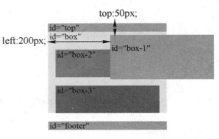

图 5-14　绝对定位的效果

```
#box-1 {
    width:350px;                    /*设置元素宽度*/
    background-color:#c9f;          /*设置背景色*/
    margin-left:20px;               /*设置左外边距*/
    padding-left:5px;               /*设置左内边距*/
    position:absolute;              /*设置绝对定位*/
    top:50px;                       /*设置距顶部距离*/
    left:200px;                     /*设置距左边距离*/
}
```

【说明】　当 id="box-1"的块级元素被移走后，页面中其他元素位置也相应变化，id="box-
2"、id="box-3"和 id="footer"这些块级元素都因此上移。由此可见，使用绝对定位元素的位置
与文档流无关，且不占据空间。文档中的其他元素布局就像绝对定位的元素不存在一样。

5.3.4　相对定位与绝对定位的混合使用

如果要将 id="box-1"的块级元素相当于 id="box"的块级元素进行定位又该如何操作呢？
请看下面示例的讲解。

【演练 5-9】　相对定位与绝对定位的混合使用。首先对
id="box"的块级元素进行相对定位，则 id="box"中的所有元素都将相
当于 id="box"的块级元素。然后将 id="box-1"的块级元素进行绝对定
位，便可以实现子元素相当于父元素进行定位。编写相应的 CSS 样
式，生成的文件 5-9.html 在浏览器中显示的效果如图 5-15 所示。

本例只修改了 id="box"的块级元素和 id="box-1"的块级元素
的 CSS 定义，代码如下：

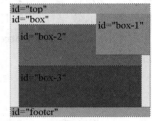

图 5-15　混合定位的效果

```
#box {
    width:400px;                    /*设置元素宽度*/
    background-color:#ff6;          /*背景色为深黄色*/
    padding-left:5px;               /*左内边距为 5px*/
    position:relative;              /*相对定位*/
}
#box-1 {
    width:150px;                    /*设置元素宽度*/
    background-color:#c9f;          /*设置背景色*/
    margin-left:20px;               /*左外边距为 20px*/
    padding-left:5px;               /*左内边距为 5px*/
    position:absolute;              /*绝对定位*/
    top:0px;                        /*设置距顶部距离*/
    right:0px;                      /*设置距左边距离*/
}
```

【说明】 预览页面后，可以清楚地看到，id="box-1"的块级元素被置于 id="box"块级元素的右上角，实现了子元素相当于父元素进行定位。

5.3.5 固定定位

固定定位（position:fixed;）其实是绝对定位的子类别，一个设置了 position:fixed 的元素是相对于视窗固定的，就算页面文档发生了滚动，它也会一直停留在固定的位置。

【演练 5-10】 固定定位。为了对固定定位演示得更加清楚，将 id="box1"的块级元素进行固定定位，将 id="box2"的块级元素的高度设置得尽量大，以便能看到固定定位的效果。编写相应的 CSS 样式，生成的文件 5-10.html 在浏览器中显示的效果如图 5-16 所示。

图 5-16　固定定位的效果

代码如下：

```
<!doctype html>
<html>
<head>
<title>固定定位示例</title>
<style type="text/css">
body {
font-size:14px;
}
#box1 {
width:100px;                    /*设置元素宽度*/
height:100px;                   /*设置元素高度*/
padding:5px;                    /*内边距为 5px*/
background-color:#9c0;
position: fixed;                /*固定定位*/
top:20px;                       /*设置距顶部距离*/
left:30px;                      /*设置距左边距离*/
}
#box2 {
width:100px;                    /*设置元素宽度*/
height:1000px;                  /*设置足够的高度让浏览器出现滚动条*/
padding:5px;                    /*内边距为 5px*/
background-color:#ff0;
position: absolute;             /*绝对定位*/
```

```
        top:20px;                    /*设置距顶部距离*/
        left:150px;                  /*设置距左边距离*/
    }
    </style>
    </head>
    <body>
    <div id="box1">此处是被固定定位的元素，它将固定在视窗的这个位置，并且不随滚动条而滚动
</div>
        <div id="box2">此处是被绝对定位的元素，它的高设置得很大，目的是为了使页面出现滚动条，
以便能看到固定定位的效果</div>
        </body>
        </html>
```

【说明】 预览页面后，可以清楚地看到，id="box2"的块级元素的高度已经足够让浏览器出现
滚动条，当向下滚动页面时注意观察左边的块级元素 box1，其仍然固定于屏幕上同样的地方。

5.4 浮动与清除浮动

在标准流中，块级元素的盒子都是上下排列，行内元素的盒子都是左右排列，如果仅仅
按照标准流的方式进行排列，就只有简单的几种可能性，限制太大。设计者可以通过浮动和
清除浮动进行盒子的多种排列，从而使排版的灵活性大大提高。

5.4.1 浮动

利用 CSS 样式布局页面结构时，浮动（float）是使用率较高的一种定位方式。当某个元
素被赋予浮动属性后，该元素便脱离文档流向左或向右移动，直到它的外边缘碰到包含框或
另一个浮动框的边框为止。浮动的元素会生成一个块级框，而不论它本身是何种元素。

语法：**float : none | left |right**

参数：none 为对象不浮动，left 为对象浮在左边，right 为对象浮在右边。

说明：该属性的值指出了对象是否浮动及如何浮动。

【演练 5-11】 向右浮动的元素。本例页面布局的初始状态如图 5-17a 所示，元素 box-1
向右浮动后的结果如图 5-17b 所示。

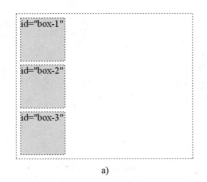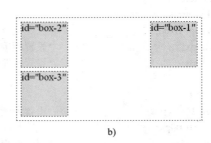

图 5-17 向右浮动的元素

a) 没有浮动的初始状态 b) box-1 的向右浮动结果

代码如下：

```
<!doctype html>
<html>
<head>
<meta charset="gb2312">
<title>向右浮动示例</title>
<style type="text/css">
body {
font-size:22px;
}
#box {
width:400px;                    /*设置元素宽度*/
}
#box-1 {
width:100px;                    /*设置元素宽度*/
height:100px;                   /*设置元素高度*/
background-color:#ff0;
margin:10px;                    /*外边距为 10px*/
float:right;                    /*向右浮动*/
}
#box-2 {
width:100px;                    /*设置元素宽度*/
height:100px;                   /*设置元素高度*/
background-color:#ff0;
margin:10px;                    /*外边距为 10px*/
}
#box-3 {
width:100px;                    /*设置元素宽度*/
height:100px;                   /*设置元素高度*/
background-color:#ff0;
margin:10px;                    /*外边距为 10px*/
}
</style>
</head>
<body>
<div id="box">
    <div id="box-1">id=&quot;box-1&quot;</div>
    <div id="box-2">id=&quot;box-2&quot;</div>
    <div id="box-3">id=&quot;box-3&quot;</div>
</div>
</body>
</html>
```

【说明】 本例页面中首先定义了一个 id="box"的 Div 容器，然后在其内部又定义了 3 个并列关系的 Div 容器。当把 id="box-1"的元素增加"float:right;"属性后，id="box-1"的元素便脱离文档流向右移动，直到它的右边缘碰到包含框的右边缘。

【演练 5-12】 向左浮动的元素。使用【演练 5-11】继续讨论，只将 id="box-1"的元素向左浮动的页面布局如图 5-18a 所示，所有元素向左浮动后的结果如图 5-18b 所示。

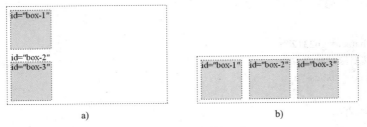

图 5-18　向左浮动的元素

a) 单个元素向左浮动　b) 所有元素向左浮动

单个元素向左浮动的布局中只修改了 id="box-1"的块级元素的 CSS 定义，代码如下：

```
#box-1 {
width:100px;                          /*设置元素宽度*/
height:100px;                         /*设置元素高度*/
background-color:#ff0;
margin:10px;                          /*外边距为 10px*/
float:left;                           /*向左浮动*/
}
```

所有元素向左浮动的布局中修改了 id="box-1"、id="box-2"和 id="box-3"的块级元素的 CSS 定义，代码如下：

```
#box-1 {
width:100px;                          /*设置元素宽度*/
height:100px;                         /*设置元素高度*/
background-color:#ff0;
margin:10px;                          /*外边距为 10px*/
float:left;                           /*向左浮动*/
}
#box-2 {
width:100px;                          /*设置元素宽度*/
height:100px;                         /*设置元素高度*/
background-color:#ff0;
margin:10px;                          /*外边距为 10px*/
float:left;                           /*向左浮动*/
}
#box-3 {
width:100px;                          /*设置元素宽度*/
height:100px;                         /*设置元素高度*/
background-color:#ff0;
margin:10px;                          /*外边距为 10px*/
float:left;                           /*向左浮动*/
}
```

【说明】 本例页面中如果只将 id="box-1"的元素向左浮动，该元素同样脱离文档流向左移动，直到它的左边缘碰到包含框的左边缘，如图 5-18a 所示。由于 box-1 不再处于文档流中，所以它不占据空间，实际上覆盖了 box-2，导致 box-2 从布局中消失。如果所有元素向左浮动，那么 box-1 向左浮动直到碰到左边框时静止，另外两个元素也向左浮动，直到碰到前一个浮动框也静止，如图 5-18b 所示，这样就将纵向排列的 Div 容器，变成了横向排列。

【演练 5-13】 空间不够时的元素浮动。使用【演练 5-11】继续讨论，如果 id="box"的块级元素宽度不够，无法容纳 3 个浮动元素 box-1、box-2 和 box-3 并排放置，那么部分浮动元素将会向下移动，直到有足够的空间放置它们，如图 5-19a 所示。如果浮动元素的高度彼此不同，那么当它们向下移动时可能会被其他浮动元素"挡住"，如图 5-19b 所示。

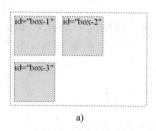 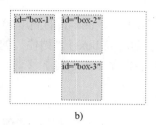

a)   b)

图 5-19 空间不够时的元素浮动

a) 块级元素宽度不够时的状态   b) 块级元素宽度不够且不同高度的浮动元素

当块级元素宽度不够时，浮动元素 box-1、box-2 和 box-3 的 CSS 定义同【演练 5-12】，此处只修改了 id="box"的块级元素的 CSS 定义，代码如下：

```
#box {
width:340px;              /*id="box"的块级元素宽度不够，导致浮动元素 box-3 向下移动*/
float:left;
}
```

当块级元素宽度不够且不同高度的浮动元素时，id="box"、id="box-1"、id="box-2"和 id="box-3"的 CSS 定义代码如下：

```
#box {
width:340px;              /*id="box"的块级元素宽度不够，导致浮动元素 box-3 向下移动*/
float:left;
}
#box-1 {
width:100px;
height:150px;             /*浮动元素高度不同，导致 box-3 向下移动时被 box-1"挡住"*/
background-color:#ff0;
margin:10px;              /*外边距为 10px*/
float:left;               /*向左浮动*/
}
#box-2 {
width:100px;              /*设置元素宽度*/
height:100px;             /*设置元素高度*/
```

```
background-color:#ff0;
margin:10px;                    /*外边距为 10px*/
float:left;                     /*向左浮动*/
}
#box-3 {
width:100px;                    /*设置元素宽度*/
height:100px;                   /*设置元素高度*/
background-color:#ff0;
margin:10px;                    /*外边距为 10px*/
float:left;                     /*向左浮动*/
}
```

【说明】 由于浮动元素 box-1 的高度超过了向下移动的浮动元素 box-3 的高度,因此才会出现 box-3 向下移动时被 box-1 "挡住"的现象。如果浮动元素 box-1 的高度小于浮动元素 box-3 的高度,就不会发生 box-3 向下移动时被 box-1 "挡住"的现象。

5.4.2 清除浮动

在设置页面布局时,浮动属性的确能帮助用户实现良好的布局效果,但如果使用不当就会导致页面出现错位的现象。

在 CSS 样式中,浮动与清除浮动（clear）是相互对立的,使用清除浮动不仅能够解决页面错位的现象,还能解决子级元素浮动导致父级元素背景无法自适应子级元素高度的问题。

语法:**clear : none | left |right | both**

参数:none 允许两边都可以有浮动对象,both 不允许有浮动对象,left 不允许左边有浮动对象,right 不允许右边有浮动对象。

【演练 5-14】 清除浮动。使用【演练 5-12】继续讨论,页面所有元素均已向左浮动,在 box-3 后面再增加一个没有设置浮动的块级元素 box-4,未清除浮动时的状态如图 5-20a 所示,清除浮动后的状态如图 5-20b 所示。

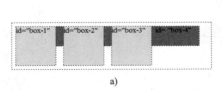
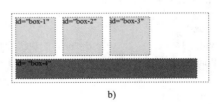

图 5-20　向左浮动的元素

a) 未清除浮动时的状态　b) 清除浮动后的状态

块级元素 box-4 在未清除浮动时的 CSS 定义代码如下:

```
#box-4 {
width:460px;                              /*设置元素宽度*/
height:50px;                              /*设置元素高度*/
background-color:#39f;
margin:10px;                             /*外边距为 10px*/
```

```
}
```

块级元素 box-4 在清除浮动时的 CSS 定义代码如下：

```
#box-4 {
    width:460px;                /*设置元素宽度*/
    height:50px;                /*设置元素高度*/
    background-color:#39f;
    margin:10px;                /*外边距为 10px*/
    clear:both;                 /*清除浮动*/
}
```

【说明】 由于 box-4 起初并没有设置浮动，虽然独占一行，但整体却到了页面顶部，并且被之前的元素所覆盖，出现了严重的页面错位现象，如图 5-20a 所示。在对 box-4 设置了"clear:both;"清除浮动后，可以将该元素之前的浮动全部清除，如图 5-20b 所示。

5.4.3 定位与浮动综合案例

本节通过一个综合案例的讲解，回顾使用 CSS 定位与浮动实现页面布局的各种技巧。

【演练 5-15】 制作商城社区页面。通过 Div+CSS 布局商城社区页面，采用个性时尚的封面型布局，页面效果如图 5-21 所示，页面布局示意图如图 5-22 所示。

图 5-21　商城社区页面效果

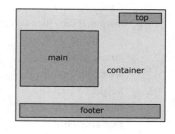

图 5-22　页面布局示意图

在布局规划中，"container"是整个页面的容器，"top"是页面的导航菜单区域，"main"是页面的主体内容，"footer"是页面放置版权信息的区域。

本例的样式表文件为 style.css，代码如下：

```
* {
    margin:0px;
    border:0px;
    padding:0px;
}
body {
```

```css
    font-family:"宋体";
    font-size:12px;
    color:#000;
    }
#container {
    width:1008px;                                   /*设置元素宽度*/
    height:630px;                                   /*设置元素高度*/
    background-image:url(../images/bgpic.jpg);      /*网页容器的背景图像*/
    background-repeat:no-repeat;                    /*背景不重复*/
    margin:0 auto;                                  /*自动水平居中*/
    }
#top_menu {
    line-height:20px;                               /*行高为 20px*/
    margin:20px 0px 0px 50px;                       /*上、右、下、左外边距分别为 20px、0px、0px、
50px*/
    width:180px;                                    /*设置元素宽度*/
    float:right;                                    /*导航菜单向右浮动*/
    text-align:left;                                /*文字左对齐*/
    }
#top_menu span {
    margin-left:5px;                                /*左外边距为 5px*/
    margin-right:5px;                               /*右外边距为 5px*/
    }
#main {
    width:400px;
    height:370px;
    float:left;                                     /*主体内容向左浮动*/
    margin:100px 30px 0px 50px;
    }
#main_top {
    width:400px;                                    /*设置元素宽度*/
    height:100px;                                   /*设置元素高度*/
    font-family:"华文中宋";
    font-size:48px;
    }
#main_mid{
    width:400px;                                    /*设置元素宽度*/
    height:20px;                                    /*设置元素高度*/
    font-size:18px;
    }
#main_main1{
    width:400px;                                    /*设置元素宽度*/
    height:72px;                                    /*设置元素高度*/
    border-bottom:#fff solid 1px;                   /*下边框为粗细 1px 的白色实线*/
    margin-top:10px;                                /*上外边距为 10px*/
    line-height:20px;                               /*行高为 20px*/
```

```
}
#main_main2{
width:400px;                              /*设置元素宽度*/
height:72px;                              /*设置元素高度*/
border-bottom:#fff solid 1px;            /*下边框为粗细 1px 的白色实线*/
margin-top:10px;                          /*上外边距为 10px*/
line-height:20px;                         /*行高为 20px*/
}
#footer{
width:1008px;                             /*设置元素宽度*/
height:28px;                              /*设置元素高度*/
float:left;                               /*向左浮动*/
margin-top:128px;                         /*上外边距为 128px*/
}
#footer_text{
text-align:center;                        /*文字居中对齐*/
margin-top:10px;                          /*上外边距为 10px*/
}
```

网页的结构文件 5-15.html 的代码如下：

```
<!doctype html>
<html>
<head>
<meta charset="gb2312">
<title>浮动与清除浮动综合案例</title>
<link href="style/style.css" rel="stylesheet" type="text/css" />
</head>
<body>
<div id="container">
    <div id="top_menu">首页<span>|</span>活动<span>|</span>技术<span>|</span>环保天地</div>
    <div id="main">
      <div id="main_top">商城社区</div>
      <div id="main_mid">商城最新活动</div>
      <div id="main_main1">
          <p>2012.05.18</p>
          <p>第一届笔记本绘画大赛将于 5 月 20 日正式拉开帷幕。</p>
          <p>火速报名中…</p>
      </div>
      <div id="main_main2">
          <p>2011.06.30</p>
          <p>庆祝商城开业一周年，所有商品 9 折优惠，敬请关注。</p>
          <p>一路有你同行…</p>
      </div>
    </div>
    <div id="footer">
      <div id="footer_text">电脑商城版权所有,本公司保留最终解释权</div>
```

```
            </div>
          </div>
        </body>
      </html>
```

【说明】 本例采用链接外部样式表的方法将网页结构文件 5-15.html 与 CSS 样式文件 style.css 结合起来，为了便于管理样式表文件，特将其存放在一个名为 style 的文件夹中。

5.5 CSS 常用布局样式

本节结合目前经典的网站布局讲解 CSS 常用的布局样式，包括两列布局样式和三列布局样式。

5.5.1 两列布局样式

许多网站都有一些共同的特点，即顶部放置一个大的导航或广告条，右侧是链接或图片，左侧放置主要内容，页面底部放置版权信息等，如图 5-23 所示的布局就是经典的两列布局（www.sytu.edu.cn）。

一般情况下，此类页面布局的两列都有固定的宽度，而且从内容上很容易区分主要内容区域和侧边栏。页面布局整体上分为上、中、下 3 个部分，即 header 区域、container 区域和 footer 区域。其中的 container 又包含 mainBox（主要内容区域）和 sideBox（侧边栏），布局示意图如图 5-24 所示。

图 5-23 经典的两列布局

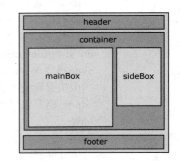

图 5-24 两列页面布局示意图

这里以经典的三行两列宽度固定布局为例讲解最基础的固定分栏布局。

【演练 5-16】 三行两列宽度固定布局。该布局比较简单，首先使用 id="wrap"的 Div 容器将所有内容包裹起来。在 wrap 内部，id="header"的 Div 容器、id="container"的 Div 容器和 id="footer"的 Div 容器把页面分成 3 个部分，而中间的 container 又再被 id="mainBox"的 Div 容器和 id="sideBox"的 Div 容器分成两块，页面效果如图 5-25 所示。

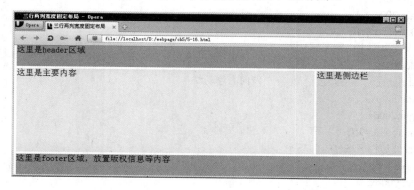

图 5-25　三行两列宽度固定布局的页面效果

代码如下：

```
<!doctype html>
<html>
<head>
<meta charset="gb2312">
<title>常用的 CSS 布局</title>
<style type="text/css">
* {
margin:0;
padding:0;
}
body {
font-family:"微软雅黑";
font-size:20px;
}/*设置页面全局参数*/
#wrap {
margin:0 auto;
width:900px;
}/*设置页面容器的宽度，并居中放置*/
#header {
height:50px;
width:900px;
background:#6cf;
margin-bottom:5px;
}/*设置页面头部信息区域*/
#container {
width:900px;
```

```
            height:200px;
            margin-bottom:5px;
       }/*设置页面中部区域*/
       #mainBox {
            float:left;                              /*因为是固定宽度，采用浮动方法可避免 ie 3 像素 bug*/
            width:695px;
            height:200px;
            background:#cff;
       }/*设置页面主内容区域*/
       #sideBox {
            float:right;                             /*向右浮动*/
            width:200px;
            height:200px;
            background:#9ff;
       }/*设侧边栏区域*/
       #footer {
            width:900px;
            height:50px;
            background:#6cf;
       }/*设置页面底部区域*/
       </style>
       </head>
       <body>
       <div id="wrap">
          <div id="header">这里是 header 区域</div>
          <div id="container">
             <div id="mainBox">这里是</div>
             <div id="sideBox">这里是侧边栏</div>
          </div>
          <div id="footer">这里是 footer 区域，放置版权信息等内容</div>
       </div>
       </body>
       </html>
```

【说明】

1）这里的两列宽度固定指的是 mainBox 和 sideBox 两个块级元素的宽度固定，通过样式的控制将其放置在 container 区域的两侧。两列布局的方式主要是以 mainBox 和 sideBox 的浮动实现的。

2）需要注意的是，【演练 5-16】中的布局规则并不能满足实际情况的需要。例如，当 mainBox 中的内容过多时就会出现错位的情况，如图 5-26 所示。对于高度和宽度都固定的容器，当内容超过容器所容纳的范围时，可以使用 CSS 样式中的 overflow 属性将溢出的内容隐藏或者设置滚动条。

如果要真正解决这个问题，就要使用高度自适应的方法，即当内容超过容器高度时，容器能够自动地延展。要实现这种效果，就要修改 CSS 样式的定义。首先要做的是删除样式中容器的高度属性，并将其后面的元素清除浮动。

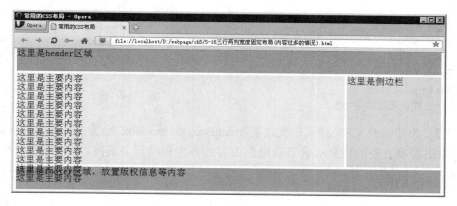

图 5-26　mainBox 中内容过多时的情况

下面的示例讲解了如何对 CSS 样式进行修改。

【演练 5-17】　使用高度自适应的方法进行三行两列宽度固定布局。在【演练 5-16】的基础上，删除 CSS 样式中 container、mainBox 和 sideBox 的高度，并且清除 footer 的浮动效果，最终的页面效果如图 5-27 所示。

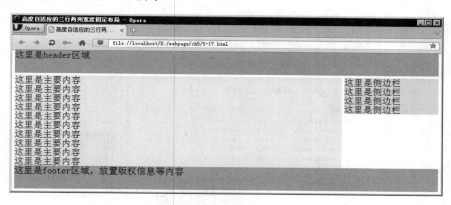

图 5-27　高度自适应的三行两列宽度固定布局的页面效果

修改 container、mainBox、sideBox 和 footer 的 CSS 定义，代码如下：

```
#container {
margin-bottom:5px;
}/*设置页面中部区域*/
#mainBox {
float:left;/*因为是固定宽度，采用浮动方法可避免 ie 3 像素 bug*/
width:695px;
background:#cff;
}/*设置页面主内容区域*/
#sideBox {
float:right;
width:200px;
background:#9ff;
}/*设侧边栏区域*/
```

```
#footer {
  clear:both;                /*清除 footer 的浮动效果*/
  width:900px;
  height:50px;
  background:#6cf;
}/*设置页面底部区域*/
```

【说明】 通过修改 CSS 样式定义，在 mainBox 和 sideBox 标签内部添加任何内容，都不会出现溢出容器之外的现象，容器会根据内容的多少自动调节高度。

5.5.2 三列布局样式

三列布局在网页设计时更为常用，如图 5-28 所示。对于这种类型的布局，浏览者的注意力最容易集中在中栏的信息区域，其次才是左右两侧的信息。

三列布局与两列布局非常相似，在处理方式上可以利用两列布局结构的方式处理，如图 5-29 所示的就是 3 个独立的列组合而成的三列页面布局。三列页面布局仅比两列页面布局多了一列内容，无论形式上怎么变化，最终还是基于两列布局结构演变出来的。

图 5-28 经典的三列布局   图 5-29 三列页面布局示意图

1．两列定宽中间自适应的三列结构

设计人员可以利用负边距原理实现两列定宽中间自适应的三列结构，这里的负边距值指的是将某个元素的 margin 属性值设置成负值，对于使用负边距的元素可以将其他容器"吸引"到身边，从而解决页面布局的问题。

【演练 5-18】 两列定宽中间自适应的三列结构。页面中 id="container"的 Div 容器包含了主要内容区域（mainBox）、次要内容区域（SubsideBox）和侧边栏（sideBox），页面效果如图 5-30 所示。如果将浏览器窗口进行缩放，可以清楚地看到中间列自适应宽度的效果，如图 5-31 所示。

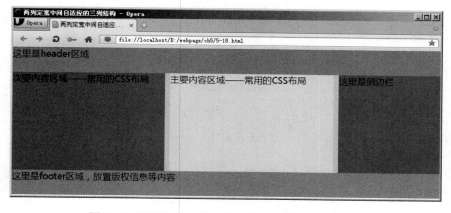

图 5-30　两列定宽中间自适应的三列结构的页面效果

图 5-31　中间列自适应宽度的效果（浏览器窗口缩小时的状态）

代码如下：

```
<!doctype html>
<html>
<head>
<meta charset="gb2312">
<title>两列定宽中间自适应的三列结构</title>
<style type="text/css">
* {
margin:0;
padding:0;
}
body {
font-family:"微软雅黑";
font-size:18px;
color:#000;
}
#header {
```

```css
height:50px;                    /*设置元素高度*/
background:#0cf;
}
#container {
overflow:auto;                  /*溢出自动延展*/
}
#mainBox {
float:left;                     /*向左浮动*/
width:100%;
background:#6ff;
height:200px;                   /*设置元素高度*/
}
#content {
height:200px;                   /*设置元素高度*/
background:#ff0;
margin:0 210px 0 310px;         /*右外边距空白210px，左外边距空白310px*/
}
#submainBox {
float:left;                     /*向左浮动*/
height:200px;                   /*设置元素高度*/
background:#c63;
width:300px;
margin-left:-100%;              /*使用负边距的元素可以将其他容器"吸引"到身边*/
}
#sideBox {
float:left;                     /*向左浮动*/
height:200px;                   /*设置元素高度*/
width:200px;                    /*设置元素宽度*/
margin-left:-200px;             /*使用负边距的元素可以将其他容器"吸引"到身边*/
background:#c63;
}
#footer {
clear:both;                     /*清除浮动*/
height:50px;                    /*设置元素高度*/
background:#3cf;
}
</style>
</head>
<body>
<div id="header">这里是 header 区域</div>
<div id="container">
    <div id="mainBox">
        <div id="content">主要内容区域——常用的 CSS 布局</div>
    </div>
    <div id="submainBox">次要内容区域——常用的 CSS 布局</div>
    <div id="sideBox">这里是侧边栏</div>
```

```
        </div>
        <div id="footer">这里是 footer 区域，放置版权信息等内容</div>
        </body>
        </html>
```

【说明】　本例中的主要内容区域（mainBox）中又包含具体的内容区域（content），设计思路是利用 mainBox 的浮动特性，将其宽度设置为 100%，再结合 content 的左右外边距所留下的空白，利用负边距原理将次要内容区域（SubsideBox）和侧边栏（sideBox）"吸引"到身边。

2．三列自适应结构

上一节讲解的示例中左右两列都是固定宽度的，能否将其中一列或两列都变成自适应结构呢？下面通过实例说明如何实现。

【演练 5-19】　三列自适应结构。三列自适应结构的页面效果如图 5-32 所示。将浏览器窗口进行缩放，可以清楚地看到三列自适应宽度的效果，如图 5-33 所示。

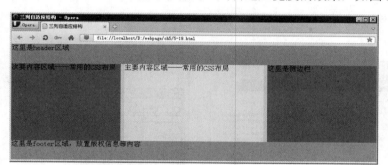

图 5-32　三列自适应结构的页面效果

图 5-33　浏览器窗口缩小时的状态

本例只修改了 content、submainBox 和 sideBox 元素的 CSS 定义，代码如下：

```
#content {
height:200px;                        /*设置元素高度*/
background:#ff0;
margin:0 31% 0 31%;                  /*设置外边距左右距离为自适应*/
}
#submainBox {
float:left;                          /*向左浮动*/
height:200px;                        /*设置元素高度*/
background:#c63;
width:30%;                           /*设置宽度为 30%*/
margin-left:-100%;                   /*设置负边距为-100%*/
}
#sideBox {
float:left;                          /*向左浮动*/
height:200px;                        /*设置元素高度*/
width:30%;                           /*设置宽度为 30%*/
margin-left:-30%;                    /*设置负边距为-30%*/
```

```
        background:#c63;
    }
```

【说明】 要实现三列自适应结构，要从改变列的宽度入手。首先，要将 submainBox 和 sideBox 两列的宽度设置为自适应。其次，要调整左右两列有关负边距的属性值。最后，要对内容区域 content 容器的外边距 margin 值加以修改。

5.6 Div+CSS 布局综合案例

本节主要讲解"电脑学堂"栏目的主页制作，重点学习 Div+CSS 布局页面的相关知识。

5.6.1 页面布局规划

页面布局的首要任务是弄清网页的布局方式，分析版式结构，待整体页面搭建有明确规划后，再根据成熟的规划切图。

通过成熟的构思与设计，"电脑学堂"栏目的主页效果如图 5-34 所示，页面布局示意图如图 5-35 所示。

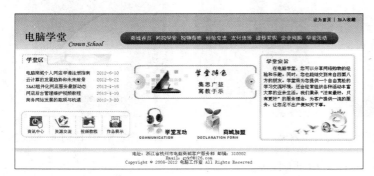

图 5-34 "电脑学堂"栏目的主页效果

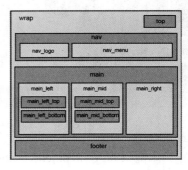

图 5-35 页面布局示意图

5.6.2 页面的制作过程

1．前期准备

（1）栏目目录结构

在栏目文件夹下创建文件夹 images 和 style，分别用来存放图像素材和外部样式表文件。

（2）页面素材

将本页面需要使用的图像素材存放在 images 文件夹下。

（3）外部样式表

在 style 文件夹下新建一个名为 style.css 的样式表文件。

2．制作页面

（1）页面整体的制作

页面的整体布局包括 body、超链接伪类和 wrap 容器，其中 wrap 容器设置背景图像，如图 5-36 所示。

图 5-36　wrap 容器设置背景图像

CSS 代码如下：

```
* {
margin:0px;
padding:0px;
border:0px;
}
body {
font-family:"宋体";
font-size:13px;
color:#000;
background-color:#fff;
}
a:link, a:visited {                              /*超链接伪类的 CSS 规则*/
color:#333;
text-decoration: none;                           /*无修饰*/
font-weight: normal;
}
a:active, a:hover {                              /*超链接伪类的 CSS 规则*/
color:#fff;
text-decoration: underline;                      /*下画线*/
}
#wrap {
width:984px;                                     /*设置元素宽度*/
height:500px;                                    /*设置元素高度*/
background:url(../images/bgpic.jpg) no-repeat;   /*设置 wrap 容器的背景图像*/
margin:0 auto;
}
```

（2）页面顶部的制作

页面顶部的内容被放置在名为 top 的 Div 容器中，主要用来显示"设为首页"和"加入收藏"的文字提示，如图 5-37 所示。

图 5-37　页面顶部的文字提示

CSS 代码如下：

```
#top {
```

```
    float:right;                              /*设置向右浮动*/
    width:150px;                              /*设置元素宽度*/
    font-family:"黑体";
    text-align:right;                         /*文字右对齐*/
    margin-top:10px;                          /*上外边距为 10px*/
    margin-bottom:20px;                       /*下外边距为 20px*/
    padding-right:20px;                       /*右内边距为 20px*/
    }
    #top span {
    padding-left:5px;                         /*左内边距为 5px*/
    padding-right:5px;                        /*右内边距为 5px*/
    }
```

（3）页面导航的制作

页面导航的内容被放置在名为 nav 的 Div 容器中，主要用来显示学堂标志图片和导航菜单，如图 5-38 所示。

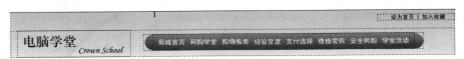

图 5-38　页面导航的效果

CSS 代码如下：

```
    #nav {                                    /*导航区域的 CSS 规则*/
    width:984px;                              /*设置元素宽度*/
    float:left;                               /*向左浮动*/
    overflow:hidden;                          /*溢出隐藏*/
    }
    #nav_logo {                               /*标志图片的 CSS 规则*/
    float:left;                               /*向左浮动*/
    width:250px;                              /*设置元素宽度*/
    height:60px;                              /*设置元素高度*/
    background:url(../images/logo.gif) no-repeat;
    margin-left:15px;                         /*左外边距为 15px*/
    }
    #nav_menu {                               /*导航菜单的 CSS 规则*/
    height:36px;                              /*设置元素高度*/
    margin:10px 0px 0px 30px;
    float:left;                               /*向左浮动*/
    }
    #nav_menu_head {                          /*导航菜单左半圆弧的 CSS 规则*/
    float:left;                               /*向左浮动*/
    width:20px;                               /*设置元素宽度*/
    height:36px;                              /*设置元素高度*/
    background:url(../images/nav_menu_head.gif) no-repeat;  /*导航菜单左半圆弧的背景图像*/
    }
```

```
#nav_menu_mid {                                    /*导航菜单中间区域的 CSS 规则*/
    float:left;                                     /*向左浮动*/
    width:580px;                                    /*设置元素宽度*/
    height:36px;                                    /*设置元素高度*/
    background:url(../images/nav_bg.jpg) repeat-x;  /*导航菜单中间区域的背景图像*/
}
#nav_menu_mid ul {                                 /*导航菜单中间区域无序列表的 CSS 规则*/
    list-style:none;                               /*列表无样式*/
    margin: 0px;
    padding: 0px;
}
#nav_menu_mid li {                                 /*导航菜单中间区域列表选项的 CSS 规则*/
    float:left;                                     /*向左浮动*/
    margin-top:10px;                                /*上外边距为 10px*/
    padding-left:11px;                              /*左内边距为 10px*/
}
#nav_menu_mid a {                                  /*导航菜单中间区域超链接伪类的 CSS 规则*/
    font-family:"黑体";
    font-size:15px;
    color:#fff;
}
#nav_menu_tail {                                   /*导航菜单右半圆弧的 CSS 规则*/
    float:left;                                     /*向左浮动*/
    width:20px;                                     /*设置元素宽度*/
    height:36px;                                    /*设置元素高度*/
    background: url(../images/nav_menu_tail.gif) no-repeat;  /*导航菜单右半圆弧的背景图像*/
}
```

（4）页面中部的制作

页面中部的内容被放置在名为 main 的 Div 容器中，主要用来显示内容左侧的学堂区（main_left）、中间的学堂特色（main_mid）和右侧的学堂宗旨，如图 5-39 所示。

图 5-39　页面中部的效果

CSS 代码如下：

```
#main {                                            /*页面中部的 CSS 规则*/
    float:left;                                     /*向左浮动*/
    width:984px;                                    /*设置元素宽度*/
```

```css
    height:280px;                                          /*设置元素高度*/
    margin-top:15px;                                       /*上外边距为 15px*/
}
#main_left {                                               /*页面中部左侧区域的 CSS 规则*/
    float:left;                                            /*向左浮动*/
    width:320px;                                           /*设置元素宽度*/
    overflow:auto;                                         /*溢出自动处理*/
    margin-left:10px;                                      /*左外边距为 10px*/
}
#main_left_top {                                           /*页面中部左侧区域上部的 CSS 规则*/
    background: url(../images/main_left_top_bg.jpg) no-repeat;          /*左侧区域上部的背景图像*/
    height:35px;
}
#main_left_top h3 {                                        /*页面中部左侧区域上部标题的 CSS 规则*/
    height:40px;                                           /*设置元素高度*/
    font-size:16px;
    font-weight:bold;                                      /*文字加粗*/
    color: #105cb6;
    padding-left:20px;                                     /*左内边距为 20px*/
    padding-top:10px;                                      /*上内边距为 10px*/
}
.news_list * {                                             /*左侧新闻区域的 CSS 规则*/
    margin:0;
    padding:0;
    list-style:none;                                       /*列表无样式*/
    text-decoration : none;                                /*无修饰*/
}
.news_list li {                                            /*左侧新闻区域列表选项的 CSS 规则*/
    float:left;                                            /*向左浮动*/
    padding-left:20px;                                     /*左内边距为 20px*/
    width:300px;                                           /*设置元素宽度*/
    height:20px;                                           /*设置元素高度*/
    overflow:hidden;                                       /*溢出隐藏*/
}
.news_list li a {                                          /*左侧新闻区域列表选项超链接的 CSS 规则*/
    width:200px;                                           /*设置元素宽度*/
    float:left;                                            /*向左浮动*/
}
.news_list li a:hover {                                    /*鼠标经过时的 CSS 规则*/
    text-decoration:none;                                  /*无修饰*/
    color:#f32600;
}
.news_list li span {                                       /*左侧新闻区域 span 标签的 CSS 规则*/
    float:left;                                            /*向左浮动*/
    width:75px;                                            /*设置元素宽度*/
    color:#999999;
```

```css
}
#main_left_bottom {                                   /*页面中部左侧区域下部的 CSS 规则*/
float:left;                                           /*向左浮动*/
width:310px;                                          /*设置元素宽度*/
height:80px;                                          /*设置元素高度*/
margin-top:20px;                                      /*上外边距为 20px*/
margin-left:5px;                                      /*左外边距为 15px*/
overflow:hidden;                                      /*溢出隐藏*/
}
#main_mid {                                           /*页面中部中间区域的 CSS 规则*/
float:left;                                           /*向左浮动*/
margin-left:5px;                                      /*左外边距为 5px*/
}
#main_mid_top {                                       /*页面中部中间区域上部的 CSS 规则*/
width:350px;                                          /*设置元素宽度*/
height:114px;                                         /*设置元素高度*/
margin-top:20px;                                      /*上外边距为 20px*/
margin-bottom:20px;                                   /*下外边距为 20px*/
background: url(../images/main_mid_top.gif) no-repeat;              /*中间区域上部的背景图像*/
}
#main_mid_bottom{                                     /*页面中部中间区域下部的 CSS 规则*/
width:350px;                                          /*设置元素宽度*/
height:105px;                                         /*设置元素高度*/
}
#main_mid_bottom ul li {                              /*中间区域下部的列表选项的 CSS 规则*/
float:left;                                           /*向左浮动*/
margin-left:15px;                                     /*左外边距为 15px*/
display:inline;                                       /*内联元素*/
}
#main_mid_bottom ul li a {                            /*列表选项超链接的 CSS 规则*/
display:block;                                        /*块级元素*/
width:150px;                                          /*设置元素宽度*/
height:100px;                                         /*设置元素高度*/
text-decoration:none;
text-align:center;
overflow:hidden;                                      /*溢出隐藏*/
}
#main_mid_bottom ul li a strong {                     /*列表选项超链接文字加粗效果的 CSS 规则*/
font-size:16px;
font-family:"黑体";
line-height:15px;                                     /*行高 15px*/
font-weight:100;                                      /*字重 100*/
color:#333;
overflow:hidden;                                      /*溢出隐藏*/
}
#main_mid_bottom span {                               /*中间区域下部 span 标签的 CSS 规则*/
```

```
    display:block;                                     /*块级元素*/
    font-family:"Arial Black", Gadget, sans-serif;
    font-size:10px;
    text-align:left;
    color:#999;
}
#main_mid_bottom a:hover strong {                      /*中间区域下部鼠标经过效果的 CSS 规则*/
    color:#39f;
}
#main_right {                                          /*页面中部右侧区域的 CSS 规则*/
    float:left;                                        /*向左浮动*/
    width:275px;                                       /*设置元素宽度*/
    height:260px;                                      /*设置元素高度*/
    margin-left:5px;                                   /*左外边距为 5px*/
    background:url(../images/main_right_bg.jpg) no-repeat;   /*页面中部右侧区域的背景图像*/
}
#main_right h3 {                                       /*页面中部右侧区域标题的 CSS 规则*/
    height:20px;
    font-family:"黑体";
    font-size:15px;
    color: #105cb6;
    padding-left:20px;                                 /*左内边距为 20px*/
    padding-top:15px;                                  /*上内边距为 15px*/
}
#main_right p {                                        /*页面中部右侧区域段落的 CSS 规则*/
    text-indent:2em;                                   /*段落缩进两个字符*/
    line-height:18px;                                  /*行高 18px*/
    padding-left:13px;                                 /*左内边距为 13px*/
    padding-right:13px;                                /*右内边距为 13px*/
}
#main_right a:hover {                                  /*页面中部右侧区域鼠标经过效果的 CSS 规则*/
    text-decoration:none;
    color:#f32600;
}
```

（5）页面底部的制作

页面底部的内容被放置在名为 footer 的 Div 容器中，主要用来显示版权信息，如图 5-40 所示。

地址：浙江省杭州市电脑商城客户服务部 邮编：310002
Email: gykf@126.com
Copyright © 2008-2012 电脑工作室 All Rights Reserved

图 5-40　页面底部的效果

CSS 代码如下：

```
#footer {
```

```
clear:both;                                                    /*清除浮动*/
height:65px;
margin:0;
padding:10px;
background:url(../images/footer_bg.gif) repeat-x;              /*页面底部的背景图像*/
font-size:13px;
color:#666;
text-align:center;
}
```

（6）页面结构代码

为了使读者对页面的样式与结构有一个全面的认识，最后说明整个页面（index.html）的结构代码，代码如下：

```
<!doctype html>
<html>
<head>
<meta charset="gb2312">
<title>电脑学堂</title>
<link href="style/style.css" rel="stylesheet" type="text/css" />
</head>
<body>
<div id="wrap">
  <div id="top">设为首页<span>|</span>加入收藏</div>
  <div id="nav">
    <div id="nav_logo"></div>
    <div id="nav_menu">
      <div id="nav_menu_head"></div>
      <div id="nav_menu_mid">
       <ul>
          <li><a href="#" target="_self">商城首页</a></li>
          <li><a href="study/study.html" target="_self">网购学堂</a></li>
          <li><a href="#" target="_self">购物指南</a></li>
          <li><a href="#" target="_self">经验交流</a></li>
          <li><a href="#" target="_self">支付选择</a></li>
          <li><a href="#" target="_self">维修常识</a></li>
          <li><a href="#" target="_self">安全网购</a></li>
          <li><a href="#" target="_self">学堂活动</a></li>
        </ul>
      </div>
        <div id="nav_menu_tail"></div>
    </div>
  </div>
  <div id="main">
    <div id="main_left">
      <div id="main_left_top">
        <h3>学堂区</h3>
```

```
    <ul class="news_list">
        <li><a href="#">电脑商城个人网店申请注册指南</a> <span>2012-6-10</span></li>
        <li><a href="#">云计算的发展趋势和未来前景</a> <span>2012-5-22</span></li>
        <li><a href="#">SAAS 组件化网店服务最新动态</a> <span>2012-4-15</span></li>
        <li><a href="#">网店后台管理维护视频教程</a> <span>2012-4-10</span></li>
        <li><a href="#">商务网站发展的瓶颈与机遇</a> <span>2012-3-20</span></li>
    </ul>
</div>
<div id="main_left_bottom"><img src="images/main_left_bottom_bg.gif" width="311"
height="80" border="0" usemap="#Map" />
    <map name="Map" id="Map">
    </map>
</div>
</div>
<div id="main_mid">
    <div id="main_mid_top">
    </div>
    <div id="main_mid_bottom">
        <ul>
            <li><a href="#"><img src="images/main_mid_bottom_01.gif" width="60" height="85"
/><strong>学堂互动</strong><span>COMMUNICATION</span></a></li>
            <li><a href="#"><img src="images/main_mid_bottom_02.gif" width="60" height="85"
/><strong>商城加盟</strong><span>DECLARATION FORM</span></a></li>
        </ul>
    </div>
</div>
<div id="main_right">
    <h3>学堂宗旨</h3>
    <p>在电脑学堂，您可以分享网络购物的经验和乐趣。……（此处省略文字）</p>
</div>
</div>
<div id="footer">
    <p>地址：浙江省杭州市电脑商城客户服务部  邮编：310002 </p>
    <p>Email：gykf@126.com</p>
    <p>Copyright &copy; 2008-2012  电脑工作室  All Rights Reserved</p>
</div>
</div>
</body>
</html>
```

5.7 实训

制作"电脑学堂"栏目的子页面。栏目子页面"网购学堂"（study.html）的布局与主页面（index.html）有一定相似之处，页面效果如图 5-41 所示，布局示意图如图 5-42 所示。

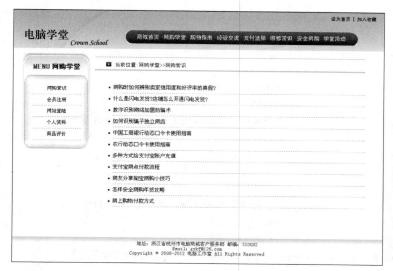

图 5-41　子页面的页面效果

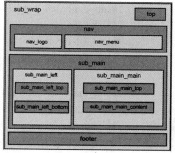

图 5-42　子页面布局示意图

制作步骤如下。

（1）制作子页面的 CSS 样式

打开已经建立的 style.css 文件，在主页面 CSS 样式的结尾继续添加子页面的 CSS 规则，代码如下：

```
#sub_wrap {                                              /*wrap 容器的 CSS 规则*/
width:984px;
background:url(../images/bgpic.jpg) no-repeat;           /*wrap 容器的背景图像*/
margin:0 auto;
}
#sub_main {                                              /*页面中部的 CSS 规则*/
float:left;                                              /*向左浮动*/
width:984px;                                             /*设置元素宽度*/
height:auto;                                             /*高度自适应*/
margin-top:15px;                                         /*上外边距为 15px*/
}
#sub_main_left {                                         /*页面中部左侧区域的 CSS 规则*/
float:left;                                              /*向左浮动*/
width:180px;                                             /*解决扩展框问题*/
height:300px;
margin-left:25px;                                        /*左外边距为 25px*/
}
#sub_main_left_top {                                     /*页面中部左侧区域上部的 CSS 规则*/
width:180px;
height:80px;
background:url(../images/sub_main_left_top_bg.jpg) no-repeat;        /*左侧区域上部的背景图像*/
}
#sub_main_left_top h3 {                                  /*页面中部左侧区域上部标题的 CSS 规则*/
height:30px;
```

```css
    font-family:"黑体";
    font-size:20px;
    color:#39f;
    text-align:center;
    padding-top:25px;                              /*上内边距为 25px*/
}
#sub_main_left_top h3 span {                       /*页面中部左侧区域上部 span 的 CSS 规则*/
    color:#666;
    margin-left:5px;                               /*左外边距为 5px*/
    font-size:18px;
}
#sub_main_left_bottom {                            /*页面中部左侧区域下部的 CSS 规则*/
    width:180px;                                   /*设置元素宽度*/
    height:auto;                                   /*高度自适应*/
    background:url(../images/sub_main_left_bottom_bg.jpg) repeat-y;      /*背景图像垂直重复*/
}
#sub_main_left_bottom ul {                         /*页面中部左侧区域下部无序列表的 CSS 规则*/
    padding:0 25px;
    line-height:30px;                              /*行高 30px*/
}
#sub_main_left_bottom ul li {                      /*页面中部左侧区域下部列表选项的 CSS 规则*/
    list-style:none;                               /*列表无样式*/
    text-align:center;
    border-bottom:1px dashed #ccc;                 /*下边框为 1px 灰色虚线*/
}
#sub_main_left_bottom ul a:hover {                 /*页面中部左侧区域下部列表鼠标经过的 CSS 规则*/
    color:#39f;
    text-decoration:none;                          /*无修饰*/
}
#sub_main_left_behind {                            /*页面中部左侧区域下部封闭结尾的 CSS 规则*/
    background:url(../images/sub_main_left_behind_bg.jpg) no-repeat;
    height:25px;
    width:180px;
}
#sub_main_main {                                   /*页面中部主区域的 CSS 规则*/
    float:left;                                    /*向左浮动*/
    height:500px;
    margin-left:10px;                              /*左外边距为 10px*/
}
#sub_main_main_top {                               /*页面中部主区域上部的 CSS 规则*/
    width:720px;
    height:55px;
    background:url(../images/sub_main_main_top_bg.gif) repeat-x;         /*背景图像水平重复*/
}
#sub_main_main_top img {                           /*页面中部主区域上部图像的 CSS 规则*/
    margin-top:20px;                               /*上外边距为 20px*/
```

```
    margin-left:30px;                                    /*左外边距为 30px*/
    }
    #sub_main_main_top span {                            /*页面中部主区域上部 span 的 CSS 规则*/
    color:#666;
    font-family:"黑体";
    font-size:14px;
    padding-left:10px;                                   /*左内边距为 10px*/
    }
    #sub_main_main_content {                             /*页面中部主区域内容部分的 CSS 规则*/
    width:720px;
    height:auto;                                         /*高度自适应*/
    }
    .sub_main_main_content_list {                        /*页面中部主区域内容列表的 CSS 规则*/
    font-size:14px;
    padding-top:20px;                                    /*上内边距为 20px*/
    padding-left:50px;                                   /*左内边距为 50px*/
    line-height:30px;                                    /*行高 30px*/
    list-style:square;                                   /*列表类型为实心正方形*/
    }
    #sub_main_main_content li {                          /*页面中部主区域内容列表选项的 CSS 规则*/
    border-bottom:1px dashed #ccc;                       /*下边框为 1px 灰色虚线*/
    }
    .sub_main_main_content_list a:hover {                /*页面中部主区域内容列表鼠标经过的 CSS 规则*/
    color:#f00;
    text-decoration:none;
    }
```

（2）制作子页面的网页结构代码

在"电脑学堂"栏目文件夹下创建"网购学堂"的子文件夹 study，在文件夹 study 中建立子页面 study.html，代码如下：

```
<!doctype html>
<html>
<head>
<meta charset="gb2312">
<title>网购学堂</title>
<link href="../style/style.css" rel="stylesheet" type="text/css" />
</head>
<body>
<div id="sub_wrap">
    <div id="top"> <a href="#">设为首页</a><span>|</span><a href="#">加入收藏</a> </div>
    <div id="nav">
        <div id="nav_logo"></div>
        <div id="nav_menu">
            <div id="nav_menu_head"></div>
            <div id="nav_menu_mid">
                <ul>
```

```html
          <li><a href="#" target="_self">商城首页</a></li>
          <li><a href="#" target="_self">网购学堂</a></li>
          <li><a href="#" target="_self">购物指南</a></li>
          <li><a href="#" target="_self">经验交流</a></li>
          <li><a href="#" target="_self">支付选择</a></li>
          <li><a href="#" target="_self">维修常识</a></li>
          <li><a href="#" target="_self">安全网购</a></li>
          <li><a href="#" target="_self">学堂活动</a></li>
        </ul>
      </div>
      <div id="nav_menu_tail"></div>
    </div>
  </div>
  <div id="sub_main">
    <div id="sub_main_left">
      <div id="sub_main_left_top">
        <h3> MENU<span>网购学堂</span></h3>
      </div>
      <div id="sub_main_left_bottom">
        <ul>
          <li><a href="#">网购常识</a></li>
          <li><a href="#">会员注册</a></li>
          <li><a href="#">网站登录</a></li>
          <li><a href="#">个人资料</a></li>
          <li><a href="#">商品评价</a></li>
        </ul>
      </div>
      <div id="sub_main_left_behind"></div>
    </div>
    <div id="sub_main_main">
      <div  id="sub_main_main_top"><img  src="../images/sub_main_main_top_01.gif"  width="14"
height="14" /><span>当前位置:网购学堂>>网购常识</span></div>
      <div id="sub_main_main_content">
        <ul class="sub_main_main_content_list">
          <li><a href="#">网购时如何辨别卖家信用度和好评率的真假?</a></li>
          <li><a href="#">什么是闪电发货?店铺怎么开通闪电发货?</a></li>
          <li><a href="#">教你识别网络加盟防骗术</a></li>
          <li><a href="#">如何识别骗子独立网店</a></li>
          <li><a href="#">中国工商银行动态口令卡使用指南</a></li>
          <li><a href="#">农行动态口令卡使用指南  </a></li>
          <li><a href="#">多种方式给支付宝账户充值</a></li>
          <li><a href="#">支付宝网点付款流程</a></li>
          <li><a href="#">网友分享淘宝网购小技巧</a></li>
          <li><a href="#">怎样安全网购年货攻略</a></li>
          <li><a href="#">网上购物付款方式</a></li>
        </ul>
```

```
            </div>
        </div>
    </div>
    <div id="footer">
        <p>地址：浙江省杭州市电脑商城客户服务部  邮编：310002 </p>
        <p>Email：gykf@126.com</p>
        <p>Copyright &copy; 2008-2012  电脑工作室  All Rights Reserved</p>
    </div>
</div>
</body>
</html>
```

【说明】 需要注意的是，子页面 study.html 位于文件夹 study 中，style.css 位于文件夹 style 中，并且文件夹 study 和 style 是同级的。因此，在 study.html 中引用外部样式表 style.css 时，要注意使用相对路径的写法，即写为 href="../style/style.css"。

习题 5

1．制作如图 5-43 所示的两列固定宽度型布局。

2．制作如图 5-44 所示的三列固定宽度居中型布局。

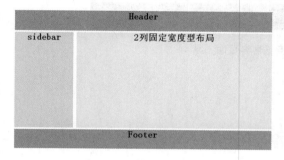

图 5-43 两列固定宽度型布局

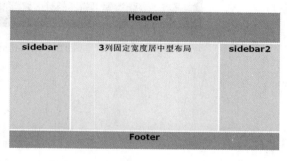

图 5-44 三列固定宽度居中型布局

3．使用相对定位的方法制作如图 5-45 所示的页面布局。

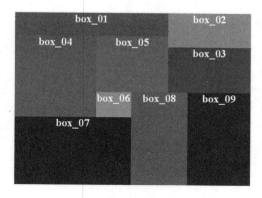

图 5-45 相对定位法制作的页面布局

4. 综合使用 Div+CSS 布局技术创建如图 5-46 所示的电脑商城博客页面。

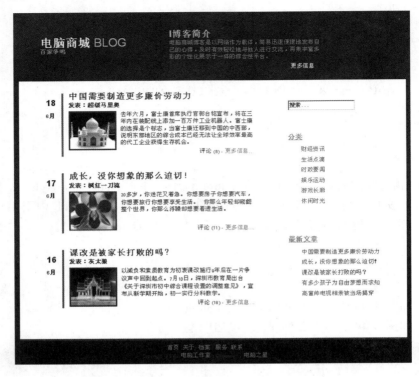

图 5-46　电脑商城博客页面

第6章　用CSS设置文本和图像

在前面的章节中介绍了 CSS 设计中必须了解的 4 个核心基础——盒模型、标准流、浮动和定位。有了这 4 个核心的基础，从本章开始逐一介绍网页设计的各种元素，例如文本、图像、链接和导航菜单等，以及如何使用 CSS 来进行样式设置。

6.1　设置文字的样式

在学习 HTML 的时候，通常也会使用 HTML 对文本进行一些非常简单的样式设置，而使用 CSS 对文本的样式进行设置远比使用 HTML 灵活、精确得多。

6.1.1　设置文字的字体

字体具有两方面的作用：一是传递语义功能，二是具有美学效应。由于不同的字体给人带来不同的风格感受，所以对于网页设计人员来说，首先需要考虑的问题就是准确地选择字体。

在 HTML 中，设置文字的字体需要通过<font>标记的 face 属性。而在 CSS 中，则使用font-family 属性。

语法：**font-family：字体名称**

参数：字体名称按优先顺序排列，以逗号隔开。如果字体名称包含空格，则应使用引号将名称括起。

说明：使用 font-family 属性可以控制显示字体。不同的操作系统，其字体名称是不同的。在 Windows 系统中，其字体名称与 Word 中"字体"下拉列表中所列出的字体名称相同。

【演练 6-1】 字体设置，本例文件 6-1.html 的显示效果如图 6-1 所示。

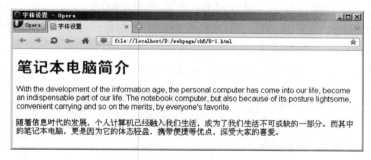

图 6-1　文件 6-1.html 的显示效果

代码如下：

```
<!doctype html>
<html>
<head>
<meta charset="gb2312">
```

```
<title>字体设置</title>
<style type="text/css">
  h1{
      font-family:黑体;
  }
  p{
      font-family: Arial, "Times New Roman";            /*字体名称包含空格，用引号括起*/
  }
</style>
</head>
<body>
<h1>笔记本电脑简介</h1>
<p>With the development of the information age, the personal computer has come into our life, become
an indispensable part of our life. The notebook computer, but also because of its posture lightsome, convenient
carrying and so on the merits, by everyone's favorite.</p>
<p>随着信息时代的发展，个人计算机已经融入我们生活，成为了我们生活不可或缺的一部分。
而其中的笔记本电脑，更是因为它的体态轻盈、携带便捷等优点，深受大家的喜爱。</p>
</body>
</html>
```

【说明】

1）页面中字体的种类应控制在 2～3 种，这样整个页面的视觉效果会比较好。

2）中文页面尽量首先使用"宋体"，英文页面可以使用"Arial"和"Verdana"等字体。

6.1.2 设置字体的大小

在设计页面时，通常使用不同大小的字体来突出要表现的主题，在 CSS 样式中使用
font-size 属性设置字体的大小。

语法：**font-size：绝对尺寸 | 相对尺寸 | 百分数**

参数：绝对尺寸根据对象字体进行调节，可以选择 xx-small | x-small | small | medium |
large | x-large | xx-large 其中的一种；相对尺寸相对于父对象中字体尺寸进行相对调节；百分
数取值是基于父对象中字体的尺寸。

【演练 6-2】 字体大小设置，本例文件 6-2.html 的显示效果如图 6-2 所示。

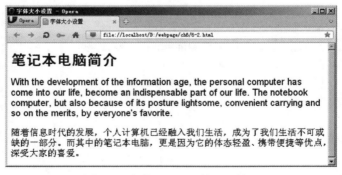

图 6-2　文件 6-2.html 的显示效果

在【演练 6-1】的基础上，本例只修改了段落的 CSS 定义，代码如下：

```
p{
    font-family: Arial, "Times New Roman";
    font-size:15pt;
}
```

【说明】 不同字号的文字在网页中可以起到美化页面的作用，有些却不适合设置不同的字号。本例为了演示正文字体放大的效果，将段落的字体大小定义为 15pt。但在实际的应用中，宋体 9pt 是公认的美观字号，绝大多数网页的正文都用它。11pt 的效果也不错，多用于正文。

6.1.3 设置字体的粗细

CSS 样式中使用 font-weight 属性设置字体的粗细。

语法：**font-weight : bold | number | normal**

参数：bold 为粗体，相当于 number 为 700，也相当于 b 标记的作用；number 取值 100 | 200 | 300 | 400 | 500 | 600 | 700 | 800 | 900；normal 为正常的字体，相当于 number 为 400，声明此值将取消之前的设置。

说明：设置文本字体的粗细。

【演练 6-3】 字体粗细设置，本例文件 6-3.html 的显示效果如图 6-3 所示。

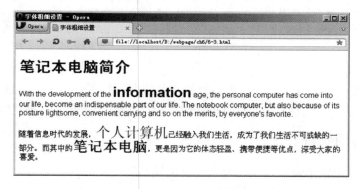

图 6-3 文件 6-3.html 的显示效果

代码如下：

```
<!doctype html>
<html>
<head>
<meta charset="gb2312">
<title>字体粗细设置</title>
<style type="text/css">
    h1{
        font-family:黑体;
    }
    p{
        font-family: Arial, "Times New Roman";
```

```
        }
        .one {
            font-weight:bold;
            font-size:30px;
        }/*设置字体为粗体*/
        .two {
            font-weight:400;
            font-size:30px;
        }/*设置字体为 400 粗细*/
        .three {
            font-weight:900;
            font-size:30px;
        }/*设置字体为 900 粗细*/
    </style>
</head>
<body>
<h1>笔记本电脑简介</h1>
    <p>With the development of the <span class="one">information</span> age, the personal computer has
come into our life, become an indispensable part of our life. The notebook computer, but also because of its
posture lightsome, convenient carrying and so on the merits, by everyone's favorite.</p>
    <p>随着信息时代的发展，<span class="two">个人计算机</span>已经融入我们生活，成为了我们
生活不可或缺的一部分。而其中的<span class="three">笔记本电脑</span>，更是因为它的体态轻盈、
携带便捷等优点，深受大家的喜爱。</p>
</body>
</html>
```

【说明】 需要注意的是，实际上大多数操作系统和浏览器还不能很好地实现非常精细的
文字加粗设置，通常只能设置"正常"（normal）和"加粗"（bold）两种粗细。

6.1.4 设置字体的倾斜

CSS 样式中的 font-style 属性用来设置字体的倾斜。

语法：font-style : normal || italic || oblique

参数：normal 为"正常"（默认值）；italic 为"斜体"；oblique 为"倾斜体"。

说明：设置文本字体的倾斜。

【演练 6-4】 字体倾斜设置，本例文件 6-4.html 的显示效果如图 6-4 所示。

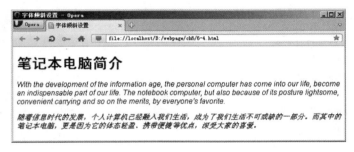

图 6-4   文件 6-4.html 的显示效果

代码如下：

```
<!doctype html>
<html>
<head>
<meta charset="gb2312">
<title>字体倾斜设置</title>
<style type="text/css">
    h1{
        font-family:黑体;
    }
    p{
        font-family: Arial, "Times New Roman";
    }
    p.italic {
        font-style:italic;
    }/*设置斜体*/
    p.oblique {
        font-style:oblique;
    }/*设置倾斜体*/
</style>
</head>
<body>
<h1>笔记本电脑简介</h1>
<p class="italic">With the development of the information age, the personal computer has come into our
life, become an indispensable part of our life. The notebook computer, but also because of its posture lightsome,
convenient carrying and so on the merits, by everyone's favorite.</p>
<p class="oblique">随着信息时代的发展，个人计算机已经融入我们生活，成为了我们生活不可或
缺的一部分。而其中的笔记本电脑，更是因为它的体态轻盈、携带便捷等优点，深受大家的喜爱。
</p>
</body>
</html>
```

【说明】 italic 和 oblique 都是向右倾斜的文字，但区别在于 italic 是指斜体字，而 oblique 是倾斜的文字，对于没有斜体的字体应该使用 oblique 属性值来实现倾斜的文字效果。

6.1.5　设置字体的修饰效果

使用 CSS 样式可以对文本进行简单的修饰，例如给文字添加下画线、顶画线和删除线，主要是通过 text-decoration 属性来实现这些效果的。

语法：**text-decoration : underline || blink || overline || line-through | none**

参数：underline 为下画线；blink 为闪烁；overline 为上画线；line-through 为贯穿线；none 为无装饰。

说明：设置对象中文本的修饰。对象 a、u、ins 的文本修饰默认值为 underline。对象 strike、s、del 的文本修饰默认值是 line-through。如果应用的对象不是文本，则此属性不起作用。

【演练 6-5】 字体修饰设置，本例文件 6-5.html 的显示效果如图 6-5 所示。

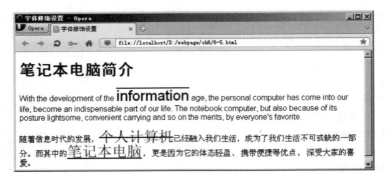

图 6-5 文件 6-5.html 的显示效果

代码如下：

```
<!doctype html>
<html>
<head>
<meta charset="gb2312">
<title>字体修饰设置</title>
<style type="text/css">
    h1{
        font-family:黑体;
    }
    p{
        font-family: Arial, "Times New Roman";
    }
    .one {
        font-size:30px;
        text-decoration: overline;
    }/*设置上画线*/
    .two {
        font-size:30px;
        text-decoration: line-through;
    }/*设置贯穿线*/
    .three {
        font-size:30px;
        text-decoration: underline;
    }/*设置下画线*/
</style>
</head>
<body>
<h1>笔记本电脑简介</h1>
    <p>With the development of the <span class="one">information</span> age, the personal computer has come into our life, become an indispensable part of our life. The notebook computer, but also because of its posture lightsome, convenient carrying and so on the merits, by everyone's favorite.</p>
    <p>随着信息时代的发展，<span class="two">个人计算机</span>已经融入我们生活，成为了我们生活不可或缺的一部分。而其中的<span class="three">笔记本电脑</span>，更是因为它的体态轻盈、
```

携带便捷等优点，深受大家的喜爱。</p>

         </body>

         </html>

【说明】　本例中只演示了 overline、line-through 和 underline 三种文字修饰效果，另外还有一个 blink 属性值能够使文字不断闪烁，但是由于 IE 浏览器不支持该效果，所以在 IE 浏览器中文字没有闪烁，浏览者可以在 Opera 浏览器中看到设置为 blink 属性值的文字的闪烁效果。

6.1.6　设置字体的阴影

在 CSS 3 中新增了设置字体阴影的功能，它是通过 text-shadow 属性来实现这个效果的。

语法：**text-shadow :color ||length || length||opacity**

参数：无参数。

color：指定颜色。

length：由浮点数字和单位标识符组成的长度值，允许为负值，指定阴影的水平延伸距离，第一个 length 指定阴影的水平延伸距离。第二个 length 指定阴影的垂直延伸距离。

opacity：由浮点数字和单位标识符组成的长度值，不允许为负值，指定模糊效果的作用距离。如果用户仅仅需要模糊效果，则将前两个 length 全部设定为 0。

说明：设置或检索对象中文本的文字是否有阴影及模糊效果。

示例：

        <div style="font-size: 3.2em;text-shadow:5px 2px 6px #0000ff;">

          文字阴影　text-shadow

        </div>

text-shadow 属性的显示效果如图 6-6 所示。

图 6-6　text-shadow 属性的显示效果

6.2　设置段落的样式

网页的排版离不开对文字段落的设置，本节主要讲述常用的段落样式，包括文字对齐方式、段落首行缩进、首字下沉、行高和文本换行等。

6.2.1　设置文字的对齐方式

使用 CSS 样式可以设置文字的对齐方式，它是通过 text-align 属性来实现这些效果的。

语法：**text-align : left | right | center | justify**

参数：left 为左对齐，right 为右对齐，center 为居中，justify 为两端对齐。

说明：设置对象中文本的对齐方式。

示例：

```
<p style=" text-align: center; ">
居中对齐的文字
</p>
<p style=" text-align: left; ">
居左对齐的文字
</p>
<p style=" text-align: right; ">
居右对齐的文字
</p>
```

text-align 属性的显示效果如图 6-7 所示。

图 6-7　text- align 属性的显示效果

6.2.2　设置首行缩进

首行缩进指的是段落的第一行从左向右缩进一定的距离，而首行以外的其他行保持不变，其目的是为了便于阅读和区分文章整体结构。

在 Web 页面中，将段落的第一行进行缩进，同样是一种比较常用的文本格式化效果。在 CSS 样式中利用 text-indent 属性可以方便地实现文本缩进。

语法：**text-indent : length**

参数：length 为百分比数字或由浮点数字、单位标识符组成的长度值，允许为负值。

说明：设置对象中文本段落的缩进。本属性只应用于整块的内容。

【演练 6-6】 设置首行缩进，本例文件 6-6.html 的显示效果如图 6-8 所示。

图 6-8　文件 6-6.html 的显示效果

在【演练 6-1】的基础上，本例只修改了段落的 CSS 定义，代码如下：

```
p{
    font-family: Arial, "Times New Roman";
    text-indent:2em;                      /*设置段落缩进两个相对长度*/
}
```

【说明】 text-indent 属性以各种长度为属性值，为了缩进两个中文字符的距离，经常使用的"2em"这个距离。1em 等于一个中文字符，两个英文字符相当于一个中文字符，因此，细心的读者一定发现英文段落的首行缩进了 4 个英文字符。如果用户需要英文段落的首行缩进两个英文字符，只需将首行缩进的属性设置为"text-indent:1em;"即可。

6.2.3 设置首字下沉

在许多文档的排版中经常出现首字下沉的效果，所谓首字下沉指的是设置段落第一行第一个字的字体变大，并且向下一定的距离，而段落的其他部分保持不变。

在 CSS 样式中伪对象":first-letter"可以实现对象内第一个字符的样式控制。

【演练 6-7】 设置首字下沉，本例文件 6-7.html 的显示效果如图 6-9 所示。

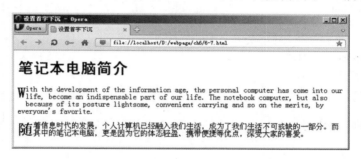

图 6-9　文件 6-7.html 的显示效果

在【演练 6-1】的基础上，本例只修改了段落的 CSS 定义，代码如下：

```
p:first-letter {
    float:left;              /*设置浮动，其目的是占据多行空间*/
    font-size:2em;           /*设置下沉字体大小为其他字体的 2 倍*/
    font-weight:bold;        /*设置首字体加粗显示*/
}
```

【说明】 如果不使用伪对象":first-letter"来实现首字下沉的效果，就要对段落中第一个文字添加<span>标签，然后定义<span>标签的样式。但是这样做的后果是，每个段落都要对第一个文字添加<span>标签，非常烦琐。因此，使用伪对象":first-letter"来实现首字下沉提高了网页排版的效率。

6.2.4 设置行高

段落中两行文字之间垂直的距离称为行高。在 HTML 中是无法控制行高的，在 CSS 样式中，使用 line-height 属性控制行与行之间的垂直间距。

语法：**line-height : length | normal**

参数：length 为由百分比数字或由数值、单位标识符组成的长度值，允许为负值。其百分比取值是基于字体的高度尺寸。normal 为默认行高。

说明：设置对象的行高。

【演练 6-8】 设置行高，本例文件 6-8.html 的显示效果如图 6-10 所示。

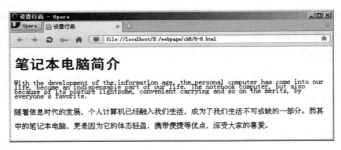

图 6-10　文件 6-8.html 的显示效果

代码如下：

```
<!doctype html>
<html>
<head>
<meta charset="gb2312">
<title>设置行高</title>
<style type="text/css">
    h1{
        font-family:黑体;
    }
    p.english {
        line-height:10px;          /*使用像素值设置行高为 10px*/
    }
    p.chinese {
        line-height:200%;          /*使用百分比值设置行高为 200%*/
    }
</style>
</head>
<body>
<h1>笔记本电脑简介</h1>
<p class="english">With the development of the information age, the personal computer has come into
our life, become an indispensable part of our life. The notebook computer, but also because of its posture
lightsome, convenient carrying and so on the merits, by everyone's favorite.</p>
<p class="chinese">随着信息时代的发展，个人计算机已经融入我们生活，成为了我们生活不可或
缺的一部分。而其中的笔记本电脑，更是因为它的体态轻盈、携带便捷等等优点，深受大家的喜爱。
</p>
</body>
</html>
```

【说明】 需要注意的是，使用像素值对行高进行设置固然可以，但如果将当前文字字号

放大或缩小，原本适合的行间距也会变得过紧或过松。解决的方法是，在 line-height 属性中使用百分比或数值对行高进行设置。因为设置的百分比值基于当前字体尺寸的百分比行间距，而没有单位的数值会与当前的字体尺寸相乘，使用相乘的结果来设置行间距，不会出现因文字字号变化而行间距不变的情况。

6.2.5 设置文本换行

在 CSS 3 中新增了设置文本换行的功能，它是通过 word-wrap 属性来实现这个效果的。

语法：**word-wrap ： normal | break-word**

参数：无参数。

normal：默认选项，控制连续文本换行，只在允许的断点截断文字，如连字符。

break-word：内容将在边界内换行，文字可以在任何需要的地方截断以匹配分配的空间并防止溢出。

说明：设置或检索当前行超过指定容器的边界时是否断开换行，防止太长的字符串溢出。

示例：

```
<div style="width:610px;word-wrap:break-word;border:1px solid #0000ff;">
wordwrapbreakwordwordwrapbreakwordwordwrapbreakwordwordwrapbreakwordwordwrapbreakword
wordwrapbreakwordwordwrapbreakwordwordwrapbreakword
</div>
```

word-wrap 属性的显示效果如图 6-11 所示。

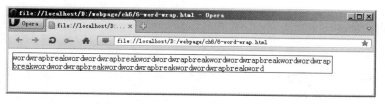

图 6-11　word-wrap 属性的显示效果

6.3　设置图片样式

图片是网页中不可缺少的元素，它能使页面更加丰富多彩，能让人更直观地感受网页所要传达的信息。本节详细介绍使用 CSS 样式设置图片风格样式的方法，包括图片的边框和图片的缩放等。

作为单独的图片本身，其很多属性可以直接在 HTML 中进行调整，但是通过 CSS 样式进行统一管理，不但可以更加精确地调整图片的各种属性，还可以实现很多特殊的效果。首先讲解使用 CSS 样式设置图片基本属性的方法，为进一步深入学习打下基础。

6.3.1 图片的边框

在 HTML 中可以直接通过<img>标记的 border 属性为图片添加边框，属性值为边框的粗细，以像素为单位，从而控制边框的粗细。当设置 border 属性值为 0 时，则显示为没有边框。例如以下示例代码：

```
<img src="img.jpg" border="0">          <!--显示为没有边框-->
<img src="img.jpg" border="2">          <!--设置边框的粗细为 2px-->
```

但是使用这种方法存在很大的限制，即所有的边框都只能是黑色，而且风格十分单一，都是实线，只是在边框粗细上能够进行调整。

如果希望更换边框的颜色，或者换成虚线边框，仅仅依靠 HTML 是无法实现的。下面的实例讲解了如何用 CSS 样式美化图片的边框。

【演练 6-9】 设置图片边框，本例文件 6-9.html 的显示效果如图 6-12 所示。

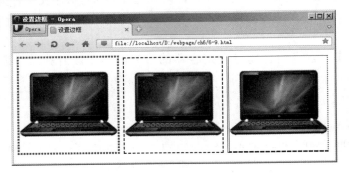

图 6-12　文件 6-9.html 的显示效果

代码如下：

```
<!doctype html>
<html>
<head>
<meta charset="gb2312">
<title>设置边框</title>
<style type="text/css">
.test1{
    border-style:dotted;                        /*点画线边框*/
    border-color:#996600;                       /*边框颜色为金黄色*/
    border-width:4px;                           /*边框粗细为 4px*/
}
.test2{
    border-style:dashed;                        /*虚线边框 */
    border-color:blue;                          /*边框颜色为蓝色*/
    border-width:2px;                           /*边框粗细为 2px*/
}
.test3{
    border-style:solid dotted dashed double;    /*边框线型依次为实线、点画线、虚线和双线边框*/
    border-color:red green blue purple;         /*边框颜色依次为红色、绿色、蓝色和紫色*/
    border-width:1px 2px 3px 4px;               /*边框粗细依次为 1px、2px、3px 和 4px*/
}
```

```
</style>
</head>
<body>
  <img src="images/note.jpg" class="test1">
  <img src="images/note.jpg" class="test2">
  <img src="images/note.jpg" class="test3">
</body>
</html>
```

【说明】　如果希望分别设置 4 条边框的不同样式，在 CSS 中也是可以实现的，只需要分别设置 border-left、border-right、border-top 和 border-bottom 的样式即可，依次对应于左、右、上和下 4 条边框。

6.3.2　图片的缩放

使用 CSS 样式控制图片的大小，可以通过 width 和 height 两个属性来实现。需要注意的是，当 width 和 height 两个属性的取值使用百分比数值时，它是相对于父元素而言的。如果将这两个属性设置为相对于 body 的宽度或高度，就可以实现当改变浏览器窗口大小时，图片大小也发生相应变化的效果。

【演练 6-10】　设置图片缩放，本例文件 6-10.html 的显示效果如图 6-13 所示。

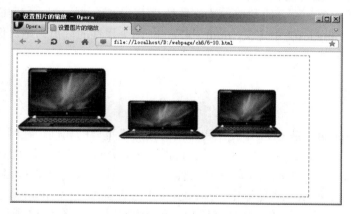

图 6-13　文件 6-10.html 的显示效果

代码如下：

```
<!doctype html>
<html>
<head>
<meta charset="gb2312">
<title>设置图片的缩放</title>
<style type="text/css">
#box {
width:600px;
height:300px;
border:2px dashed #9c3;
```

```
    }
    img.test1{
        width:30%;                                    /*相对宽度为父元素的 30% */
        height:40%;                                   /*相对高度为父元素的 40% */
    }
    img.test2{
        width:150px;                                  /*绝对宽度为 150px */
        height:150px;                                 /*绝对高度为 150px */
    }
    </style>
    </head>
    <body>
    <div id="box">
        <img src="images/note.jpg">                   <!--图片的原始大小-->
        <img src="images/note.jpg" class="test1">     <!--相对于父元素缩放的大小-->
        <img src="images/note.jpg" class="test2">     <!--绝对像素缩放的大小-->
    </div>
    </body>
    </html>
```

【**说明**】 本例中图片的父元素为 id="box"的 Div 容器，在 img.test1 中定义 width 和 height 两个属性的取值为百分比数值，该值是相对于 id="box"的 Div 容器而言的，而不是相对于图片本身。而 img.test2 中定义 width 和 height 两个属性的取值为绝对像素值，图片将按照定义的像素值显示大小。

6.4 设置背景

背景（background）是 CSS 中使用率很高，且非常重要的属性。在网页设计中，无论是单一的纯色背景，还是加载的背景图片，都能够给整个页面带来丰富的视觉效果。

需要注意的是，背景占据元素的所有内容区域，包括 padding 和 border，但不包括元素的 margin。在 Opera 和 IE 8 浏览器中，background 包括 padding 和 border，如图 6-14 所示。在 IE 6 和 IE 7 浏览器中，background 没把 border 计算在内，如图 6-15 所示。

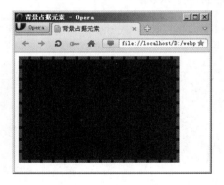

图 6-14 Opera 浏览器中背景的效果

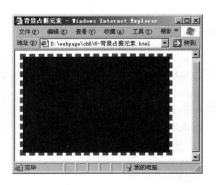

图 6-15 IE 6 浏览器中背景的效果

6.4.1 设置背景颜色

在 HTML 中，设置网页的背景颜色利用的是<body>标记中的 bgcolor 属性，而在 CSS 中不但可以设置网页的背景颜色，还可以设置文字的背景颜色。

在 CSS 中，网页元素的背景颜色使用 background-color 属性来设置，属性值为某种颜色。颜色值的表示方法和第 4 章中介绍的设置色彩的方法相同。

语法：**background-color : color | transparent**

参数：color 指定颜色，请参阅颜色单位；transparent 使背景色透明。

说明：设置对象的背景颜色，即设定对象后面固定的颜色。

【演练 6-11】 设置背景颜色，本例文件 6-11.html 的显示效果如图 6-16 所示。

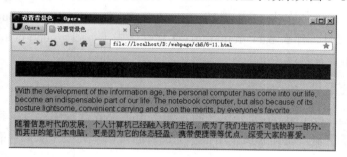

图 6-16　文件 6-11.html 的显示效果

在【演练 6-1】的基础上，本例增加了 body 背景色的定义，并为 h1 和 p 增加了背景色的定义，代码如下：

```
body{
    background-color:#ddd;                          /*十六进制色彩的背景色*/
}
h1{
    font-family:黑体;
    background-color:red;                           /*英文色彩名称的背景色*/
}
p{
    font-family: Arial, "Times New Roman";
    background-color:rgb(0,255,0);                  /*rgb 函数的背景色*/
}
```

【说明】 需要说明的是，background-color 属性默认值为透明，如果没有为元素指定背景色，则背景色就是透明的，这样才能看见其父元素的背景。

6.4.2 设置背景图像

在 CSS 样式中，可以使用 background-image 属性设置背景图像来美化网页。

语法：**background-image : url(url) | none**

参数：url 为使用绝对或相对地址指定背景图像的地址。none 表示无背景图。

说明：设置对象的背景图像。若把图像添加到整个浏览器窗口，可以将其添加到<body>标签。

【演练 6-12】 设置背景图像，本例文件 6-12.html 的显示效果如图 6-17 所示。

代码如下：

```
body {
background-color:blue;
background-image:url(images/note.jpg);
background-repeat:no-repeat;
}
```

图 6-17　文件 6-12.html 的显示效果

【说明】 需要说明的是，如果网页中某元素同时具有 background-image 属性和 background-color 属性，那么 background-image 属性优先于 background-color 属性，也就是说背景图片永远覆盖于背景色之上。

6.4.3　设置背景重复

背景重复（background-repeat）属性的主要作用是设置背景图片以何种方式在网页中显示。通过设置背景重复，设计人员使用很小的图片就可以填充整个页面，有效地减少图片字节的大小。

在默认情况下，图像会自动向水平和竖直两个方向平铺。如果不希望平铺，或者只希望沿着一个方向平铺，可以使用 background-repeat 属性来控制。

语法：**background-repeat : repeat | no-repeat | repeat-x | repeat-y**

参数：repeat 表示背景图像在纵向和横向平铺，no-repeat 表示背景图像不平铺，repeat-x 表示背景图像在横向平铺，repeat-y 表示背景图像在纵向平铺。

说明：设置对象的背景图像是否平铺及如何平铺。必须先指定对象的背景图像。

【演练 6-13】 设置背景重复，本例文件 6-13.html 的显示效果如图 6-18 所示。

如图 6-18a 所示，背景重复的 CSS 定义代码如下：

```
body {
background-color:blue;
background-image:url(images/note.jpg);
background-repeat: repeat;
}
```

如图 6-18b 所示，背景不重复的 CSS 定义代码如下：

```
body {
background-color:blue;
background-image:url(images/note.jpg);
background-repeat: no-repeat;
}
```

如图 6-18c 所示，背景水平重复的 CSS 定义代码如下：

```
body {
background-color:blue;
background-image:url(images/note.jpg);
background-repeat: repeat-x;
}
```

如图 6-18d 所示，背景垂直重复的 CSS 定义代码如下：

```
body {
background-color:blue;
background-image:url(images/note.jpg);
background-repeat: repeat-y;
}
```

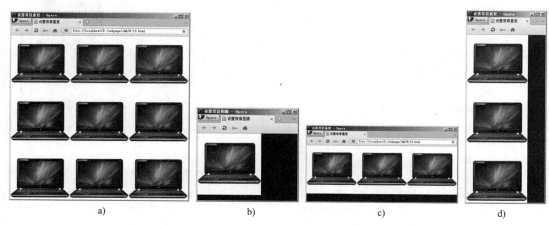

图 6-18　文件 6-13.html 的显示效果

a) 背景重复　b) 背景不重复　c) 背景水平重复　d) 背景垂直重复

6.4.4　设置背景定位

在 CSS 样式中，可以使用 background-position 属性改变背景图像在元素中的位置，其属性值可以是关键字，也可以是具体的长度值或百分比数值。

语法：

background-position : length || length

background-position : position || position

参数：length 为百分数或者由数字和单位标识符组成的长度值。position 可取 top、center、bottom、left、center、right 其中之一。

说明：设置对象的背景图像位置，即精确控制背景图像相对于对象的显示位置。在设置 background-position 属性之前，必须先指定 background-image 属性。该属性默认值为（0% 0%）。如果只指定了第一个值，该值将用于横坐标，纵坐标将默认为 50%。第二个值将用于纵坐标。该属性定位不受对象 padding 属性设置的影响。

设置背景定位有以下 3 种方法。

1. 使用关键字进行背景定位

关键字参数的取值及含义如下：

top：将背景图像同元素的顶部对齐。

bottom：将背景图像同元素的底部对齐。

left：将背景图像同元素的左边对齐。

right：将背景图像同元素的右边对齐。

center：将背景图像相对于元素水平居中或垂直居中。

【演练 6-14】 使用关键字进行背景定位，本例文件 6-14.html 的显示效果如图 6-19 所示。

代码如下：

图 6-19　文件 6-14.html 的显示效果

```
<!doctype html>
<html>
<head>
<meta charset="gb2312">
<title>设置背景定位</title>
<style type="text/css">
body {
    background-color:#3ff;
}
#box {
    width:400px;                              /*设置元素宽度*/
    height:300px;                             /*设置元素高度*/
    border:6px dashed #f33;                   /*边框为粗细 6px 的红色虚线*/
    background-image:url(images/note.jpg);    /*设置背景图像*/
    background-repeat:no-repeat;              /*背景图像不重复*/
    background-position:right top;            /*定位背景向 box 的右、上对齐*/
}
</style>
</head>
<body>
<div id="box"></div>
</body>
</html>
```

【说明】 如果使用两个关键字进行背景定位，则第一个关键字对应的是水平方向，第二个关键字对应的是垂直方向。如果只出现一个关键字，则默认另一个关键字是 center。

2. 使用长度进行背景定位

长度参数可以对背景图像的位置进行更精确的控制，实际上定位的是图片左上角相对于元素左上角的位置。

【演练 6-15】 使用长度进行背景定位，本例文件 6-15.html 的显示效果如图 6-20 所示。

在【演练 6-14】的基础上，修改了 box 的 CSS 定义，代码如下：

```
#box {
    width:400px;                              /*设置元素宽度*/
    height:300px;                             /*设置元素高度*/
```

```
        border:6px dashed #f33;              /*边框粗细 6px 的红色虚线*/
        background-image:url(images/note.jpg);
        background-repeat:no-repeat;
        background-position: 150px 70px;
    /*定位背景在距 box 左 150px、距顶 70px 的位置*/
    }
```

3. 使用百分比进行背景定位

使用百分比进行背景定位，其实是将背景图像的百分比指定的位置和元素的百分比位置对齐。即百分比定位改变了背景图像和元素的对齐基点，不再像使用关键字或长度单位定位时，使用背景图像和元素的左上角为对齐基点。

【演练 6-16】 使用百分比进行背景定位，本例文件 6-16.html 的显示效果如图 6-21 所示。

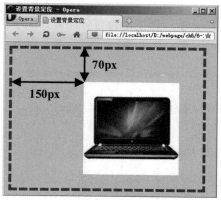
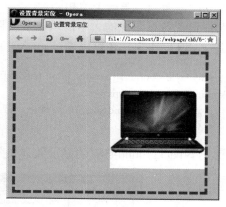

图 6-20 文件 6-15.html 的显示效果　　　图 6-21 文件 6-16.html 的显示效果

在【演练 6-14】的基础上，修改了 box 的 CSS 定义，代码如下：

```
#box {
    width:400px;                           /*设置元素宽度*/
    height:300px;                          /*设置元素高度*/
    border:6px dashed #f33;                /*边框为粗细 6px 的红色虚线*/
    background-image:url(images/note.jpg); /*设置背景图像*/
    background-repeat:no-repeat;           /*背景图像不重复*/
    background-position: 100% 50%;
/*定位背景在 box 容器 100%（水平方向）、50%（垂直方向）的位置*/
}
```

【说明】 本例中使用百分比进行背景定位时，其实就是将背景图像的"100%（right），50%（center）"这个点和 box 容器的"100%（right），50%（center）"这个点对齐。

6.4.5　设置背景大小

background-size 是 CSS 3 提供的一个新特性，它可以让用户随心所欲地控制背景图像的尺寸大小。

语法：**background-size ： [length | percentage | auto]{1,2} | cover | contain**

参数：auto：为默认值，保持背景图像的原始高度和宽度。

length：设置具体的值，可以改变背景图片的大小。

percentage：百分值，可以是 0%~100%之间的任何值，但此值只能应用在块元素上，所设置的百分值将使用背景图片大小根据所在元素宽度的百分比来计算。

cover：将图片放大以适合铺满整个容器，采用 cover 将背景图片放大到适合容器的大小，但这种方法会使用背景图片失真。

contain：此值刚好与 cover 相反，用于将背景图像缩小以适合铺满整个容器，这种方法同样会使用图片失真。

当 background-size 取值为 length 和 percentage 时，可以设置两个值，也可以设置一个值。当只取一个值时，第二个值相当于 auto，但这里的 auto 并不会使背景图像的高度保持自己的原始高度，而会与第一个值相同。

说明：设置背景图像的大小，以像素或百分比显示。当指定为百分比时，大小会由所在区域的宽度、高度决定，还可以通过 cover 和 contain 来对图片进行伸缩。请看以下示例：

<div style="border: 1px solid #00f; padding:90px 5px 10px; background:url(images/hills.jpg) no-repeat; background-size:100% 80px">

这里的 background-size: 100% 80px。背景图片将与 DIV 一样宽，高为 80px。

</div>

背景大小 background-size 的显示效果如图 6-22 所示。

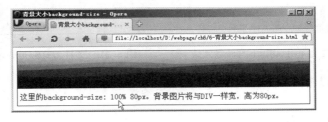

图 6-22　背景大小 background-size 的显示效果

6.5　图文混排

在 Word 中，有很多文字与图片的排版方式，在网页中同样可以通过 CSS 设置实现各种图文混排的效果。本节介绍利用 CSS 图文混排的具体方法。

图文混排就是将文字与图片混合排列，在网页设计与制作中具有实际意义。一般情况下，图文混排所使用的图片与正文都有一定的联系，因此在加载此类图片的时候，不再使用 CSS 样式中的 background-image 来实现，而是采用 HTML 中的<img>标签进行控制。

图文混排一般出现在介绍性的内容或新闻内页中，其关键在于处理图片与文字之间的关系。

【演练6-17】　图文混排，本例文件 6-17.html 的显示效果如图 6-23 所示。

图 6-23　文件 6-17.html 的显示效果

代码如下：

```
<!doctype html>
<html>
<head>
<meta charset="gb2312">
<title>图文混排</title>
<style type="text/css">
  body{
    background-color:#eaecdf;                    /*页面背景颜色*/
    margin:0px;
    padding:0px;
  }
  h1{
    font-family:黑体;
  }
  img{
    float:right;                                 /*文字环绕图片，图片右浮动*/
    padding-left:10px;                           /*设置左内边距*/
  }
  p{
    color:#000000;                               /*文字颜色*/
    margin:0px;                                  /*外边距为 0px*/
    padding-top:10px;                            /*上内边距为 10px*/
    padding-left:5px;                            /*左内边距为 5px*/
    padding-right:5px;                           /*右内边距为 5px*/
  }
  span{
    float:left;                                  /*向左浮动*/
    font-size:60px;                              /*首字放大*/
    font-family:黑体;
    margin:0px;                                  /*外边距为 0px*/
    padding-right:5px;                           /*右内边距为 5px*/
```

```
        }
    </style>
    </head>
    <body>
    <h1>笔记本电脑简介</h1>
    <img src="images/Dell.png" border="1">
    <p><span>W</span>ith the development of the information age, the personal computer has come into
our life, become an indispensable part of our life. The notebook computer, but also because of its posture
lightsome, convenient carrying and so on the merits, by everyone's favorite.</p>
    <p><span>随</span>着信息时代的发展，个人计算机已经融入我们生活，成为我们生活不可或缺
的一部分。而其中的笔记本电脑，更是因为它的体态轻盈、携带便捷等优点，深受大家的喜爱。</p>
    </body>
    </html>
```

【说明】 图文混排的重点就是将图片设置为浮动，本例中就是通过 img{float:right; }规则将图片设置为右浮动，并且设置左内边距为10px，目的是增加图片与文字之间的间隔。如果需要图片显示在文字的左侧，只需设置 img{float:left; }即可。

6.6 用 CSS 设置文本和图像综合案例

本节主要讲解"电脑学堂"页面下"作品展示"页面的制作，重点练习用 CSS 设置文本和图像的相关知识。

6.6.1 页面布局规划

页面布局的首要任务是弄清网页的布局方式，分析版式结构，待整体页面搭建有明确规划后，再根据成熟的规划切图。

通过成熟的构思与设计，"电脑学堂"页面下"作品展示"页面的效果如图 6-24 所示，页面布局示意图如图 6-25 所示。

图 6-24 "作品展示"页面的效果

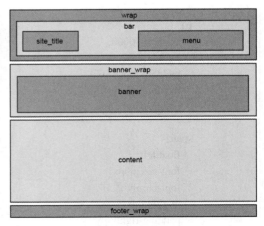

图 6-25 页面布局示意图

6.6.2 页面的制作过程

1. 前期准备

（1）栏目目录结构

在栏目文件夹下创建文件夹 images 和 style，分别用来存放图像素材和外部样式表文件。

（2）页面素材

将本页面需要使用的图像素材存放在 images 文件夹下。

（3）外部样式表

在 style 文件夹下新建一个名为 style.css 的样式表文件。

2. 制作页面

（1）页面整体的制作

页面整体 body 的 CSS 定义代码如下：

```
body {
  margin: 0;                              /*外边距为 0px*/
  padding: 0;                             /*内边距为 0px*/
  font-family: Verdana, Geneva, sans-serif;
  font-size: 12px;
  color: #666;
}
```

（2）页面顶部的制作

页面顶部的内容被放置在名为 **wrap** 的 Div 容器中，主要用来显示页面标志图片和导航菜单，如图 6-26 所示。

图 6-26　页面顶部的显示效果

CSS 代码如下：

```
#wrap {                                  /*页面顶部容器的 CSS 规则*/
  width: 100%;                           /*设置元素百分比宽度*/
  height: 100px;                         /*设置元素像素高度*/
  margin: 0 auto;                        /*设置元素自动居中对齐*/
}
#bar {                                   /*页面顶部区域的 CSS 规则*/
  width: 980px;                          /*设置元素宽度*/
  height: 100px;                         /*设置元素高度*/
  margin: 0 auto;                        /*设置元素自动居中对齐*/
  background: url(../images/header.jpg) no-repeat center top;     /*背景图像不重复*/
}
#site_title {                            /*页面标志图片的 CSS 规则*/
  float: left;                           /*向左浮动*/
  padding: 20px 0 0 0;                   /*上、右、下、左的内边距依次为 20px、0px、0px、0px*/
```

151

```
    text-align: center;                                      /*文字居中对齐*/
    }
    #menu {                                                  /*导航菜单的 CSS 规则*/
    float: right;                                            /*向右浮动*/
    width: 515px;                                            /*设置元素宽度*/
    height: 100px;                                           /*设置元素高度*/
    padding: 0 0 0 0;                                        /*内边距为 0px*/
    margin: 0 auto;                                          /*设置元素自动居中对齐*/
    }
    #menu ul {                                               /*导航菜单列表的 CSS 规则*/
    margin: 0px;                                             /*外边距为 0px*/
    padding: 0;                                              /*内边距为 0px*/
    list-style: none;                                        /*列表无样式*/
    }
    #menu ul li {                                            /*导航菜单列表选项的 CSS 规则*/
    padding: 0px;                                            /*内边距为 0px*/
    margin: 0px;                                             /*外边距为 0px*/
    display: inline;                                         /*内联元素*/
    }
    #menu ul li a {                                          /*导航菜单列表选项超链接的 CSS 规则*/
    float: left;                                             /*向左浮动*/
    display: block;                                          /*块级元素*/
    height: 20px;
    padding: 60px 20px 10px 20px;    /*上、右、下、左的内边距依次为 60px、20px、10px、20px*/
    margin-left: 2px;                                        /*左外边距为 2px*/
    text-align: center;                                      /*文字居中对齐*/
    font-size: 14px;
    text-decoration: none;                                   /*无修饰*/
    color:#000;
    font-weight: bold;
    }
    #menu li a:hover {                                       /*导航菜单列表选项鼠标经过的 CSS 规则*/
    color:#fff;
    background:url(../images/menu_hover.png) repeat-x top;       /*背景图像水平重复*/
    }
```

（3）页面广告条的制作

页面广告条的内容被放置在名为 banner_wrap 的 Div 容器中，主要用来显示广告背景图片和宣传语，如图 6-27 所示。

图 6-27　页面广告条的效果

CSS 代码如下：

```
#banner_wrap {                                    /*广告条容器的 CSS 规则*/
    clear: both;                                  /*清除浮动*/
    width: 100%;                                  /*设置元素百分比宽度*/
    height: 350px;                                /*设置元素像素高度*/
    margin: 0 auto;                               /*设置元素自动居中对齐*/
}
#banner {                                         /*广告条区域的 CSS 规则*/
    width: 980px;                                 /*设置元素宽度*/
    height: 250px;                                /*设置元素高度*/
    margin: 0 auto;                               /*设置元素自动居中对齐*/
    padding: 50px 0;                              /*上、下内边距为 50px、右、左内边距为 0px*/
    background:url(../images/banner.jpg) no-repeat center;    /*背景图像不重复*/
}
#banner p {                                       /*广告条区域中段落的 CSS 规则*/
    font-family:"黑体";
    font-size:20px;
    color: #000;
    line-height: 40px;                            /*行高为 40px*/
}
```

（4）页面中部的制作

页面中部的内容被放置在名为 content 的 Div 容器中，主要用来显示作品展示区的摄影图片及文字说明，如图 6-28 所示。

图 6-28　页面中部的效果

CSS 代码如下：

```
#content {                                        /*页面中部容器的 CSS 规则*/
    width: 960px;                                 /*设置元素宽度*/
    height:350px;                                 /*设置元素高度*/
    margin: 0 auto;                               /*设置元素自动居中对齐*/
    padding: 30px 10px;                           /*上、下内边距为 30px，右、左内边距为 10px*/
    background: #fff;
}
.pic_box {                                        /*图片和文字容器的 CSS 规则*/
```

```
    float: left;                                    /*向左浮动*/
    width: 210px;                                   /*设置元素宽度*/
    padding-bottom: 20px;                           /*下内边距为 20px*/
    margin-bottom: 20px;                            /*下外边距为 20px*/
    margin-right:30px;                              /*右外边距为 30px*/
    border-bottom: 1px dotted #999;                 /*下边框为 1px 灰色点画线*/
}
h2 {                                                /*作品展示二级标题的 CSS 规则*/
    margin: 0 0 30px 0;                /*上、右、下、左的外边距依次为 0px、0px、30px、0px*/
    padding: 10px 0;                   /*上、下内边距为 10px，右、左内边距为 0px*/
    font-size: 34px;
    font-family:"黑体";
    font-weight: normal;
    color: #808e04;
}
h3 {                                                /*文字说明三级标题的 CSS 规则*/
    margin: 0 0 10px 0;                /*上、右、下、左的外边距依次为 0px、0px、10px、0px*/
    padding: 0px;                                   /*内边距为 0px*/
    font-size: 20px;
    font-weight: bold;
    color: #808e04;
}
p {
    margin: 10px;
    padding: 0px;
}
img {                                               /*图片的 CSS 规则*/
    margin: 0px;                                    /*外边距为 0px*/
    padding: 0px;                                   /*内边距为 0px*/
    border: none;
}
.thumb_wrapper {                                    /*图片容器的 CSS 规则*/
    width: 198px;
    height: 158px;
    padding: 6px;                                   /*内边距为 6px*/
    background:url(../images/thumb_frame.png) no-repeat;    /*背景图像不重复*/
}
```

（5）页面底部的制作

页面底部的内容被放置在名为 footer_wrap 的 Div 容器中，主要用来显示版权信息，如图 6-29 所示。

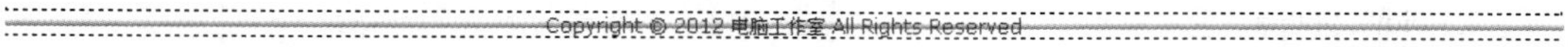

Copyright © 2012 电脑王作室 All Rights Reserved

图 6-29　页面底部的效果

CSS 代码如下：

```
#footer_wrap {
    width: 100%;
```

```
    margin: 0 auto;
    background:url(../images/footer_top.jpg) repeat-x top;          /*背景图像水平重复*/
    text-align:center;
    }
```

（6）页面结构代码

为了使读者对页面的样式与结构有一个全面的认识，最后说明整个页面（index.html）的结构代码，代码如下：

```
<!doctype html>
<html>
<head>
<meta charset="gb2312">
<title>电脑之星作品展示</title>
<link href="style/style.css" rel="stylesheet" type="text/css" />
</head>
<body>
<div id="wrap">
    <div id="bar">
        <div id="site_title"><img src="images/logo.png" width="229" height="68" /></div>
        <div id="menu">
            <ul>
                <li><a href="index.html"><span></span>首页</a></li>
                <li><a href="#"><span></span>文章</a></li>
                <li><a href="#"><span></span>微博</a></li>
                <li><a href="#"><span></span>作品</a></li>
                <li><a href="#"><span></span>关于</a></li>
            </ul>
        </div>
    </div>
</div>
<div id="banner_wrap">
    <div id="banner">
        <p>电脑之星是由几位热爱旅游摄影的人共同开办的。</p>
        <p>我们愿意通过努力，结识五湖四海的驴友。</p>
        <p>这是令人兴奋的事情和难忘的经历。</p>
    </div>
</div>
<div id="content">
    <h2>作品展示</h2>
    <div class="pic_box" id="pic_box1">
        <div class="thumb_wrapper"><a href="#"><img src="images/image_01.jpg" width="198"
height="146" /></a></div>
        <h3>作品 01</h3>
        <p>九寨沟蕴藏了丰富、珍贵的动植物资源。</p>
    </div>
    <div class="pic_box" id="pic_box2">
        <div class="thumb_wrapper"><a href="#"><img src="images/image_02.jpg" width="198"
```

155

```
height="146" /></a></div>
    <h3>作品 02</h3>
    <p>我家住在黄土高坡，大风从这里吹过。</p>
  </div>
  <div class="pic_box" id="pic_box3">
    <div class="thumb_wrapper"><a href="#"><img src="images/image_03.jpg" width="198"
height="146" /></a></div>
    <h3>作品 03</h3>
    <p>珠穆朗玛峰是世界第一峰，你想来看看吗？</p>
  </div>
  <div class="pic_box" id="pic_box4">
    <div class="thumb_wrapper"><a href="#"><img src="images/image_04.jpg" width="198"
height="146" /></a></div>
    <h3>作品 04</h3>
    <p>欲把西湖比西子，淡妆浓抹总相宜</p>
  </div>
</div>
<div id="footer_wrap">Copyright &copy; 2012  电脑工作室  All Rights Reserved</div>
    </div>
  </body>
</html>
```

6.7　实训

制作电脑商城的"安全中心"页面，页面效果如图 6-30 所示，页面布局示意图如图 6-31
所示。

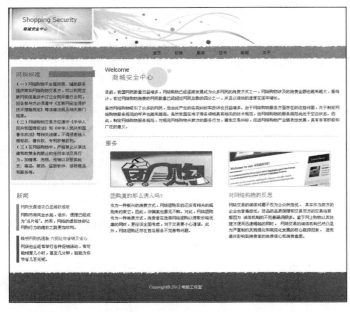

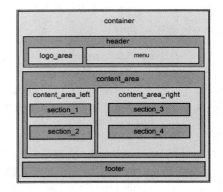

图 6-30　电脑商城的"安全中心"页面效果　　　　图 6-31　页面布局示意图

制作步骤如下。

1．前期准备

（1）栏目目录结构

在栏目文件夹下创建 images 和 style 文件夹，分别用来存放图像素材和外部样式表文件。

（2）页面素材

将本页面需要使用的图像素材存放在 images 文件夹下。

（3）外部样式表

在 style 文件夹下新建一个名为 style.css 的样式表文件。

2．制作页面

（1）制作页面的 CSS 样式

打开新建的 style.css 文件，定义页面的 CSS 规则，代码如下：

```
body {                                      /*页面整体的 CSS 规则*/
margin: 0;                                  /*外边距为 0px*/
padding:0;                                  /*内边距为 0px*/
font-family: Arial, Helvetica, sans-serif;
font-size: 12px;
line-height: 1.5em;                         /*行高为字符的 1.5 倍*/
width: 100%;
display: table;                             /*元素以表格单元格的形式呈现*/
background: url(../images/bg.jpg) repeat-x #fff;        /*背景图像水平重复*/
}
a:link, a:visited {        color: #494949; text-decoration: underline; }
a:active, a:hover { color: #494949; text-decoration: none;}
p{                                          /*段落的 CSS 规则*/
font-family: Tahoma;
font-size: 12px;
color: #484848;
text-align: justify;                        /*文字两端对齐*/
margin: 0 0 10px 0;                /*上、右、下、左的外边距依次为 0px、0px、10px、0px*/
}
h1 {                                        /*一级标题的 CSS 规则*/
font-family: Tahoma;
font-size: 18px;
color: #676767;
font-weight: normal;
margin: 0 0 15px 0;                /*上、右、下、左的外边距依次为 0px、0px、15px、0px*/
}
h2 {                                        /*二级标题的 CSS 规则*/
font-family: Tahoma;
font-size: 16px;
color: #0895d6;
font-weight: normal;
margin: 0 0 10px 0;                /*上、右、下、左的外边距依次为 0px、0px、10px、0px*/
}
```

```
h3 {                                      /*三级标题的 CSS 规则*/
font-family: Tahoma;
font-size: 11px;
color: #2780e4;
font-weight: normal;
margin: 0 0 5px 0;                        /*上、右、下、左的外边距依次为 0px、0px、5px、0px*/
}
#container {                              /*页面容器的 CSS 规则*/
width: 960px;
margin: auto;                            /*设置元素自动居中对齐*/
}
#header {                                /*页面头部区域的 CSS 规则*/
width: 960px;                            /*设置元素宽度*/
height: 157px;                           /*设置元素高度*/
background: url(../images/header.jpg) no-repeat;
background-position: 0 -2px;
margin: 0 0 0 -15px;                     /*上、右、下、左的外边距依次为 0px、0px、0px、-15px*/
padding: 1px 0 0 0;                      /*上、右、下、左的内边距依次为 1px、0px、0px、0px*/
}
#logo_area {                             /*页面头部标志区域的 CSS 规则*/
width: 175px;                            /*设置元素宽度*/
height: 60px;                            /*设置元素高度*/
margin: 25px 0 0 50px;                   /*上、右、下、左的外边距依次为 25px、0px、0px、50px*/
float: left;                             /*向左浮动*/
}
#logo {                                  /*页面头部标志区域上方文字的 CSS 规则*/
font-family: Tahoma;
font-size: 20px;
color: #0e8fcb;
margin: 0 0 5px 0;                       /*上、右、下、左的外边距依次为 0px、0px、5px、0px*/
}
#slogan {                                /*页面头部标志区域下方文字的 CSS 规则*/
float: left;                             /*向左浮动*/
font-family: Tahoma;
font-size: 12px;
color: #000;
font-style: italic ;                     /*文字斜体*/
margin: 5px 0 0 0;                       /*上、右、下、左的外边距依次为 5px、0px、0px、0px*/
}
#menu {                                  /*页面头部菜单区域的 CSS 规则*/
float: right;                            /*向右浮动*/
width: 960px;
height: 40px;
margin: 30px 0 0 0;                      /*上、右、下、左的外边距依次为 30px、0px、0px、0px*/
padding: 0 ;                             /*内边距为 0px*/
}
```

```css
#menu ul {                                  /*页面头部菜单区域列表的 CSS 规则*/
    float: right;                           /*向右浮动*/
    margin: 0px;                            /*外边距为 0px*/
    padding: 0 0 0 0;                       /*内边距为 0px*/
    width: 550px;
    list-style: none;
}
#menu ul li {                               /*菜单列表选项的 CSS 规则*/
    display: inline;                        /*内联元素*/
}
#menu ul li a {                             /*菜单列表选项超链接的 CSS 规则*/
    float: left;                            /*向左浮动*/
    padding: 11px 20px;                     /*上、下内边距为 11px，右、左内边距为 20px*/
    text-align: center;                     /*文字居中对齐*/
    font-size: 12px;
    text-align: center;
    text-decoration: none;
    background: url(../images/menu_divider.png) center right no-repeat;
    color: #2a5f00;
    font-family: Tahoma;
    font-size: 12px;
    outline: none;                          /*不显示轮廓*/
}
#menu li a:hover {                          /*菜单列表选项鼠标经过的 CSS 规则*/
    color: #fff;
}
#content_area {                             /*页面中部区域的 CSS 规则*/
    width: 960px;                           /*设置元素宽度*/
    margin: 20px 0 0 0;                     /*上、右、下、左的外边距依次为 20px、0px、0px、0px*/
}
#content_area_left {                        /*页面中部左侧区域的 CSS 规则*/
    float: left;                            /*向左浮动*/
    width: 250px;
}
#content_area_right {                       /*页面中部右侧区域的 CSS 规则*/
    float:right;                            /*向右浮动*/
    width: 685px;
}
.section_1{                                 /*页面中部左侧上方区域（网购标准）的 CSS 规则*/
    width: 250px;
    margin: 0 0 10px 0;                     /*上、右、下、左的外边距依次为 0px、0px、10px、0px*/
}
.section_1 .top {                           /*网购标准区域顶部的 CSS 规则*/
    width: 250px;
    height: 33px;
    background: url(../images/section_1_top.jpg) left no-repeat;
```

```css
}
.top h1 {                                                /*网购标准区域顶部一级标题的 CSS 规则*/
display:block;                                           /*块级元素*/
float: left;                                             /*向左浮动*/
margin: 15px 0 0 15px;                                   /*上、右、下、左的外边距依次为 15px、0px、0px、15px*/
}
.top span.title {                                        /*网购标准区域顶部 span 的 CSS 规则*/
float: right;                                            /*向右浮动*/
display: block;                                          /*块级元素*/
font-family: Tahoma;
font-size: 10px;
color: #000;
margin: 15px 25px 0 0;                                   /*上、右、下、左的外边距依次为 15px、25px、0px、0px*/
}
.section_1 .middle {                                     /*网购标准区域中间的 CSS 规则*/
width: 250px;
background: url(../images/section_1_mid.jpg) left repeat-y;        /*背景图像垂直重复*/
}
.section_1 .bottom {                                     /*网购标准区域底部的 CSS 规则*/
width: 210px;
background: url(../images/section_1_bottom.jpg) bottom left   no-repeat;
padding: 10px 20px 5px 15px;                             /*上、右、下、左的内边距依次为 10px、20px、5px、15px*/
}
.h_line {                                                /*水平分隔线的 CSS 规则*/
width: 100%;
clear: both;                                             /*清除浮动*/
height: 1px;
background: url(../images/h_line.jpg);
margin: 0 0 10px 0;                                      /*上、右、下、左的外边距依次为 0px、0px、10px、0px*/
}
.section_2 {                                             /*页面中部左侧下方区域（新闻）的 CSS 规则*/
width: 220px;
margin: 0 0 10px 0 ;                                     /*上、右、下、左的外边距依次为 0px、0px、10px、0px*/
padding: 15px 15px 5px 15px;                             /*上、右、下、左的内边距依次为 15px、15px、5px、15px*/
}
.section_2 .green {                                      /*新闻区域 green 类的 CSS 规则*/
border-left: 8px solid #64d608;                          /*左边框为 8px 绿色实线*/
padding: 0 0 0 5px;                                      /*上、右、下、左的内边距依次为 0px、0px、0px、5px*/
margin: 0 0 15px 0;                                      /*上、右、下、左的外边距依次为 0px、0px、15px、0px*/
}
.section_2 .blue {                                       /*新闻区域 blue 类的 CSS 规则*/
border-left: 8px solid #0895d6;                          /*左边框为 8px 蓝色实线*/
padding: 0 0 0 5px;                                      /*上、右、下、左的内边距依次为 0px、0px、0px、5px*/
margin: 0 0 15px 0;                                      /*上、右、下、左的外边距依次为 0px、0px、15px、0px*/
}
.section_3 {                                             /*页面中部右侧上方区域（欢迎信息）的 CSS 规则*/
```

```css
    width: 685px;
    margin: 0 0 20px 0;                        /*上、右、下、左的外边距依次为 0px、0px、20px、0px*/
    background: url(../images/section_3_bg.jpg) no-repeat;
    background-position: 105px -5px;
}
.section_3 h1{                                 /*欢迎信息区域一级标题的 CSS 规则*/
    margin: 0 0 5px 0;                         /*上、右、下、左的外边距依次为 0px、0px、5px、0px*/
}
span.blue_title {                             /*欢迎信息区域蓝色标题的 CSS 规则*/
    font-family: Arial;
    font-size: 20px;
    color: #0895d6;
    display: block;                            /*块级元素*/
    margin: 0 0 25px 20px;                     /*上、右、下、左的外边距依次为 0px、0px、25px、20px*/
}
.section_4 {                                   /*页面中部右侧下方区域（服务）的 CSS 规则*/
    width: 685px;
    margin: 0 0 15px 0;                        /*上、右、下、左的外边距依次为 0px、0px、15px、0px*/
}
.two_col {                                     /*服务区域两列的 CSS 规则*/
    width: 310px;
    padding: 0 15px 15px 15px;                 /*上、右、下、左的内边距依次为 0px、15px、15px、15px*/
    margin: 0 0 20px 0;                        /*上、右、下、左的外边距依次为 0px、0px、20px、0px*/
}
.two_col img{                                 /*服务区域两列中图像的 CSS 规则*/
    margin: 0 0 10px 0;                        /*上、右、下、左的外边距依次为 0px、0px、10px、0px*/
}
.right {                                       /*服务区域两列中右列的 CSS 规则*/
    float: right;                              /*向右浮动*/
}
.left {                                        /*服务区域两列中左列的 CSS 规则*/
    float: left;                               /*向左浮动*/
}
.cleaner {                                     /*清除浮动的 CSS 规则*/
    clear: both;                               /*清除浮动*/
    height: 0;
    margin: 0;
    padding: 0;
}
#footer {                                      /*页面底部版权区域的 CSS 规则*/
    width: 100%;
    height: 52px;
    background: url(../images/footer_bg.jpg);
    color: #fff;
    text-align: center;
    padding: 36px 0 0 0;
```

```
        margin: 0;
        }
```

（2）制作页面的网页结构代码

为了使读者对页面的样式与结构有一个全面的认识，最后说明整个页面（index.html）的结构代码，代码如下：

```
<!doctype html>
<html>
<head>
<meta charset="gb2312">
<title>电脑商城安全中心</title>
<link href="style/style.css" rel="stylesheet" type="text/css" />
</head>
<body>
<div id="container">
  <div id="header">
    <div id="logo_area">
      <div id="logo">Shopping Security</div>
      <div id="slogan">商城安全中心</div>
    </div>
    <div id="menu">
      <ul>
        <li><a href="#">首页</a></li>
        <li><a href="#">标准</a></li>
        <li><a href="#">服务</a></li>
        <li><a href="#">证书</a></li>
        <li><a href="#">新闻</a></li>
        <li><a href="#">关于</a></li>
      </ul>
    </div>
  </div>
  <div id="content_area">
    <div id="content_area_left">
      <div class="section_1">
        <div class="top">
          <h1>网购标准</h1>
        </div>
        <div class="middle">
          <div class="bottom">
            <p> （一）网络购物平台提供商、辅助服务提供商和网络购物交易方，可以利用互
联网和信息技术订立合同并履行合同，……（此处省略文字）</p>
          </div>
        </div>
      </div>
      <div class="h_line"></div>
      <div class="section_2">
        <h1>新闻</h1>
```

```
            <div class="green">
                <h3>网购发票难求凸显维权短板</h3>
                <p>网购市场风生水起，低价、便捷已经成为&quot;名片箱&quot;。然而，网络的虚拟
性却让网购行为的维权之路更加坎坷。<br />
                </p>
            </div>
            <div class="blue">
                <h3>精明网购抗通胀六招让你省钱又省心<br />
                </h3>
                <p>网店也会经常举行各种促销活动，有可能相差几小时，……（此处省略文字）
</p>
            </div>
        </div>
    </div>
    <div id="content_area_right">
        <div class="section_3">
            <h1>Welcome</h1>
            <span class="blue_title">商城安全中心</span>
            <p>目前，我国网民数量日益增多，网络购物已经逐渐发展……（此处省略文字）</p>
        </div>
        <div class="h_line"></div>
        <div class="section_4">
            <h1>服务</h1>
            <div class="two_col left"> <img src="images/img_1.jpg" alt="Fruid" />
                <h2>团购真的那么诱人吗？</h2>
                <p>作为一种新兴的消费方式，网络团购目前还没有相关的……（此处省略文字）
</p>
            </div>
            <div class="two_col right"> <img src="images/img_2.jpg" alt="Free CSS Template" />
                <h2>对网络购物的反思</h2>
                <p>网络交易的诚信问题不仅为公众所担忧，其实作为卖方……（此处省略文字）
</p>
            </div>
            <div class="cleaner"></div>
        </div>
        <div class="cleaner"></div>
    </div>
    </div>
</div>
<div class="cleaner"></div>
<div id="footer"> Copyright&copy; 2012  电脑工作室 </div>
</body>
</html>
```

习题 6

1. 使用图文混排技术制作如图 6-32 所示的页面。

2．使用 CSS 对页面中的图像和文本加以控制，制作如图 6-33 所示的"售后服务中心"页面。

图 6-32　图文混排技术制作的页面

图 6-33　"售后服务中心"页面

3．使用 CSS 对页面中的图像和文本加以控制，制作如图 6-34 所示的"电脑技术"页面。

图 6-34　"电脑技术"页面

第7章　用CSS设置超链接和导航菜单

在一个网站中，所有页面都会通过超链接相互连接在一起，用户通过超链接在各个页面之间导航，这样才会形成一个有机的网站。在设计网站时，超链接与导航都是网页中重要的组成部分之一。

7.1　用CSS设置超链接

在网页中随处可见超链接，一个包含美观超链接的页面能给浏览者带来新鲜的感觉，而要实现超链接的多样化效果离不开CSS样式的辅助。

7.1.1　超链接伪类

超链接涉及一个新的概念——伪类。首先了解一下超链接的4种样式：

```
a:link {color: #ff0000}           /*未访问的超链接*/
a:visited {color: #00ff00}        /*已访问的超链接*/
a:hover {color: #ff00ff}          /*鼠标悬停时的超链接*/
a:active {color: #0000ff}         /*激活的超链接*/
```

以上分别定义了超链接未被访问时的链接样式、已被访问的链接样式、鼠标悬停时的超链接样式和激活的超链接样式。之所以称之为伪类，也就是说它不是一个真实的类。正常的类以点开始，后边连接一个名称，而它是以a开始，后边连接冒号，再连接状态限定字符。如a:hover的样式，只有当鼠标悬停到该超链接上时它才生效，而a:visited只对已访问过的超链接生效。

伪类使得浏览者体验大大提高，如设计人员可以设置鼠标悬停时改变颜色或下画线等属性来告知浏览者这个是可以单击的，设置已访问过的链接的颜色变灰暗或加删除线告知浏览者这个超链接的内容已访问过了。

超链接伪类的语法如下：

```
a : link { sRules }        /*设置a对象在被访问前的样式表属性。*/
a : visited { sRules }     /*设置a对象在超链接地址已被访问过时的样式表属性。*/
a : hover { sRules }       /*设置a对象在鼠标悬停时的样式表属性。*/
a : active { sRules }      /*设置a对象在被用户激活（按下鼠标未松手）时的样式表属性。*/
```

参数：sRules为样式表规则。

说明：样式表规则伪类可以指定a对象以不同的方式显示超链接，包括被访问前的超链接（links）、已访问超链接（visited links）、鼠标悬停时的超链接样式（hover links）和可激活超链接（active links）。对于无href属性（特性）的a对象，此伪类不发生作用。

7.1.2 改变文字超链接的外观

伪类中通过:link、:visited、:hover 和:active 来控制超链接内容被访问前、被访问后、鼠标悬停时及用户激活时的样式。需要说明的是，这 4 种状态的顺序不能颠倒，否则可能会导致伪类样式不能实现。并且这 4 种状态并不是每次都要用到，一般情况下只需要定义超链接标签的样式及:hover 伪类样式即可。

为了更清楚地理解如何使用 CSS 设置文字超链接的外观，下面介绍一个简单的示例。

【演练 7-1】 改变文字超链接的外观，鼠标未悬停时文字超链接的效果如图 7-1a 所示，鼠标悬停在文字超链接上时的效果如图 7-1b 所示。

a)   b)

图 7-1　改变文字超链接的外观

a) 鼠标未悬停时　b)鼠标悬停在文字超链接上时

代码如下：

```
<style type="text/css">
  .nav a {
    padding:8px 15px;
    text-decoration:none;                          /*正常状态无修饰*/
  }
  .nav a:hover {
    color:#ff7300;                                 /*鼠标悬停时改变颜色*/
    font-size:20px;                                /*鼠标悬停时字体放大*/
    text-decoration:underline;                     /*鼠标悬停时显示下画线*/
  }
</style>
<body>
<div class="nav">
    <a href="#">笔记本电脑</a>
    <a href="#">平板电脑</a>
    <a href="#">超级本</a>
</div>
</body>
```

【演练 7-2】 制作网页中不同区域的链接效果，鼠标经过导航区域的超链接风格（如图 7-2a 所示）与鼠标经过"和我联系"文字超链接风格（如图 7-2b 所示）截然不同，本例文件 7-2.html 在浏览器中显示的效果如图 7-2 所示。

代码如下：

```
<!doctype html>
<html>
```

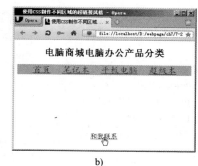

a) b)

图 7-2 使用 CSS 制作不同区域的超链接风格

a) 鼠标经过导航区域 b) 鼠标经过"和我联系"文字

```
<head>
<title>使用 CSS 制作不同区域的超链接风格</title>
<style type="text/css">
    a:link {                                    /*未访问的超链接*/
        font-size: 13pt;
        color: #0000ff;
        text-decoration: none;                  /*无修饰*/
    }
    a:visited {                                  /*访问过的超链接*/
        font-size: 13pt;
        color: #00ffff;
        text-decoration: none;                  /*无修饰*/
    }
    a:hover {                                    /*鼠标经过的超链接*/
        font-size: 13pt;
        color: #cc3333;
        text-decoration: underline;             /*下画线*/
    }
    .navi {
        text-align:center;                       /*文字居中对齐*/
        background-color: #cccccc;
    }
    .navi span{
        margin-left:10px;                        /*左外边距为 10px*/
        margin-right:10px;                       /*右外边距为 10px*/
    }
    .navi a:link {
        color: #ff0000;
        text-decoration: underline;              /*下画线*/
        font-size: 17pt;
        font-family: "华文楷体";
    }
    .navi a:visited {
        color: #0000ff;
        text-decoration: none;                   /*无修饰*/
```

```
            font-size: 17pt;
            font-family: "华文楷体";
        }
        .navi a:hover {
            color: #000;
            font-family: "华文楷体";
            font-size: 17pt;
            text-decoration: overline;                /*上画线*/
        }
        .footer{
            text-align:center;                         /*文字居中对齐*/
            margin-top:150px;                          /*上外边距为 150px*/
        }
    </style>
    </head>
    <body>
        <h2 align="center">电脑商城电脑办公产品分类</h2>
        <p class="navi">
        <a href="#"><span>首页</span></a>
        <a href="#"><span>笔记本</span></a>
        <a href="#"><span>平板电脑</span></a>
        <a href="#"><span>超级本</span></a>
        </p>
        <div class="footer">
            <a href="mailto:zhby1972@126.com">和我联系</a>
        <div>
    </body>
    </html>
```

【说明】

1）在定义超链接的伪类 link、visited、hover、active 时，应该遵从一定的顺序，否则在浏览器中显示时，超链接的 hover 样式就会失效。在指定超链接样式时，建议按 link、visited、hover、active 的顺序指定。如果先指定 hover 样式，然后再指定 visited 样式，则在浏览器中显示时，hover 样式将不起作用。

2）导航区域套用了类.navi，并且在其后分别定义了.navi a:link、.navi a:visited 和.navi a:hover 这 3 个继承，从而使导航区域的超链接风格区别于"和我联系"文字默认的超链接风格。

7.1.3 创建按钮式超链接

按钮式超链接的实质就是对超链接样式的 4 个边框的颜色分别进行设置，左和上设置为加亮效果，右和下设置为阴影效果，当鼠标悬停到按钮上时，加亮效果与阴影效果刚好相反。

【演练 7-3】 创建按钮式超链接，当鼠标悬停到按钮上时，可以看到超链接类似按钮"被按下"的效果，如图 7-3 所示。

a)   b)

图 7-3 页面的显示效果

a) 原样 b) 类似"被按下"的效果

代码如下：

```html
<!doctype html>
<html>
<head>
<title>创建按钮式超链接</title>
<style type="text/css">
  a{
    font-family: Arial;              /*统一设置所有样式*/
    font-size: .8em;
    text-align:center;               /*文字居中对齐*/
    margin:3px;                      /*外边距 3px*/
  }
  a:link,a:visited{                  /*超链接正常状态、被访问过的样式*/
    color: #a62020;
    padding:4px 10px 4px 10px;       /*上、右、下、左的内边距依次为 4px、10px、4px、10px*/
    background-color: #ddd;
    text-decoration: none;           /*无修饰*/
    border-top: 1px solid #eee;      /*边框实现阴影效果*/
    border-left: 1px solid #eee;
    border-bottom: 1px solid #717171;
    border-right: 1px solid #717171;
  }
  a:hover{                           /*鼠标悬停时的超链接*/
    color:#821818;                   /*改变文字颜色*/
    padding:5px 8px 3px 12px;        /*改变文字位置*/
    background-color:#ccc;           /*改变背景色*/
    border-top: 1px solid #717171;   /*边框变换，实现"按下去"的效果*/
    border-left: 1px solid #717171;
    border-bottom: 1px solid #eee;
    border-right: 1px solid #eee;
  }
</style>
</head>
<body>
  <h2>电脑商城电脑办公产品分类</h2>
  <a href="#">首页</a>
```

```
        <a href="#">笔记本</a>
        <a href="#">平板电脑</a>
        <a href="#">超级本</a>
    </body>
    </html>
```

7.1.4 图文超链接

网页设计中对文字超链接的修饰不仅限于增加边框、修改背景颜色等方式，还可以利用背景图片对文字超链接进一步进行美化。

【演练7-4】 图文超链接，鼠标未悬停时文字超链接的效果如图 7-4a 所示，鼠标悬停在文字超链接上时的效果如图 7-4b 所示。

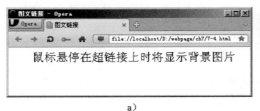 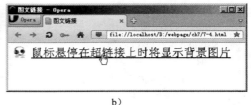

a） b）

图 7-4 图文链接的效果

a) 鼠标未悬停时 b) 鼠标悬停时

代码如下：

```
<!doctype html>
<html>
<head>
<title>图文链接</title>
<style type="text/css">
    .a {
        padding-left:40px;                    /*设置左内边距用于增加空白显示背景图片*/
        font-size:24px;
        text-decoration: none;                /*无修饰*/
    }
    .a:hover {
        background:url(images/link.gif) no-repeat left center;  /*增加背景图*/
        text-decoration: underline;                            /*下画线*/
    }
</style>
</head>
<body>
<a href="#" class="a">鼠标悬停在超链接上时将显示背景图片</a>
</body>
</html>
```

【说明】 本例 CSS 代码中的 padding-left:40px;用于增加容器左侧的空白，为后来显示背景图片做准备。当触发鼠标悬停操作时，显示背景图片，其位置在容器的左边中间。

7.2　用 CSS 设置列表

列表元素是网页设计中使用频率非常高的元素，在大多数网站设计中，无论是新闻列表，还是产品，或者是其他内容，均需要以列表的形式来体现。列表形式在网站设计中占有很大比重，信息的显示非常整齐直观，便于浏览者理解与单击。从网页出现到现在，列表元素一直是页面中非常重要的应用形式。

在表格布局时代，类似于新闻列表这样的效果，一般采用表格来实现，如图 7-5 所示。该列表采用多行多列的表格进行布局，第一列放置图片作为修饰，后面两列放置具体的新闻标题和发布时间。

▶ 2009年就业10大关键词	[2009-5-9]
▶ 金融危机严峻考验高校学生就业	[2009-5-8]
▶ 面对推荐工作不再挑三拣四	[2009-5-7]
▶ 09年毕业生就业单位已基本安排完毕	[2009-5-5]

图 7-5　表格布局的新闻列表

以上表格的结构代码如下：

```
<table width="745" border="0" align="center" cellpadding="0" cellspacing="0">
  <tr>
    <td width="10" height="20"><img src="images/arrow.jpg" width="5" height="9" /></td>
    <td width="400" align="left"><a href="new1.html">2009 年就业 10 大关键词</a></td>
    <td width="335" align="center"> [2009-5-9]</td>
  </tr>
  <tr>
    <td width="10" height="20"><img src="images/arrow.jpg" width="5" height="9" /></td>
    <td width="400" align="left"><a href="news2.html">金融危机严峻考验高校学生就业</a></td>
    <td width="335" align="center">[2009-5-8]</td>
  </tr>
  <tr>
    <td width="10" height="20"><img src="images/arrow.jpg" width="5" height="9" /></td>
    <td width="400" align="left"><a href="#">面对推荐工作不再挑三拣四</a></td>
    <td width="335" align="center">[2009-5-7]</td>
  </tr>
  <tr>
    <td width="10" height="20"><img src="images/arrow.jpg" width="5" height="9" /></td>
    <td width="400" align="left"><a href="#">09 年毕业生就业单位已基本安排完毕</a></td>
    <td width="335" align="center">[2009-5-5]</td>
  </tr>
</table>
```

由此可见，这种新闻列表既有修饰图片，又有具体内容，结构比较烦琐。而采用 CSS 样式对整个页面布局时，列表标签的作用被充分挖掘出来。从某种意义上讲，除了描述性的文本，任何内容都可以认为是列表。由于列表如此多样，这也使得列表相当重要，甚至超越了它最初设计时的功能。

使用 CSS 样式来实现新闻列表，不仅结构清晰，而且代码数量明显减少，如图 7-6 所示。新闻列表的结构代码如下：

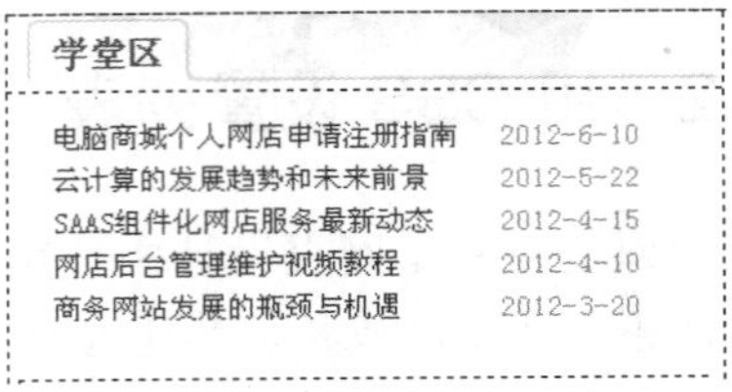

图 7-6 使用 CSS 实现新闻列表

```
<div id="main_left_top">
    <h3>学堂区</h3>
    <ul class="news_list">
    <li><a href="#">电脑商城个人网店申请注册指南</a> <span>2012-6-10</span></li>
    <li><a href="#">云计算的发展趋势和未来前景</a> <span>2012-5-22</span></li>
    <li><a href="#">SAAS 组件化网店服务最新动态</a> <span>2012-4-15</span></li>
    <li><a href="#">网店后台管理维护视频教程</a> <span>2012-4-10</span></li>
    <li><a href="#">商务网站发展的瓶颈与机遇</a> <span>2012-3-20</span></li>
    </ul>
</div>
```

HTML 包含 3 种形式的列表，为有序列表、无序列表和自定义列表。在本书 HTML 基础一章中已经讲解了列表的基本知识，这里不再赘述，主要对列表的属性加以讲解。

在 CSS 样式中，主要是通过 list-style-type、list-style-image 和 list-style-position 这 3 个属性来改变列表修饰符的类型的。

7.2.1 设置列表类型

通常的项目列表主要采用<ul>或<ol>标签，然后配合<li>标签罗列各个项目。在 CSS 样式中，列表项的标志类型是通过属性 list-style-type 来修改的，无论是<ul>标记还是<ol>标记，都可以使用相同的属性值，而且效果是完全相同的。

list-style-type 属性主要用于修改列表项的标志类型，例如，在一个无序列表中，列表项的标志出现在各列表项旁边的圆点，而在有序列表中，标志可能是字母、数字或其他符号。当 list-style-image 属性为 none 或者指定的图像不可用时，list-style-type 属性将发生作用。list-style-type 属性常用的属性值如表 7-1 所示。

表 7-1 常用的 list-style-type 属性值

属 性 值	说　　明
disc	默认值，标记是实心圆
circle	标记是空心圆
square	标记是实心正方形
decimal	标记是数字
upper-alpha	标记是大写英文字母，如 A、B、C、D、E、F、…
lower-alpha	标记是小写英文字母，如 a、b、c、d、e、f、…
upper-roman	标记是大写罗马字母，如 I、II、III、IV、V、VI、VII、…
lower-roman	标记是小写罗马字母，如 i、ii、iii、iv、v、vi、vii、…
none	不显示任何符号

在页面中使用列表，要根据实际情况选用不同的修饰符，或者不选用任何一种修饰符，而使用背景图片作为列表的修饰。需要说明的是，当选用背景图片作为列表修饰时，list-style-type 属性和 list-style-image 属性都要设置为 none。

【演练7-5】 设置列表类型，本例文件 7-5.html 的显示效果如图 7-7 所示。

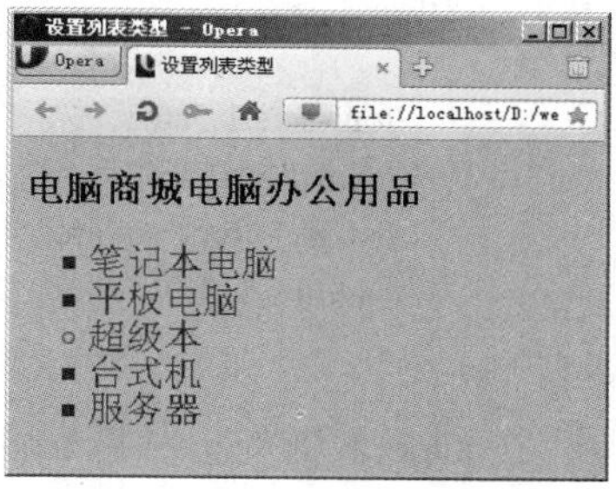

代码如下：

图 7-7　文件 7-5.html 的显示效果

```html
<!doctype html>
<html>
<head>
<title>设置列表类型</title>
<style>
  body{
    background-color:#ccc;
  }
  ul{
    font-size:1.5em;
    color:#00458c;
    list-style-type:square;          /*标记是实心正方形*/
  }
  li.special{
    list-style-type:circle;          /*标记是实心圆形*/
  }
</style>
</head>
<body>
<h2>电脑商城电脑办公用品</h2>
<ul>
  <li>笔记本电脑</li>
  <li>平板电脑</li>
  <li class="special">超级本</li>
  <li>台式机</li>
  <li>服务器</li>
</ul>
</body>
</html>
```

【说明】

1）当给<ul>或者<ol>标签设置 list-style-type 属性时，在它们中间的所有<li>标签都采用该设置，而如果对<li>标签单独设置 list-style-type 属性，则仅仅作用在该项目上。例如，页面中项目为"超级本"的类型变成了空心圆，但是并没有影响其他项目的类型（实心正方形）。

2）需要特别注意的是，list-style-type 属性在页面显示效果方面与左内边距（padding-left）和左外边距（margin-left）有密切的联系。下面在上述定义 ul 的样式中添加左内边距为

0 的规则，代码如下：

```
ul
{
    font-size:1.5em;
    color:#00458c;
    list-style-type:square;              /*标记是实心正方形*/
    padding-left:0;
}
```

在 Opera 浏览器中并不显示列表修饰符，显示效果如图 7-8 所示，而在 IE 浏览器中则显示列表修饰符，显示效果如图 7-9 所示。

图 7-8　Opera 浏览器查看的显示效果　　图 7-9　IE 浏览器查看的显示效果

3）继续讨论上述示例，如果将示例中的"padding-left:0;"修改为"margin-left:0;"，则在 Opera 浏览器中能正常显示列表修饰符，而在 IE 浏览器中不能正常显示。引起显示效果不同的原因在于，浏览器在解析列表的内外边距的时候产生了错误的解析方式。也正是这个原因，设计人员习惯直接使用背景图片作为列表的修饰符。

【演练 7-6】　使用背景图片替代列表修饰符，本例文件 7-6.html 的显示效果如图 7-10 所示。

代码如下：

图 7-10　文件 7-6.html 的显示效果

```
<!doctype html>
<html>
<head>
<title>设置列表类型</title>
<style>
    body{
        background-color:#ccc;
    }
    ul{
        font-size:1.5em;
        color:#00458c;
        list-style-type:none;           /*设置列表类型为不显示任何符号*/
    }
    li{
        padding-left:15px;              /*设置左内边距为 15px，目的是为背景图片留出位置*/
```

174

```
            background:url(images/arrow.gif) no-repeat left center;  /*设置背景图片无重复，位置左侧居中*/
        }
    </style>
    </head>
    <body>
    <h2>电脑商城电脑办公用品</h2>
    <ul>
        <li>笔记本电脑</li>
        <li>平板电脑</li>
        <li>超级本</li>
        <li>台式机</li>
        <li>服务器</li>
    </ul>
    </body>
    </html>
```

7.2.2 设置列表项图像

list-style-image 属性主要使用图像来替换列表项的标记，当 list-style-image 属性的属性值为 none 或者设置的图片路径出错时，list-style-type 属性会替代 list-style-image 属性对列表产生作用。

list-style-image 属性的属性值包括 URL（图像的路径）、none（默认值，无图像被显示）和 inherit（从父元素继承属性，部分浏览器对此属性不支持）。

【演练 7-7】 设置列表项图像，本例文件 7-7.html 的显示效果如图 7-11 所示。

代码如下：

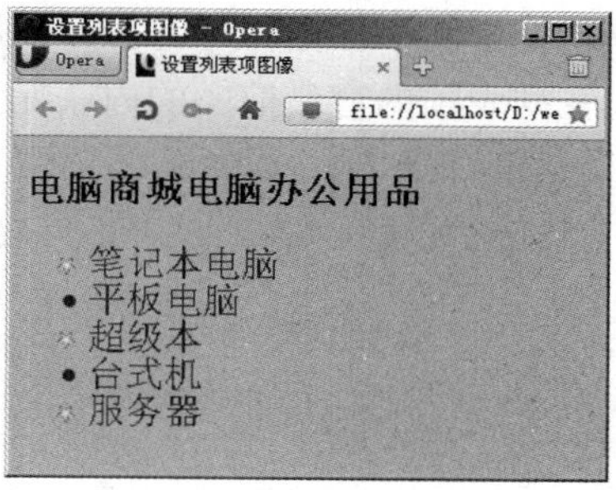

图 7-11 文件 7-7.html 的显示效果

```
    <!doctype html>
    <html>
    <head>
    <title>设置列表项图像</title>
    <style>
        body{
            background-color:#ccc;
        }
        ul{
            font-size:1.5em;
            color:#00458c;
            list-style-image:url(images/arrow.gif);         /*设置列表项图像*/
        }
        .img_fault{
            list-style-image:url(images/fault.gif);         /*设置列表项图像错误的 URL，图片不能正确显示*/
        }
        .img_none{
            list-style-image:none;                          /*设置列表项图像为不显示，所以没有图片显示*/
        }
```

```
        </style>
    </head>
    <body>
    <h2>电脑商城电脑办公用品</h2>
    <ul>
        <li>笔记本电脑</li>
        <li class="img_fault">平板电脑</li>
        <li>超级本</li>
        <li class="img_none">台式机</li>
        <li>服务器</li>
    </ul>
    </body>
    </html>
```

【说明】

1）预览页面后可以清楚地看到，当将 list-style-image 属性设置为 none 或者设置的图片路径出错时，list-style-type 属性会替代 list-style-image 属性对列表产生作用。

2）虽然使用 list-style-image 属性很容易实现设置列表项图像的目的，但是也失去了一些常用特性。list-style-image 属性不能够精确控制图片替换的项目符号距文字的位置，在这个方面不如 background-image 属性灵活。

7.2.3　设置列表项位置

list-style-position 属性用于设置在何处放置列表项标记，其属性值只有两个关键词 outside（外部）和 inside（内部）。使用 outside 属性值后，列表项标记被放置在文本以外，环绕文本且不根据标记对齐；使用 inside 属性值后，列表项目标记放置在文本以内，像是插入在列表项内容最前面的内联元素一样。

【演练 7-8】 设置列表项位置，本例文件 7-8.html 的显示效果如图 7-12 所示。

代码如下：

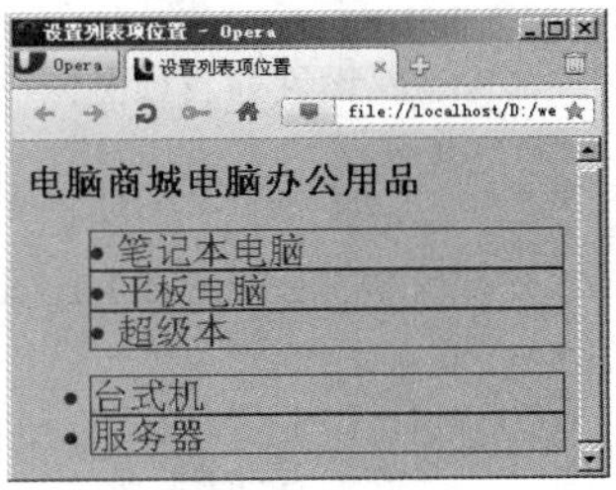

图 7-12　文件 7-8.html 的显示效果

```
<!doctype html>
<html>
<head>
<title>设置列表项位置</title>
<style>
    body{
        background-color:#ccc;
    }
    ul.inside {
        list-style-position: inside;      /*将列表修饰符定义在列表之内*/
    }
    ul.outside {
        list-style-position: outside;     /*将列表修饰符定义在列表之外*/
    }
    li {
```

```
            font-size:1.5em;
            color:#00458c;
            border:1px solid #00458c;        /*增加边框突出显示效果*/
        }
    </style>
</head>
<body>
<h2>电脑商城电脑办公用品</h2>
<ul class="inside">
    <li>笔记本电脑</li>
    <li>平板电脑</li>
    <li>超级本</li>
</ul>
<ul class="outside">
    <li>台式机</li>
    <li>服务器</li>
</ul>
</body>
</html>
```

7.2.4　图文信息列表

网页中经常可以看到图文信息列表，如图 7-13 所示。之所以称为图文信息列表，是因为列表的内容是以图片和简短语言的形式呈现在页面中的。

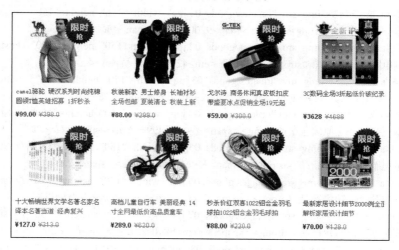

图 7-13　常见的购物网站图文信息列表

由图 7-13 可以看出，图文信息列表其实就是图文混排的一部分，在处理图片和文字之间的关系时大同小异，下面通过一个示例讲解图文信息列表的实现。

【演练 7-9】　使用图文信息列表制作电脑商城热销笔记本电脑页面局部信息，本例页面 7-9.html 的显示效果如图 7-14 所示。

图 7-14 热销笔记本电脑图文信息列表

制作过程如下。

（1）建立网页结构

首先建立一个简单的无序列表，插入相应的图片和文字说明。为了突出显示说明文字和商品价格，采用<strong>、<span>、<em>和
标签对文字进行修饰。

代码如下：

```
<body>
<ul>
    <li><a href="#"><img src="images/goods_01.jpg" width="150" height="150" /><strong>志翔13.3
英寸超极本<br>暮光灰</strong> <span>￥<em>9200</em></span></a></li>
    <li><a href="#"><img src="images/goods_02.jpg" width="150" height="150" /><strong>天翔13.3
英寸笔记本电脑<br>雅光黑</strong> <span>￥<em>4200</em></span></a></li>
    <li><a href="#"><img src="images/goods_03.jpg" width="150" height="150" /><strong>飞翔14寸
笔记本电脑<br>1G独显</strong> <span>￥<em>2900</em></span></a></li>
    <li><a href="#"><img src="images/goods_04.jpg" width="150" height="150" /><strong>宇翔13.3
英寸笔记本电脑<br>送原装包鼠</strong> <span>￥<em>4999</em></span></a></li>
    <li><a href="#"><img src="images/goods_05.jpg" width="150" height="150" /><strong>飞翔13.3
英寸笔记本电脑<br>电脑新品 </strong> <span>￥<em>4900</em></span></a></li>
    <li><a href="#"><img src="images/goods_06.jpg" width="150" height="150" /><strong>山姆14.0
英寸笔记本电脑<br>热销产品</strong> <span>￥<em>5080</em></span></a></li>
    <li><a href="#"><img src="images/goods_07.jpg" width="150" height="150" /><strong>蒂姆15.6
英寸宽屏笔记本<br>新贵产品</strong> <span>￥<em>5800</em></span></a></li>
    <li><a href="#"><img src="images/goods_08.jpg" width="150" height="150" /><strong>汉姆14英
寸笔记本电脑<br>1G独显</strong> <span>￥<em>4100</em></span></a></li>
    </ul>
    </body>
```

在没有 CSS 样式的情况下，图片和文字说明均以列表模式显示，页面效果如图 7-15所示。

图 7-15　无 CSS 样式的效果

（2）使用 CSS 样式初步美化图文信息列表

图文信息列表的结构确定后，接下来开始编写 CSS 样式规则，首先定义 body 的样式规则，代码如下：

```
body {
margin:0;
padding:0;
font-size:12px;
}
```

接下来，定义整个列表的样式规则。将列表的宽度和高度分别设置为 656px 和 420px，且列表在浏览器中居中显示。为了美化显示效果，去除默认的列表修饰符，设置内边距，增加浅色边框，代码如下：

```
ul {
width:656px;                    /*设置元素宽度*/
height:420px;                   /*设置元素高度*/
margin:0 auto;                  /*设置元素自动居中对齐*/
padding:12px 0 0 12px;          /*上、右、下、左的内边距依次为 12px、0px、0px、12px*/
border:1px solid #ccc;          /*边框为 1px 的灰色实线*/
border-top-style:dotted;        /*上边框样式为点画线*/
list-style:none;                /*列表无样式*/
}
```

为了让多个<li>标签横向排列，这里使用"float:left;"实现这种效果，并且增加外边距进一步美化显示效果。需要注意的是，由于设置了浮动效果，并且又增加了外边距，IE 6 浏览器可能会产生双倍间距的 bug，所以再增加"display:inline;"规则解决兼容性问题，代码如下：

```
ul li {
float:left;                     /*向左浮动*/
```

```
margin:0 12px 12px 0;              /*上、右、下、左的外边距依次为 0px，12px，12px，0px*/
display:inline;                    /*内联元素*/
}
```

与之前的示例一样，将内联元素 a 标签转化为块元素，使其具备宽和高的属性，并为转换后的 a 标签设置宽度和高度。接着设置文本居中显示，定义超出 a 标签定义的宽度时隐藏文字，代码如下：

```
ul li a {
display:block;                     /*将内联元素 a 标签转化为块元素*/
width:152px;                       /*a 标签的宽度*/
height:200px;                      /*a 标签的高度*/
text-decoration:none;
text-align:center;
overflow:hidden;                   /*超出 a 标签定义的宽度时隐藏文字*/
}
```

经过以上 CSS 样式初步美化图文信息列表，页面显示效果如图 7-16 所示。

图 7-16　CSS 样式初步美化图文信息列表

（3）进一步美化图文信息列表

在使用 CSS 样式初步美化图文信息列表之后，虽然页面的外观有了明显的改善，但是在显示细节上并不理想，还需要进一步美化。这里依次对列表中的<img>、<strong>、<span>和<em>标签定义样式规则，代码如下：

```
ul li a img {
width:150px;                       /*图片显示的宽度为 150px（等同于原始宽度）*/
height:150px;                      /*图片显示的高度为 150px（等同于原始高度）*/
border:1px solid #ccc;             /*边框为 1px 的灰色实线*/
```

```
}
ul li a strong {
display:block;                              /*块级元素*/
width:152px;                                /*设置元素宽度*/
height:30px;                                /*设置元素高度*/
line-height:15px;                           /*行高 15px*/
font-weight:100;
color:#333;
overflow:hidden;                            /*溢出隐藏*/
}
ul li a span {
display:block;                              /*块级元素*/
width:152px;                                /*设置元素宽度*/
height:20px;                                /*设置元素高度*/
line-height:20px;                           /*行高 20px*/
color:#666;
}
ul li a span em {
font-style:normal;
font-weight:800;
color:#f60;
}
```

经过进一步美化图文信息列表，页面显示效果如图 7-17 所示。

图 7-17　进一步美化图文信息列表

（4）设置超链接的样式

在图 7-17 中，当鼠标悬停于图片列表及文字上时，未显示超链接的样式。为了更好地展现视觉效果，引起浏览者的注意，还需要添加鼠标悬停于图片列表及文字上时的样式变化，代码如下：

```
ul li a:hover img {
border-color:#f33;                          /*鼠标悬停于图片时，图片显示红色边框*/
}
ul li a:hover strong {
color:#03c;                                 /*鼠标悬停于 strong 区域时，文字显示蓝色*/
}
ul li a:hover span em {
color:#f00;                                 /*鼠标悬停于 em 区域时，文字显示红色*/
}
```

以上设计完成后，最终的页面效果如图 7-14 所示。

7.3 创建导航菜单

普通的 Web 站点由一组页面组成，浏览者通过超链接在各个页面之间导航。制作导航菜单的方法可以分为普通的超链接导航菜单和使用列表标签构建的导航菜单。

7.3.1 普通的超链接导航菜单

普通的超链接导航菜单的制作比较简单，主要采用将文字链接从"内联元素"变为"块级元素"的方法来实现。

【演练 7-10】 制作荧光灯效果的菜单，鼠标未悬停在菜单上时的效果如图 7-18a 所示，鼠标悬停在菜单上时的效果如图 7-18b 所示。

a)   b)

图 7-18 普通的超链接导航菜单

a) 鼠标未悬停在菜单上   b)鼠标悬停在菜单上

制作过程如下。

（1）建立网页结构

首先建立一个包含超链接的 Div 容器，在容器中建立 5 个用于实现导航菜单的文字超链接。代码如下：

```
<body>
  <div id="menu">
    <a href="#">首页</a>
```

```
            <a href="#">合作伙伴</a>
            <a href="#">联系我们</a>
            <a href="#">网站地图</a>
            <a href="#">关于</a>
        </div>
    </body>
```

在没有 CSS 样式的情况下，菜单的显示效果如图 7-19 所示。

（2）设置容器的 CSS 样式

接着设置菜单 Div 容器的整体区域样式，设置菜单的宽度、背景色，以及文字的字体和大小。代码如下：

```
#menu {
    font-family:Arial;
    font-size:14px;
    font-weight:bold;
    width:120px;                              /*设置元素宽度*/
    padding:8px;                              /*内边距 8px*/
    background:#000;
    margin:0 auto;                            /*设置元素自动居中对齐*/
    border:1px solid #ccc;                    /*边框为 1px 的灰色实线*/
}
```

经过对容器的 CSS 样式进行设置，菜单显示效果如图 7-20 所示。

图 7-19　无 CSS 样式的菜单显示效果　　图 7-20　设置容器 CSS 样式后的菜单显示效果

（3）设置菜单项的 CSS 样式

在设置容器的 CSS 样式之后，菜单项的排列效果并不理想，还需要进一步美化。为了使 5 个文字超链接依次竖直排列，需要将它们从"内联元素"变为"块级元素"。此外，还应该为它们设置背景色和内边距，以使菜单文字之间不过于局促。接下来设置文字的样式，取消超链接的下画线，并将文字设置为灰色。最后，建立鼠标悬停于菜单上时的样式，使菜单具有"荧光灯"的效果。代码如下：

```
#menu a, #menu a:visited{
    display:block;                            /*文字超链接从"内联元素"变为"块级元素"*/
    padding:4px 8px;                          /*上、下内边距为 4px，右、左内边距为 8px*/
    color:#ccc;
    text-decoration:none;                     /*超链接无修饰*/
    border-top:8px solid #060;                /*上边框为 8px 的深绿色实线*/
```

```
        height:1em;
    }
    #menu a:hover{                      /*鼠标悬停于菜单上时的样式*/
        color:#ff0;
        border-top:8px solid #0e0;        /*上边框为 8px 的亮绿色实线*/
    }
```

菜单经过进一步美化，显示效果如图 7-18 所示。

7.3.2 纵向列表模式的导航菜单

相对于普通的超链接导航菜单，列表模式的导航菜单能够实现更美观的效果。应用 Web 标准进行网页制作时，通常使用<ul>无序列表标签来构建菜单，其中纵向列表模式的导航菜单又是应用得比较广泛的一种，如图 7-21 所示。

图 7-21　典型的纵向导航菜单

由于纵向导航菜单的内容并没有逻辑上的先后顺序，因此可以使用无序列表制作纵向导航菜单。

【演练 7-11】 制作纵向列表模式的导航菜单，鼠标未悬停在菜单上时的效果如图 7-22a 所示，鼠标悬停在菜单项上时的效果如图 7-22b 所示。

a)　　　　　　　　　　　　　　b)

图 7-22　纵向列表模式的导航菜单

a) 鼠标未悬停在菜单上　b) 鼠标悬停在菜单上

184

制作过程如下。

（1）建立网页结构

首先建立一个包含无序列表的 Div 容器，列表包含 5 个选项，每个选项中包含 1 个用于实现导航菜单的文字超链接。代码如下：

```
<body>
<div id="nav">
  <ul>
    <li><a href="#">首页</a></li>
    <li><a href="#">合作伙伴</a></li>
    <li><a href="#">联系我们</a></li>
    <li><a href="#">网站地图</a></li>
    <li><a href="#">关于</a></li>
  </ul>
</div>
</body>
```

在没有 CSS 样式的情况下，菜单的显示效果如图 7-23 所示。

（2）设置容器及列表的 CSS 样式

接着设置菜单 Div 容器的整体区域样式，设置菜单的宽度、字体，以及列表和列表选项的类型和边框样式。代码如下：

```
#nav{
    width:200px;                    /*设置菜单的宽度*/
    font-family:Arial;
}
#nav ul{
    list-style-type:none;           /*不显示项目符号*/
    margin:0px;                     /*外边距为 0px*/
    padding:0px;                    /*内边距为 0px*/
}
#nav li{
    border-bottom:1px solid #ed9f9f;   /*设置列表选项（菜单项）的下边框线*/
}
```

经过对容器及列表的 CSS 样式进行设置，菜单显示效果如图 7-24 所示。

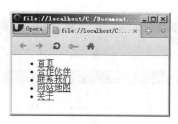

图 7-23　无 CSS 样式的菜单效果

图 7-24　设置容器 CSS 样式后的菜单效果

（3）设置菜单超链接的 CSS 样式

在设置容器的 CSS 样式之后，菜单的显示效果并不理想，还需要进一步美化。接下来设置菜单超链接的区块显示、左边的粗红边框、右侧阴影及内边距。最后，建立未访问过的超链接、访问过的超链接及鼠标悬停于菜单上时的样式。代码如下：

```
#nav li a{
    display:block;                              /*区块显示*/
    padding:5px 5px 5px 0.5em;
    text-decoration:none;                       /*超链接无修饰*/
    border-left:12px solid #711515;             /*左边的粗红边框*/
    border-right:1px solid #711515;             /*右侧阴影*/
}
#nav li a:link, #nav li a:visited{              /*未访问过的超链接、访问过的超链接的样式*/
    background-color:#c11136;                   /*改变背景色*/
    color:#fff;                                 /*改变文字颜色*/
}
#nav li a:hover{                                /*鼠标悬停于菜单项上时的样式*/
    background-color:#990020;                   /*改变背景色*/
    color:#ff0;                                 /*改变文字颜色*/
}
```

菜单经过进一步美化，显示效果如图 7-22 所示。读者可以在纵向列表模式导航菜单的基础上进一步制作二级纵向列表模式的导航菜单，但是这里并不推荐采用这种方式。其原因在于，CSS 样式存在的意义是为页面外在表现服务，而不是为页面行为服务。包含二级导航的菜单需要根据行为显示或隐藏菜单的二级内容，这种显示或隐藏的行为应该使用 JavaScript 脚本语言来完成。在后面章节中将会讲解如何使用 CSS 样式结合 JavaScript 脚本实现二级纵向列表模式的导航菜单。

7.3.3　横向列表模式的导航菜单

在设计人员制作网页时，经常要求导航菜单能够在水平方向上显示。通过 CSS 属性的控制，可以实现列表模式导航菜单的横竖转换。

在保持原有 HTML 结构不变的情况下，将纵向导航转变成横向导航最重要的环节就是设置<li>标签为浮动。

【演练 7-12】　制作横向列表模式的导航菜单，鼠标未悬停在菜单上时的效果如图 7-25a 所示，鼠标悬停在菜单上时的效果如图 7-25b 所示。

a)　　　　　　　　　　　　　b)

图 7-25　横向列表模式的导航菜单

a) 鼠标未悬停在菜单上　b) 鼠标悬停在菜单上

制作过程如下。

（1）建立网页结构

本例的网页结构与【演练 7-11】中的网页结构完全相同，这里不再赘述。在没有 CSS 样式的情况下，菜单的显示效果如图 7-26 所示。

（2）设置容器及列表的 CSS 样式

接着设置菜单 Div 容器的整体区域样式，设置菜单的宽度、字体，以及列表和列表选项的类型和边框样式。代码如下：

```
#nav{
    width:360px;                    /*设置菜单水平显示的宽度*/
    font-family:Arial;
}
#nav ul{                            /*设置列表的类型*/
    list-style-type:none;           /*不显示项目符号*/
    margin:0px;                     /*外边距为 0px*/
    padding:0px;                    /*内边距为 0px*/
}
#nav li{
    float:left;                     /*设置<li>的 float 属性，使得菜单均水平显示*/
}
```

以上设置中最为关键的代码就是"float:left;"，正是设置了<li>标签为浮动，才将纵向导航菜单转变成横向导航菜单。经过对容器及列表的 CSS 样式进行设置，菜单显示效果如图 7-27 所示。

图 7-26　无 CSS 样式的菜单效果

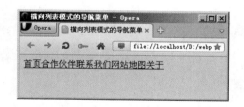

图 7-27　设置容器 CSS 样式后的菜单效果

（3）设置菜单超链接的 CSS 样式

在设置容器的 CSS 样式之后，菜单的显示横向拥挤在一起，效果非常不理想，还需要进一步美化。接下来设置菜单超链接的区块显示、四周的边框线及内外边距。最后，建立未访问过的超链接、访问过的超链接及鼠标悬停于菜单上时的样式。代码如下：

```
#nav li a{
    display:block;                  /*块级元素*/
    padding:3px 6px 3px 6px;
    text-decoration:none;           /*超链接无修饰*/
```

```
        border:1px solid #711515;              /*超链接区块四周的边框线效果相同*/
        margin:2px;
    }
    #nav li a:link, #nav li a:visited{          /*未访问过的超链接、访问过的超链接的样式*/
        background-color:#c11136;               /*改变背景色*/
        color:#fff;                             /*改变文字颜色*/
    }
    #nav li a:hover{                            /*鼠标悬停于菜单上时的样式*/
        background-color:#990020;               /*改变背景色*/
        color:#ff0;                             /*改变文字颜色*/
    }
```

菜单经过进一步美化，其显示效果如图 7-25 所示。

7.4 用 CSS 设置超链接与导航菜单综合案例

本节主要讲解"电脑社区环保天地"页面的制作，重点练习用 CSS 设置超链接与导航菜单的相关知识。

7.4.1 页面布局规划

页面布局的首要任务是弄清网页的布局方式，分析版式结构，待整体页面搭建有明确的规划后，再根据成熟的规划切图。

通过成熟的构思与设计，"电脑社区环保天地"页面的效果如图 7-28 所示，页面布局示意图如图 7-29 所示。页面中的主要内容包括水平导航菜单、图片列表、登录表单及文字超链接列表。

图 7-28 "电脑社区环保天地"页面的效果

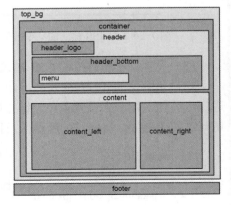

图 7-29 页面布局示意图

7.4.2 页面的制作过程

1. 前期准备

（1）栏目目录结构

在栏目文件夹下创建文件夹 images 和 style，分别用来存放图像素材和外部样式表文件。

（2）页面素材

将本页面需要使用的图像素材存放在 images 文件夹下。

（3）外部样式表

在 style 文件夹下新建一个名为 style.css 的样式表文件。

2. 制作页面

（1）页面整体的制作

页面整体 body、超链接风格和整体容器 top_bg 的 CSS 定义代码如下：

```
body {
        background: #232524;              /*设置浅绿色环保主题的背景色*/
        margin: 0;                       /*外边距为 0px*/
        padding:0;                       /*内边距为 0px*/
        font-family: "宋体", Arial, Helvetica, sans-serif;
        font-size: 12px;
        line-height: 1.5em;
        width: 100%;                     /*设置元素百分比宽度*/
}
a:link, a:visited {
        color: #069;
        text-decoration: underline;      /*下画线*/
}
a:active, a:hover {
        color: #990000;
        text-decoration: none;           /*无修饰*/
}
#top_bg {
        width:100%;                      /*设置元素百分比宽度*/
        background: #7bdaae url(../images/top_bg.jpg) repeat-x;    /*设置页面背景图像水平重复*/
}
```

（2）页面顶部的制作

页面顶部的内容被放置在名为 header 的 Div 容器中，主要用来显示页面宣传语和导航菜单，如图 7-30 所示。

CSS 代码如下：

```
#container {                         /*页面容器 container 的 CSS 规则*/
        width: 900px;                /*设置元素宽度*/
        margin: 0 auto;              /*设置元素自动居中对齐*/
}
#header {                            /*页面顶部容器 header 的 CSS 规则*/
```

图 7-30　页面顶部的显示效果

```
        width: 100%;                          /*设置元素百分比宽度*/
        height: 280px;                        /*设置元素高度*/
}
#header_logo {                                /*页面顶部 logo 区域的 CSS 规则*/
        float: left;
        display:inline;                       /*此元素会被显示为内联元素*/
        width: 500px;
        height: 20px;
        font-family:Tahoma, Geneva, sans-serif;
        font-size: 20px;
        font-weight: bold;
        color: #678275;
        margin: 28px 0 0 15px;
        padding: 0;
}
#header_logo span {                           /*页面顶部 logo 区域宣传语的 CSS 规则*/
        margin-left:10px;                     /*设置宣传语距"环保天地"左外边距为 10px*/
        font-size: 11px;
        font-weight: normal;
        color: #000;
}
#header_bottom {                              /*页面顶部背景图片及菜单区域的 CSS 规则*/
        float: left;                          /*向左浮动*/
        width: 873px;                         /*设置元素宽度*/
        height: 216px;                        /*设置元素高度*/
        background: url(../images/header_bottom_bg.png) no-repeat;    /*设置顶部背景图像无重复*/
        margin: 15px 0 0 15px;                /*上、右、下、左的外边距依次为 15px、0px、0px、15px*/
}
#menu {                                       /*菜单区域的 CSS 规则*/
        float: left;                          /*菜单向左浮动*/
        width: 465px;                         /*设置元素宽度*/
        height: 29px;                         /*设置元素高度*/
        margin: 170px 0 0 23px;               /*上、右、下、左的外边距依次为 170px、0px、0px、23px*/
        display:inline;                       /*内联元素*/
        padding: 0;                           /*内边距为 0px*/
}
#menu ul {                                    /*菜单列表的 CSS 规则*/
        list-style: none;                     /*不显示项目符号*/
```

190

```
        display: inline;                    /*内联元素*/
    }
    #menu ul li {                           /*菜单列表项的 CSS 规则*/
        float:left;                         /*将纵向导航菜单转换为横向导航菜单，该设置至关重要*/
        padding-left:20px;                  /*左内边距为 20px*/
        padding-top:5px;                    /*上内边距为 5px*/
    }
    #menu ul li a {                         /*菜单列表项超链接的 CSS 规则*/
        font-family:"黑体";
        font-size:16px;
        color:#393;
        text-decoration:none;               /*无修饰*/
    }
    #menu ul li a:hover {                   /*菜单列表项鼠标悬停的 CSS 规则*/
        color:#fff;
        background:#396;
    }
```

（3）页面中部的制作

页面中部的内容被放置在名为 content 的 Div 容器中，主要用来显示"环保天地"栏目的职责、自然风光图片、登录表单及新闻更新等内容，如图 7-31 所示。

图 7-31　页面中部的效果

CSS 代码如下：

```
    #content {                              /*页面中部容器的 CSS 规则*/
        overflow:auto;                      /*溢出内容自动处理*/
        margin: 15px;                       /*外边距为 15px*/
        padding: 0;                         /*内边距为 0px*/
    }
    #content_left {                         /*页面中部左侧区域的 CSS 规则*/
        float:left;                         /*向左浮动*/
        width:580px;                        /*设置元素宽度*/
        padding:10px;                       /*内边距为 10px*/
```

```css
}
.post {                                              /*左侧区域内容的 CSS 规则*/
    padding:5px;                                     /*内边距为 5px*/
}
.post h1 {                                           /*左侧区域内容中一级标题的 CSS 规则*/
    font-family: Tahoma;
    font-size: 18px;
    color: #588970;
    margin: 0 0 15px 0;                              /*上、右、下、左的外边距依次为 0px、0px、15px、0px*/
    padding: 0;                                      /*内边距为 0px*/
}
.post p {                                            /*左侧区域内容中段落标题的 CSS 规则*/
    font-family: Arial;
    font-size: 12px;
    color: #46574d;
    text-align: justify;                             /*文字两端对齐*/
    margin: 0 0 15px 0;                              /*上、右、下、左的外边距依次为 0px、0px、15px、0px*/
    padding: 0;                                      /*内边距为 0px*/
}
.post img {                                          /*左侧区域内容中图像的 CSS 规则*/
    margin: 0 0 0 25px;                              /*上、右、下、左的外边距依次为 0px、0px、0px、25px*/
    padding: 0;                                      /*内边距为 0px*/
    border: 1px solid #333;                          /*图像显示粗细为 1px 的深灰色细边框*/
}
#content_right {                                     /*页面中部右侧区域的 CSS 规则*/
    float:left;                                      /*向左浮动*/
    width: 250px;
    margin: 0 0 0 10px;                              /*上、右、下、左的外边距依次为 0px、0px、0px、10px*/
    padding: 0;                                      /*内边距为 0px*/
}
#section {                                           /*右侧区域表单容器的 CSS 规则*/
    margin: 0 0 15px 0;                              /*上、右、下、左的外边距依次为 0px、0px、15px、0px*/
    padding: 0;                                      /*内边距为 0px*/
}
#section_1_top {                                     /*右侧区域表单上方登录图片及用户登录文字的 CSS 规则*/
    width: 176px;
    height: 36px;
    font-family:"黑体";
    font-weight: bold;
    font-size: 14px;
    color: #276b45;
    background: url(../images/section_1_top_bg.jpg) no-repeat;   /*表单上方背景图像无重复*/
    margin: 0px;                                     /*外边距为 0px*/
    padding: 15px 0 0 70px;                          /*上、右、下、左的内边距依次为 15px、0px、0px、70px*/
}
#section_1_mid {                                     /*右侧区域表单中间部分的 CSS 规则*/
```

```css
        width: 217px;
        background: url(../images/section_1_mid_bg.jpg) repeat-y;    /*表单中间背景图像垂直重复*/
        margin: 0;                       /*外边距为 0px*/
        padding: 5px 15px;               /*上、下内边距为 5px，右、左内边距为 15px*/
    }
    #section_1_mid .myform {             /*右侧区域表单本身的 CSS 规则*/
        margin: 0;                       /*外边距为 0px*/
        padding: 0;                      /*内边距为 0px*/
    }
    .myform .frm_cont {                  /*表单内容下外边距的 CSS 规则*/
        margin-bottom:8px;               /*下外边距为 8px*/
    }
    .myform .username input, .myform .password input {       /*表单元素输入框的 CSS 规则*/
        width:120px;
        height:18px;
        padding:2px 0px 2px 15px;    /*上、右、下、左的内边距依次为 2px、0px、2px、15px*/
        border:solid 1px #aacfe4;    /*边框为 1px 的细线*/
    }
    .myform .btns {                      /*表单元素按钮的 CSS 规则*/
        text-align:center;
    }
    #section_1_bottom {                  /*右侧区域表单下方的 CSS 规则*/
        width: 246px;
        height: 17px;
        background: url(../images/section_1_bottom_bg.jpg) no-repeat;  /*表单底部细线的背景图像*/
    }
    #section2 {                          /*右侧区域"新闻更新"容器的 CSS 规则*/
        margin: 0 0 15px 0;              /*上、右、下、左的外边距依次为 0px、0px、15px、0px*/
        padding: 0;                      /*内边距为 0px*/
    }
    #section_2_top {                     /*新闻更新上方图片及文字的 CSS 规则*/
        width: 176px;
        height: 42px;
        font-family:"黑体";
        font-weight: bold;
        font-size: 14px;
        color: #276b45;
        background:  url(../images/section_2_top_bg.jpg) no-repeat;       /*新闻更新上方的背景图像*/
        margin: 0;                       /*外边距为 0px*/
        padding: 15px 0 0 70px;          /*上、右、下、左的内边距依次为 15px、0px、0px、70px*/
    }
    #section_2_mid {                     /*新闻更新中间区域的 CSS 规则*/
        width: 246px;
        background:  url(../images/section_2_mid_bg.jpg) repeat-y;
        margin: 0;                       /*外边距为 0px*/
        padding: 5px 0;                  /*上、下内边距为 5px，右、左内边距为 0px*/
```

```
            }
#section_2_mid ul {                      /*新闻更新中间列表的 CSS 规则*/
        list-style: none;                /*不显示项目符号*/
        margin: 0 20px;                  /*上、下外边距为 0px，右、左外边距为 20px*/
        padding: 0;                      /*内边距为 0px*/
}
#section_2_mid li {                      /*新闻更新中间列表项的 CSS 规则*/
        border-bottom: 1px dotted #fff;  /*底部边框为 1px 的点画线*/
        margin: 0;                       /*外边距为 0px*/
        padding: 5px;                    /*内边距为 5px*/
}
#section_2_mid li a {                    /*新闻更新中间列表项超链接的 CSS 规则*/
        color: #fff;
        text-decoration: none;           /*无修饰*/
}
#section_2_mid li a:hover {              /*新闻更新中间列表项鼠标悬停的 CSS 规则*/
        color:#363;
        text-decoration: none;           /*无修饰*/
}
#section_2_bottom {                      /*新闻更新下方区域的 CSS 规则*/
        width: 246px;
        height: 18px;
        background:  url(../images/section_2_bottom_bg.jpg) no-repeat; /*新闻底部细线的背景图像*/
}
```

（4）页面底部的制作

页面底部的内容被放置在名为 footer 的 Div 容器中，用来显示版权信息，如图 7-32 所示。

Copyright © 2012 电脑工作室 All Rights Reserved

图 7-32　页面底部的显示效果

CSS 代码如下：

```
#footer {
        font-size: 12px;
        color: #7bdaae;
        text-align:center;              /*文字居中对齐*/
}
```

（5）页面结构代码

为了使读者对页面的样式与结构有一个全面的认识，最后说明整个页面（index.html）的结构代码，代码如下：

```
<!doctype html>
<html>
<head> <title>用 CSS 设置超链接与导航菜单综合案例</title>
```

194

```html
<link href="style/style.css" rel="stylesheet" type="text/css" />
</head>
<body>
<div id="top_bg">
  <div id="container">
    <div id="header">
      <div id="header_logo">电脑社区环保天地<span>[保护环境，造福人类]</span></div>
      <div id="header_bottom">
        <div id="menu">
          <ul>
            <li><a href="#">关于我们</a></li>
            <li><a href="#">日常工作</a></li>
            <li><a href="#">环境报告</a></li>
            <li><a href="#">环保常识</a></li>
            <li><a href="#">国际合作</a></li>
          </ul>
        </div>
      </div>
    </div>
    <div id="content">
      <div id="content_left">
        <div class="post">
          <h1>我们的职责</h1>
          <p>电脑社区环保天地是大家交流环保知识和发起环保活动的场所。</p>
          <p>生态文明是当今人类社会向更高阶段发展的大势所趋，……（此处省略文字）</p>
          <p>组织的核心胜任特征是构成组织核心竞争力的重要源泉，……（此处省略文字）
</p>
        </div>
        <div class="post" >
          <h1>自然美景</h1>
          <a href="#"><img src="images/thumb_1.jpg" width="108" height="108" /></a>
          <a href="#"><img src="images/thumb_2.jpg" width="108" height="108" /></a>
          <a href="#"><img src="images/thumb_3.jpg" width="108" height="108" /></a>
          <a href="#"><img src="images/thumb_4.jpg" width="108" height="108" /></a>
        </div>
      </div>
      <div id="content_right">
        <div id="section">
          <div id="section_1_top">用户登录</div>
          <div id="section_1_mid">
            <div class="myform">
              <form action="" method="post">
                <div class="frm_cont username">用户名：
                  <label for="username"></label>
                  <input type="text" name="username" id="username" />
                </div>
```

```
            <div class="frm_cont password">密    码:
              <label for="password"></label>
              <input type="password" name="password" id="password" />
            </div>
            <div class="btns">
              <input type="submit" name="button1" id="button1" value="登录" />
              <input type="button" name="button2"id="button2" value="注册" />
            </div>
          </form>
        </div>
      </div>
      <div id="section_1_bottom"></div>
    </div>
    <div id="section2">
      <div id="section_2_top">新闻更新</div>
      <div id="section_2_mid">
        <ul>
          <li><a href="#" target="_blank">中华鲟的保护环境日益改善</a></li>
          <li><a href="#" target="_parent">电脑社区设置"环保之星"大奖</a></li>
          <li><a href="#" target="_blank">世界环保组织到中国四川考察</a></li>
          <li><a href="#" target="_blank">低碳生活离我们的生活远吗？</a></li>
        </ul>
      </div>
      <div id="section_2_bottom"></div>
    </div>
  </div>
  </div>
  </div>
</div>
<div id="footer">Copyright &copy; 2012  电脑工作室  All Rights Reserved</div>
</body>
</html>
```

7.5 实训

制作电脑商城网店融资平台页面，页面效果如图 7-33 所示，布局示意图如图 7-34 所示。
制作步骤。

1. 前期准备

（1）栏目目录结构

在栏目文件夹下创建文件夹 images 和 style，分别用来存放图像素材和外部样式表文件。

（2）页面素材

将本页面需要使用的图像素材存放在 images 文件夹下。

（3）外部样式表

在 style 文件夹下新建一个名为 style.css 的样式表文件。

图 7-33 电脑商城网店融资平台的页面效果

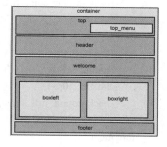

图 7-34 页面布局示意图

2．制作页面

（1）制作页面的 CSS 样式

打开建立的 style.css 文件，定义页面的 CSS 规则，代码如下：

```
body {                        /*页面整体的 CSS 规则*/
        margin: 0;            /*外边距为 0px*/
        padding:0;            /*内边距为 0px*/
        font-family: Arial, Helvetica, sans-serif;
        font-size: 12px;
        line-height: 1.5em;
        color: #585858;
        background-color: #ededed;
}
a:link, a:visited { color: #060; text-decoration: none; }
a:active, a:hover { color: #c00; text-decoration: none; }
h1 {                          /*一级标题的 CSS 规则*/
        font-size: 22px;
        font-weight: bold;
        color: #38713a;
        height: 32px;
        background: url(../images/header1.jpg) no-repeat;   /*背景图像无重复*/
        padding: 15px 0px 0px 55px; /*上、右、下、左的内边距依次为 15px、0px、0px、55px*/
}
h2 {                          /*二级标题的 CSS 规则*/
        margin-top: 20px;     /*上外边距 20px*/
        font-size: 16px;
        font-weight: bold;
```

```css
    color: #56b81b;
    height: 20px;
    padding: 7px 0px 0px 35px;  /*上、右、下、左的内边距依次为 7px、0px、0px、35px*/
    background: url(../images/header2.jpg) no-repeat;      /*背景图像无重复*/
}
#container {                        /*页面容器的 CSS 规则*/
    width: 900px;                  /*设置元素宽度*/
    margin: auto;                  /*设置元素自动居中对齐*/
    background-color: #fff;
}
#top {                             /*页面顶部的 CSS 规则*/
    float: right;                  /*向右浮动*/
    width: 900px;                  /*设置元素宽度*/
    height: 50px;                  /*设置元素高度*/
    background: url(../images/menu.jpg) no-repeat;         /*菜单背景图像无重复*/
}
.top_menu{                         /*页面顶部菜单的 CSS 规则*/
    float: right;                  /*向右浮动*/
    width: 580px;                  /*设置元素宽度*/
    padding-right: 20px;           /*右内边距 20px*/
}
.top_menu ul {                     /*菜单列表的 CSS 规则*/
    list-style: none;              /*列表无样式*/
    padding: 0px;                  /*内边距为 0px*/
    margin: 0px;                   /*外边距为 0px*/
}
.top_menu li{                      /*菜单列表项的 CSS 规则*/
    display: inline ;              /*内联元素*/
}
.top_menu li a{                    /*菜单列表项超链接的 CSS 规则*/
    float: left;                   /*实现横向菜单*/
    text-align: center;
    font-size: 11px;
    font-weight: bold;
    color: #fff;
    width: 77px;
    height: 30px;
    padding: 14px 0px 0px 5px; /*上、右、下、左的内边距依次为 14px、0px、0px、5px*/
}
.top_menu li a:hover{              /*菜单列表项鼠标悬停的 CSS 规则*/
    color: #91e30c;
    text-decoration: underline;    /*下画线*/
}
#header {                          /*页面 header 简介区域的 CSS 规则*/
    float: left;                   /*向左浮动*/
    width: 410px;                  /*设置元素宽度*/
```

```css
    height: 180px;                    /*设置元素高度*/
    color: #fff;
    text-align: justify;
    font-size: 11px;
    padding: 63px 140px 0px 350px;    /*上、右、下、左的内边距依次为 63px、140px、0px、
                                        350px*/
    background: url(../images/header.jpg) no-repeat;    /*背景图像无重复*/
}
#header span {                        /*页面简介区域中 span 的 CSS 规则*/
    font-size: 18px;
    font-weight: bold;
}
#welcome {                            /*页面欢迎信息区域的 CSS 规则*/
    float: left;                      /*向左浮动*/
    width: 800px;
    text-align: justify;
    padding: 0px 50px 0px 50px;/*上、右、下、左的内边距依次为 0px、50px、0px、50px*/
}
#welcome img {                        /*页面欢迎信息中图像的 CSS 规则*/
    float: left;                      /*向左浮动*/
    padding-right: 10px;              /*右内边距 10px*/
}
#boxleft {                            /*页面内容区域左侧的 CSS 规则*/
    float: left;                      /*向左浮动*/
    width: 400px;
    padding-left: 50px;               /*左内边距 50px*/
}
#boxright {                           /*页面内容区域右侧的 CSS 规则*/
    float: left;                      /*向左浮动*/
    width: 430px;
    padding-left: 20px;               /*左内边距 20px*/
}
.box_left {                           /*内容左侧区域的 CSS 规则*/
    float: left;                      /*向左浮动*/
    width: 23px;
    height: 253px;
    background: url(../images/box_left.jpg) no-repeat;          /*背景图像无重复*/
}
.box_middle {                         /*内容中间区域的 CSS 规则*/
    float: left;                      /*向左浮动*/
    width: 330px;
    height: 253px;
    text-align: justify;
    padding: 0px 5px 0px 5px;         /*上、右、下、左的内边距依次为 0px、5px、0px、5px*/
    background: url(../images/box_middle.jpg) repeat-x;         /*背景图像水平重复*/
}
```

```css
.box_middle img {               /*内容中间区域图像的 CSS 规则*/
    float: left;                /*向左浮动*/
    padding-right: 10px;        /*右内边距 10px*/
}
.box_right {                    /*内容右侧区域的 CSS 规则*/
    float: left;                /*向左浮动*/
    width: 23px;
    height: 253px;
    background: url(../images/box_right.jpg) no-repeat;        /*背景图像无重复*/
}
.more_button_1 {                /*欢迎信息区域中按钮的 CSS 规则*/
    background: url(../images/morebutton1.jpg) no-repeat;      /*欢迎信息区域中按钮的背景图像*/
    font-size: 11px;
    height: 39px;
    width: 62px;
    padding: 8px 0px 0px 20px;  /*上、右、下、左的内边距依次为 8px、0px、0px、20px*/
    font-weight: bold;
}
.more_button_1 a {              /*欢迎信息区域中按钮超链接的 CSS 规则*/
    color: #fff;
}
.more_button_2 {                /*内容区域中按钮的 CSS 规则*/
    float: right;               /*向右浮动*/
    background: url(../images/morebutton2.jpg) no-repeat;      /*内容区域中按钮的背景图像*/
    width: 51px;
    height: 28px;
    font-size: 10px;
    padding: 5px 0px 0px 10px;  /*上、右、下、左的内边距依次为 5px、0px、0px、10px*/
}
.more_button_2 a {              /*内容区域中按钮超链接的 CSS 规则*/
    font-weight: bold;          /*文字加粗*/
    color: #fff;
}
#footer {                       /*页面底部版权区域的 CSS 规则*/
    clear: both;                /*清除浮动*/
    width: 900px;
    height: 23px;
    margin-top: 20px;           /*上外边距 20px*/
    background-color: #cbf0bb;
    text-align: center;
    padding-top: 7px;           /*上内边距 7px*/
}
```

（2）制作页面的网页结构代码

为了使读者对页面的样式与结构有一个全面的认识，最后说明整个页面（index.html）的结构代码，代码如下：

```html
<!doctype html>
<html>
<head>
<title>实训</title>
<link href="style/style.css" rel="stylesheet" type="text/css" />
</head>
<body>
<div id="container">
  <div id="top">
    <div class="top_menu">
      <ul>
        <li><a href="#">首页</a></li>
        <li><a href="#">公司</a></li>
        <li><a href="#">解决方案</a></li>
        <li><a href="#">服务</a></li>
        <li><a href="#">客户</a></li>
        <li><a href="#">网站地图</a></li>
        <li><a href="#">联系</a></li>
      </ul>
    </div>
  </div>
    <div id="header"><span>电脑商城网店融资平台<br /></span>平台将网店租赁和电脑商城进了完美的组合，租赁网店的商户发布在网店里的信息都可以自动整合到电脑商城。……（此处省略文字）
    </div>
    <div id="welcome">
      <h1>WELCOME TO 电脑商城网店融资平台</h1>
      <p><img src="images/photo3.jpg" alt="" width="167" height="127" />电脑商城网店租赁——网上购物时代的掘金秘诀</p>
      <p>继卖场、超市、专卖店之后，……（此处省略文字）</p>
      <p>各类商家、企业为满足越来越多的网上消费需求，……（此处省略文字）<br>
      </p>
      <div class="more_button_1"><a href="#">更多</a></div>
    </div>
    <div id="boxleft">
    <div class="box_left"></div>
    <div class="box_middle">
        <h2>合作伙伴</h2>
        <p><img src="images/photo1.jpg" alt="" width="82" height="82" />电脑商城的业务规模不断扩大，通过优势基础的建设，整合了 B2C、B2B 渠道。……（此处省略文字）</p>
        <div class="more_button_2"><a href="#">更多</a></div>
    </div>
    <div class="box_right"></div>
  </div>
  <div id="boxright">
```

```
<div class="box_left"></div>
<div class="box_middle">
    <h2>解决方案</h2>
    <p><img src="images/photo2.jpg" alt="" width="90" height="83" />电脑商城作为国内领先的
电子商务平台，针对网店融资做出具体分析。……（此处省略文字）。</p>
    <div class="more_button_2"><a href="#">更多</a></div>
</div>
<div class="box_right"></div>
</div>
<div id="footer">Copyright © 2012  电脑工作室 | Designed by <a href="#">电脑科技</a></div>
</div>
</body>
</html>
```

习题 7

1. 综合使用超链接、纵向导航菜单和表单技术制作如图 7-35 所示的页面。
2. 综合使用超链接、横向导航菜单和表单技术制作如图 7-36 所示的页面。

图 7-35　习题 1

图 7-36　习题 2

第8章 JavaScript 脚本语言

JavaScript 是 Web 上第一个直叙语言（Scripting Language），由 Netscape 公司开发并随 Navigator 2.0 导航者浏览器一起发布的、介于 Java 与 HTML 之间、基于对象事件驱动的编程语言。JavaScript 是制作网页的行为标准之一。

8.1 JavaScript 简介

脚本（Script）实际上就是一段程序，用来完成某些特殊的功能。脚本程序既可以在服务器端运行（称为服务器脚本，例如 ASP 脚本、PHP 脚本等），也可以直接在浏览器端运行（称为客户端脚本）。

客户端脚本常用来响应用户动作、验证表单数据，以及显示各种自定义内容，如对话框、动画等。使用客户端脚本时，由于脚本程序随网页同时下载到客户机上，因此在对网页进行验证或响应用户动作时，无须通过网络与 Web 服务器进行通信，从而降低了网络的传输量和服务器的负荷，改善了系统的整体性能。目前，JavaScript 和 VBScript 是两种使用最广泛的脚本。VBScript 仅被 Internet Explorer 支持，而 JavaScript 则几乎被所有浏览器支持。

JavaScript 是一种基于对象（Object）和事件驱动（Event Driven），并具有安全性能的脚本语言。它可与 HTML、CSS 一起实现在一个 Web 页面中链接多个对象，并与 Web 客户交互的作用，从而开发出客户端的应用程序。JavaScript 通过嵌入或调入到 HTML 文档中实现其功能，它弥补了 HTML 语言的不足，是 Java 与 HTML 折中的选择。JavaScript 的开发环境很简单，不需要 Java 编译器，而是直接运行在浏览器中，因而备受网页设计者的喜爱。

JavaScript 语言的前身为 LiveScript，自从 Sun 公司推出著名的 Java 语言后，Netscape 公司引进了 Sun 公司有关 Java 的程序概念，将 LiveScript 重新进行设计，并改名为 JavaScript。

目前流行的多数浏览器都支持 JavaScript，如 Netscape 公司的 Navigator 3.0 以上版本，Microsoft 公司的 Internet Explorer 3.0 以上版本。

JavaScript 是一种行为脚本语言，用 JavaScript 可以创建出运行在多平台和浏览器上的交互行为和效果。

8.2 在网页中插入 JavaScript 的方法及定义

8.2.1 在 HTML 文档中嵌入脚本程序

JavaScript 的脚本程序包含在 HTML 中，成为 HTML 文档的一部分。其格式如下：

```
<script language ="JavaScript">
    JavaScript 语言代码;
```

203

JavaScript 语言代码;

    …

</Script>

属性 language ="JavaScript"指出使用的脚本语言是 JavaScript。

在网页中最常用的定义脚本的方法是使用<script>…</script>标记，将其插入到 HTML 文档的<head>…</head>或<body>…</body>之间，多数情况下应放到<head>…</head>标记之间，这样可以让 JavaScript 程序代码先于其他代码被加载执行。

在编写 JavaScript 脚本时，可以像编辑 HTML 文档一样，在文本编辑器或 HTML 文档编辑器中输入 JavaScript 脚本的代码。

【演练 8-1】 在 HTML 文档中嵌入 JavaScript 脚本，本例文件 8-1.html 的显示效果如图 8-1 和图 8-2 所示。

图 8-1 加载时的显示结果   图 8-2 单击"确定"按钮后的显示结果

代码如下：

```
<!doctype html>
  <head>
    <title>JavaScript 示例</title>
    <script language="JavaScript">
      document.write("JavaScript 例子！ ");
      alert("欢迎进入 JavaScript 世界！ ");
    </script>
  </head>
  <body>
    <h3 style="font:12pt; font-family:'黑体'; color:red; text-align:center">大家好！ </h3>
  </body>
</html>
```

【说明】

1）document.write()是文档对象的输出函数，其功能是将括号中的字符或变量值输出到窗口。alert()是 JavaScript 的窗口对象方法，其功能是弹出一个对话框并显示其中的字符串。

2）如图 8-1 所示为浏览器加载时的显示结果，图 8-2 所示为单击自动弹出对话框中的"确定"按钮后的最终显示结果。从上面的例子中可以看出，在用浏览器加载 HTML 文件时，是从文件头向后解释并处理 HTML 文档的。

3）在<script language ="JavaScript">…</script>中的程序代码有大、小写之分，例如将 document.write()写成 Document.write()，程序将无法正确执行。

8.2.2　链接脚本文件

可以把脚本保存在一个扩展名为 js 的文本文件中，供需要该脚本的多个 HTML 文件引用。要引用外部脚本文件，可以使用 script 标记的 src 属性指定外部脚本文件的 URL。其格式如下：

```
<head>
    …
    <script type="text/javascript" src="脚本文件名.js"></script>
    …
</head>
```

type="text/javascript"属性定义文件的类型是 JavaScript。src 属性定义 js 文件的 URL。

如果使用 src 属性，则浏览器只使用外部文件中的脚本，并忽略任何位于<script>…</script>之间的脚本。脚本文件可以用任何文本编辑器（如记事本）打开并编辑，一般脚本文件的扩展名为.js，内容是脚本，不包含 HTML 标记。其格式如下：

```
JavaScript 语言代码;                      // 注释
JavaScript 语言代码;
    …
JavaScript 语言代码;
```

例如，将【演练 8-1】改为链接脚本文件，运行过程和结果与【演练 8-1】的相同。

```
<!doctype html>
  <head>
    <title>JavaScript 示例</title>
    <script type="text/javascript" src="test.js">  </script>          <!-- URL 为 test.js -->
  </head>
  <body>
    <h3 style="font:12pt; font-family:'黑体'; color:red; text-align:center">大家好！</h3>
  </body>
</html>
```

脚本文件 test.js 的内容如下：

```
document.write("JavaScript 例子！");
alert("欢迎进入 JavaScript 世界！");
```

8.2.3　在标记内添加脚本

可以在 HTML 表单的输入标记符内添加脚本，以响应输入的事件。

【演练 8-2】　在标记中添加 JavaScript 脚本，本例文件 8-2.html 显示的效果如图 8-3 和图 8-4 所示。

代码如下：

```
<!doctype html>
  <head><title>JavaScript 示例</title></head>
  <body>
```

| 图 8-3　初始显示 | 图 8-4　单击按钮后的显示结果 |

```
JavaScript 例子！
<form>
  <input type="button" onClick="JavaScript:alert('欢迎进入 JavaScript 世界！');" value="单击此按钮">
</form>
<h3 style="font:12pt; font-family:'黑体'; color:red; text-align:center">大家好！</h3>
</body>
</html>
```

8.3　JavaScript 的基本数据类型和表达式

JavaScript 脚本语言同其他计算机语言一样，有它自身的基本数据类型、运算符和表达式。

8.3.1　基本数据类型

JavaScript 有 4 种基本的数据类型。

- number（数值）类型：可为整数和浮点数。在程序中并没有把整数和实数分开，这两种数据可在程序中自由转换。整数可以为正数、0 或者负数；浮点数可以包含小数点，也可以包含一个 "e"（大小写均可，表示 10 的幂），或者同时包含这两项。
- string（字符）类型：字符是用单引号 "'" 或双引号 """ 来说明的。
- boolean（布尔）类型：布尔型的值为 true 或 false。
- object（对象）类型：对象也是 JavaScript 中的重要组成部分，用于说明对象。

JavaScript 基本类型中的数据可以是常量，也可以是变量。由于 JavaScript 采用弱类型的形式，因而一个数据的变量或常量不必首先做声明，而是在使用或赋值时自动确定其数据类型。当然也可以先声明该数据的类型。

JavaScript 还有一个特殊的数据类型 undefined（未定义），undefined 类型是指一个变量被创建后，还没有赋予任何初值，这时该变量没有类型，被称为未定义的，在程序中直接使用会发生错误。

8.3.2　常量

常量通常又称为字面常量，它是不能改变的数据。

1．基本常量

（1）字符型常量

使用单引号 "'" 或双引号 """ 括起来的一个或几个字符，如 "123"、'abcABC123'、"This is a book of JavaScript"等。

（2）数值型常量

整型常量：整型常量可以用十进制、十六进制、八进制表示其值。

实型常量：实型常量由整数部分加小数部分表示，如 12.32、193.98。可以用科学计数法或标准方法表示：6E8、2.6e5 等。

（3）布尔型常量

布尔常量只有两个值：true 或 false。它主要用来说明或代表一种状态或标志，以说明操作流程。JavaScript 只能用 true 或 false 表示其状态，不能用 1 或 0 表示。

JavaScript 除上面 3 种基本常量外，还有两种特殊的常量值。

2．特殊常量

（1）空值

JavaScript 中有一个空值 null，表示什么也没有。例如，试图引用没有定义的变量，则返回一个 null 值。

（2）控制字符

与 C/C++语言一样，JavaScript 中同样有以反斜杠"\"开头的不可显示的特殊字符。通常称为控制字符（这些字符前的"\"称为转义字符）。例如：

\b：表示退格　　　　\f：表示换页　　　　\n：表示换行　　　　\r：表示回车

\t：表示 Tab 符号　　\'：表示单引号本身　　\"：表示双引号本身

8.3.3　变量

变量用来存放程序运行过程中的临时值，在需要用这个值的地方可以用变量来代表。对于变量必须明确变量的命名、变量的类型、变量的声明及其变量的作用域。

1．变量的命名

JavaScript 中的变量命名同其他计算机语言非常相似，变量名称的长度是任意的，但要区分大小写。另外，还必须遵循以下规则：

- 第一个字符必须是字母（大小写均可）、下画线"_"，或美元符"$"。
- 后续字符可以是字母、数字、下画线或美元符。除下画线"_"字符外，变量名中不能有空格、"+"、"–"、","或其他特殊符号。
- 不能使用 JavaScript 中的关键字作为变量。在 JavaScript 中定义了 40 多个关键字，这些关键字是 JavaScript 内部使用的，如 var、int、double、true，它们不能作为变量。

在对变量命名时，最好把变量的意义与其代表的意思对应起来，以方便记忆。

2．变量的类型

JavaScript 是一种对数据类型变量要求不太严格的语言，所以不必声明每一个变量的类型，但在使用变量之前先进行声明是一种好的习惯。

变量的类型是在赋值时根据数据的类型来确定的，包括字符型、数值型和布尔型。

3．变量的声明

JavaScript 变量可以在使用前先做声明，并可赋值。通过使用 var 关键字对变量做声明。对变量进行声明的最大好处就是能及时发现代码中的错误，因为 JavaScript 是采用动态编译的，而动态编译不易发现代码中的错误，特别是变量命名方面。

变量的声明和赋值语句 var 的语法如下：

> **var** 变量名称 1 [= 初始值 1]，变量名称 2 [= 初始值 2] …;

一个 var 可以声明多个变量，其间用"，"分隔。

4．变量的作用域

变量的作用域是变量的重要概念。在 JavaScript 中同样有全局变量和局部变量之分，全局变量是定义在所有函数体之外，其作用范围是全部函数；而局部变量是定义在函数体之内，只对该函数可见，而对其他函数不可见。

8.3.4　运算符和表达式

在定义完变量后，可以对变量进行赋值、计算等一系列操作，这一过程通常由表达式来完成，可以说它是变量、常量和运算符的集合，因此表达式可以分为算术表述式、字符串表达式和布尔表达式。

运算符是完成操作的一系列符号，在 JavaScript 中有算术运算符、字符串运算符、比较运算符和布尔运算符等。运算符又分为双目运算符和单目运算符。单目运算符，只需一个操作数，其运算符可在前也可在后。双目运算符格式如下：

> **操作数 1　运算符　操作数 2**

即双目运算符由两个操作数和一个运算符组成，如 3+5、"This"+"that"等。

1．算术运算符

JavaScript 中的算术运算符有单目运算符和双目运算符。

双目运算符：+（加）、-（减）、*（乘）、/（除）、%（取模）。

单目运算符：++（递加 1）、--（递减 1）。

2．字符串运算符

字符串运算符"+"用于连接两个字符串，例如："abc"+"123"。

3．比较运算符

比较运算符首先对操作数进行比较，然后再返回一个 true 或 false 值。有 8 个比较运算符：<（小于）、<=（小于等于）、>（大于）、>=（大于等于）、==（等于）、!=（不等于）。

4．布尔运算符

在 JavaScript 中增加了几个布尔逻辑运算符：!（取反）、&=（与之后赋值）、&（逻辑与）、|=（或之后赋值）、|（逻辑或）、^=（异或之后赋值）、^（逻辑异或）、?:（三目操作符）、||（或）、==（等于）、|=（不等于）。

其中三目操作符主要格式如下：

> **操作数 ?　结果 1：结果 2**

若操作数的结果为真，则表达式的结果为结果 1，否则为结果 2。

5．位运算符

位运算符分为位逻辑运算符和位移动运算符。

位逻辑运算符有：&（位与）、|（位或）、^（位异或）、-（位取反）、~（位取补）。

位移动运算符有：<<（左移）、>>（右移）、>>>（右移，零填充）。

6．运算符的优先顺序

表达式的运算是按运算符的优先级进行的。下列运算符按其优先顺序由高到低排列：

算术运算符：++、--、*、/、%、+、-。

字符串运算符：+。

位移动运算符：<<、>>、>>>。

位逻辑运算符有：&、|、^、-、~。

比较运算符：<、<=、>、>=、==、!=。

布尔运算符：!、&=、&、|=、|、^=、^、?:、||、==、|=。

8.4 JavaScript 的程序结构

变量如同语言中的单词，表达式如同语言中的词组，而只有语句才是语言中完整的句子。在任何编程语言中，程序都是通过语句来实现的。JavaScript 中包含完整的一组编程语句，用于实现基本的程序控制和操作功能。

在 JavaScript 中，每条语句后面以分号结尾。但是，JavaScript 的要求并不严格，在编写脚本语言时，语句后面也可以不加分号。不过，建议加上分号，因为这是一种良好的编程习惯。

JavaScript 脚本程序是由控制语句、函数、对象、方法和属性等组成的。JavaScript 所提供的语句分为以下几大类。

8.4.1 简单语句

1．赋值语句

赋值语句的功能是把右边表达式赋值给左边的变量。其格式如下：

变量名 = 表达式 ；

像 C 语言一样，JavaScript 也可以采用变形的赋值运算符，如 x+=y 等同于 x=x+y，其他运算符也一样。

2．注释语句

在 JavaScript 的程序代码中，可以插入注释语句以增加程序的可读性。注释语句有单行注释和多行注释之分。

单行注释语句的格式如下：

// 注释内容

多行注释语句的格式如下：

/* 注释内容
  注释内容 */

3．输出字符串

在 JavaScript 中常用的输出字符串的方法是利用 document 对象的 write()方法、window 对象的 alert()方法。

（1）用 document 对象的 write()方法输出字符串

document 对象的 write()方法的功能是向页面内写文本，其格式如下：

document.write(字符串 1，字符串 2，...) ；

（2）用 window 对象的 alert()方法输出字符串

window 对象的 alert()方法的功能是弹出提示对话框，其格式如下：

alert(字符串)；

其应用见【演练 8-1】。

4．输入字符串

在 JavaScript 中常用的输入字符串的方法是利用 window 对象的 prompt()方法及表单的文本框。

（1）用 window 对象的 prompt()方法输入字符串

window 对象的 prompt()方法的功能是弹出对话框，让用户输入文本，其格式如下：

prompt(提示字符串，默认值字符串)；

例如，下面代码用 prompt()方法得到字符串，然后赋值给变量 name。

```
<!doctype html>
<body>
<script language="JavaScript">
    var name=prompt("请输入您的姓名：", "")；
    document.write("您好！"+name)；
</script>
</body>
</html>
```

（2）用文本框输入字符串

使用 onBlur 事件处理程序，可以得到在文本框中输入的字符串。onBlur 事件的具体解释可参考本章后面的内容。

【**演练 8-3**】 在文本框中输入文本，在对话框中输出其内容。本例文件 8-3.html 的显示效果如图 8-5 所示。

代码如下：

```
<!doctype html>
<head><title>用文本框输入</title>
<script language="JavaScript">
    function test(str) {
        alert("您输入的内容是："+str);
    }
</script>
</head>
<body>
    <form name="chform" method="post">
        <p>请输入：
        <input type="text" name="textname" onBlur="test(this.value)" value="" size="10"></p>
    </form>
</body>
</html>
```

图 8-5　文件 8-3.html 的显示效果

【**说明**】 onBlur 事件是光标失去焦点时发生的事件。在【演练 8-3】中，当用户离开输入文本框时执行 onBlur 事件中的 JavaScript 代码，调用 test 函数，参数为当前对象文本框的值 this.value。在 JavaScript 中，this 代表当前对象。

8.4.2　程序控制流程

1．条件语句

JavaScript 提供了 if、if…else 和 switch 三种条件语句，条件语句也可以嵌套。

（1）if 语句

if 语句是最基本的条件语句，它的格式与 C++一样，其格式如下：

if(条件)
　　{ 语句段 **1;**
　　　语句段 **2;**
　　　　…;
　　}

"条件"是一个关系表达式，用来实现判断，"条件"要用( )括起来。如果"条件"的值为 true，则执行{ }里面的语句，否则跳过 if 语句执行后面的语句。如果语句段只有一句，可以省略{ }，如：

　　if (x==1)　y=6;

【演练 8-4】　if 语句的用法。本例弹出一个 confirm 确认框，如果用户单击"确定"按钮，则网页中显示"OK!"；如果单击"取消"按钮，则网页中显示"Cancel!"。本例文件 8-4.html 的显示效果如图 8-6 和图 8-7 所示。

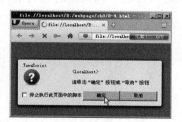

图 8-6　初始显示　　　　　　　　图 8-7　单击"确定"按钮后的显示结果

代码如下：

```
<!doctype html>
<body>
<script>
    var userChoice = window.confirm("请单击"确定"按钮或"取消"按钮");
    if (userChoice == true) {            //如果单击"确定"按钮
        document.write("OK!");
    }
    if (userChoice == false) {           //如果单击"取消"按钮
        document.write("Cancel!");
    }
</script>
```

```
            </body>
            </html>
```

【**说明**】 其中的 window.confirm("提示文本")是 windows 对象的 confirm 方法，其功能是弹出确认框，如果单击"确定"按钮，则其函数值为 true；单击"取消"按钮，其函数值为 false。

本例也可以使用"?"条件测试运算符，其代码如下：

```
            <script>
                var userChoice = window.confirm("请单击"确定"按钮或"取消"按钮");
                var result = (userChoice == true) ? "OK!" : "Cancel!";
                document.write(result);
            </script>
```

（2）if…else 语句

if…else 语句的格式如下：

```
            if (条件)
                语句段 1;
            else
                语句段 2;
```

若"条件"为 true，则执行语句段 1；否则执行语句段 2。"条件"要用( )括起来。若 if 后的语句段有多行，则必须使用花括号将其括起来。

（3）switch 语句

分支语句 switch 根据变量的取值不同采取不同的处理方法。switch 语句的格式如下：

```
            switch (变量)
            { case  特定数值 1 :
                    语句段 1;
                    break;
                case  特定数值 2 :
                    语句段 2;
                    break;
                …
            default :
                    语句段 3; }
```

"变量"要用( )括起来，case 要用{ }括起来。语句段即使是由多个语句组成的，也不能用{ }括起来。

当 switch 中变量的值等于第一个 case 语句中的特定数值时，执行其后的语句段，执行到 break 语句时，直接跳离 switch 语句；如果变量的值不等于第一个 case 语句中的特定数值，则判断第二个 case 语句中的特定数值。如果所有的 case 都不符合，则执行 default 中的语句。如果省略 default 语句，当所有 case 都不符合时，则跳离 switch，什么都不执行。每条 case 语句中的 break 是必需的，如果没有 break 语句，则将继续执行下一个 case 语句的判断。

【**演练 8-5**】 if 语句和 switch 语句的用法。本例文件 8-5.html 的显示效果如图 8-8

所示。

代码如下：

图 8-8　文件 8-5.html 的显示效果

```html
<!doctype html>
  <head><title>if and switch 示例</title></head>
  <body>
    <script language="JavaScript">
      var x=1, y ;
      document.write("x=1");
      document.write("<br>");
      if (x==1)                          //如果 x 等于 1
        document.write("x 等于 1");
      else                               //如果 x 不等于 1
        document.write("x 不等于 1");
      document.write("<br>");
      switch (x)
      { case 0 : document.write("x 等于 0");
                break;
        case 1 : document.write("x 是等于 1");
                break;
        default : document.write("x 不等于 0 或 1");
      }
    </script>
  </body>
</html>
```

【说明】　在 switch 语句结构中，每条 case 语句中都必须包括 break 语句，否则程序将继续执行下一个 case 语句的判断。

2．循环语句

JavaScript 中提供了多种循环语句，有 for、while 和 do…while 语句，还提供用于跳出循环的 break 语句，用于终止当前循环并继续执行下一轮循环的 continue 语句，以及用于标记语句的 label。

（1）for 循环语句

for 循环语句的格式如下：

```
for (初始化; 条件; 增量)
  {
     语句段;
  }
```

for 实现条件循环，当"条件"成立时，执行语句段，否则跳出循环体。

for 循环语句的执行步骤如下：

1）执行"初始化"部分，给计数器变量赋初值。

2）判断"条件"是否为真，如果为真则执行循环体，否则就退出循环体。

3）执行循环体语句之后，执行"增量"部分。

4）重复步骤2）和3），直到退出循环。

JavaScript 也允许循环的嵌套，从而实现更加复杂的应用。

【演练 8-6】 for 循环语句的用法。用 for 语句在网页中用"*"号组成一个三角形，本例文件 8-6.html 的显示效果如图 8-9 所示。

代码如下：

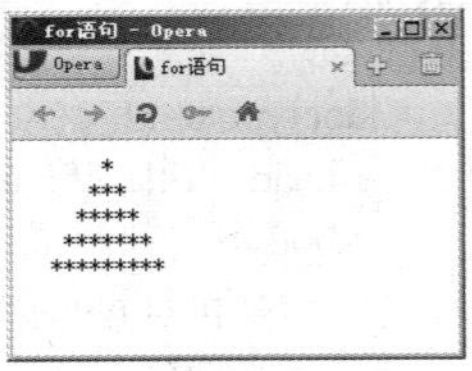

图 8-9　文件 8-6.html 的显示效果

```
<!doctype html>
  <head><title>for 语句</title></head>
  <body>
    <script language='javascript'>
      var x,y;
      for (x=0; x<5; x++)              //x 为行控制变量，5 行
        { for (y=0; y<=(5-x); y++)     //y 为当前行的空格个数
            document.write(' ');   //  是空格的字符
          for (i=1; i<=(2*x+1); i++)   //i 为当前行"*"的个数
            document.write('*');
          document.write('<br>')       // 换行
        }
    </script>
  </body>
</html>
```

【说明】 当 for 循环只控制一行语句时，可以省略循环结构的开始括号"{"和结束括号"}"。

（2）while 循环语句

while 循环语句的格式如下：

```
while (条件)
  {
     语句段;
  }
```

当条件表达式为真时就执行循环体中的语句。"条件"要用( )括起来。

while 语句的执行步骤如下：

1）计算"条件"表达式的值。

2）如果"条件"表达式的值为真，则执行循环体，否则跳出循环。

3）重复步骤 1）和 2），直到跳出循环。

有时可用 while 语句代替 for 语句。while 语句适合条件复杂的循环，for 语句适合已知循环次数的循环。

【演练 8-7】 while 循环语句的用法。在下面的程序中，如果单击"取消"按钮，则将再次让用户选择，直到单击"确定"按钮才能退出选择，然后在网页中显示"你最终选定的是 OK!"，本例文件 8-7.html 在浏览器中显示的效果如图 8-10 和图 8-11 所示。

代码如下：

```
<!doctype html>
<head><title>while 语句</title></head>
<body>
<script>
```

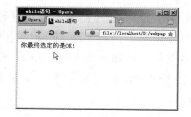

图 8-10　初始显示　　　　　　图 8-11　单击"确定"按钮后的显示效果

```
var result = window.confirm("请单击"确定"按钮或"取消"按钮");
while (result == false) {
    result = window.confirm("请单击"确定"按钮或"取消"按钮");
}
document.write("你最终选定的是 OK!");
</script>
</body>
</html>
```

（3）do…while 语句

do…while 语句是 while 的变体，其格式如下：

```
do
  {
     语句段;
  }
while (条件)
```

do…while 的执行步骤如下：

1）执行循环体中的语句。

2）计算条件表达式的值。

3）如果条件表达式的值为真，则继续执行循环体中的语句，否则退出循环。

4）重复步骤 1）和 2），直到退出循环。

do…while 语句的循环体至少要执行一次，而 while 语句的循环体可以一次也不执行。

无论使用哪一种循环语句，都要注意控制循环的结束标志，避免出现死循环。

（4）标号语句

label 语句用于为语句添加标号。在任意语句前放上标号，都可为该语句指定一个标号。其格式如下：

```
标号名称: 语句;
```

label 语句常常用于标记一个循环、switch 或 if 语句，且与 break 或 continue 语句联合使用。

（5）break 语句

break 语句的功能是无条件跳出循环结构或 switch 语句。一般 break 语句是单独使用的，有时也可在后面加一个语句标号，以表明跳出该标号所指定的循环体，然后执行循环体后面的代码。

（6）continue 语句

continue 语句的功能是结束本轮循环，跳转到循环的开始位置，从而开始下一轮循环；而 break 则是结束整个循环。continue 可以单独使用，也可以与语句标号一起使用。

【演练 8-8】 continue 语句和 break 语句的用法。在网页上输出 1～10 的数字后跳出循环，本例文件 8-8.html 的显示效果如图 8-12 所示。

代码如下：

图 8-12　文件 8-8.html 的显示效果

```
<!doctype html>
  <head><title>continue 和 break 的用法</title></head>
  <body>
    <script language='javascript'>
      var x;
      document.write('continue 语句');
      for(x=1;x<10;x++)
        { if (x%2==0) continue;        //遇到偶数则跳出此次循环，进入下次循环
            document.write(x+' ');
        }
      document.write('<br>');
      document.write('break 语句');
      for (x=1;x<=10;x++)
        { if (x%3==0) break;           //遇到能被 3 整除的数，结束整个循环
            document.write(x+' ');
        }
    </script>
  </body>
</html>
```

【说明】 break 语句使得循环从 for 或 while 中跳出，continue 使得跳过循环内剩余的语句而进入下一次循环。

8.4.3　函数

在 JavaScript 中，函数是能够完成一定功能的代码块，它可以在脚本中被事件和其他语句调用。一般在编写一个脚本时，当有一段能够实现特定功能的代码需要经常使用时，就要考虑编写一个函数来实现这个功能以代替这段代码。当要用到这个功能时，即可直接调用这个函数，而不必再写这一段代码。这样，可以提高程序的可读性，也利于脚本的编写和调试。

1．函数的定义

JavaScript 并不区分函数（Function）和过程（Procedure），在 JavaScript 中只有函数。也就是说，JavaScript 中的函数同时具有函数和过程的功能。函数是已命名的代码块，代码块中的语句被作为一个整体引用和执行。函数可以使用参数来传递数据，也可以不使用参数。函数在完成功能后可以有返回值，也可以不返回任何值。

JavaScript 也遵循先定义函数，后调用函数的规则。函数的定义通常放在 HTML 文档头中，也可以放在其他位置，但最好放在文档头，这样就可以确保先定义后使用。

定义函数的格式如下：

function 函数名(参数 1，参数 2，…)

```
    {
        语句段;
        …
        return 表达式;            // return 语句指明被返回的值
    }
```

函数名是调用函数时引用的名称，一般用能够描述函数实现功能的单词来命名，也可以用多个单词组合命名。参数是调用函数时接收传入数据的变量名，可以是常量、变量或表达式，是可选的；可以使用参数列表，向函数传递多个参数，使得在函数中可以使用这些参数。{}中的语句是函数的执行语句，当函数被调用时执行。如果返回一个值给调用函数的语句，则应该在代码块中使用 return 语句。

【演练 8-9】 在 JavaScript 中使用函数。本例文件 8-9.html 的显示效果如图 8-13 所示。

代码如下：

图 8-13　文件 8-9.html 的显示效果

```html
<!doctype html>
  <head>
    <title>使用函数</title>
    <script language="javascript">
      function message(message) {
          document.write(message);
      }                              //本函数没有返回值
      function multiple(number1,number2) {
        var result = number1 * number2;
        return result;               //本函数有返回值
      }
    </script>
  </head>
  <body>
    <script language="javascript">
      message("Hi");                 //调用有参数的函数，本函数没有返回值
      document.write('<br>');
      var result = multiple(10,20);  //调用有返回值的函数
      document.write(result);
    </script>
  </body>
</html>
```

【说明】 如果需要函数有返回值，则要使用 return 语句。

2．函数的调用

（1）无返回值的调用

如果函数没有返回值或调用程序不关心函数的返回值，则可以用下面的格式调用定义的函数：

函数名(传递给函数的参数 1，传递给函数的参数 2，…)；

例如，【演练 8-9】程序代码中的 message("Hi"); 语句，由于 message 函数没有返回值，所以可以使用这种方式。

（2）有返回值的调用

如果调用程序需要函数的返回结果，则要用下面的格式调用定义的函数：

变量名=函数名(传递给函数的参数 1, 传递给函数的参数 2, ...);

例如，result = multiple(10,20);。

对于有返回值的函数调用，也可以在程序中直接利用其返回的值。例如，document.write(multiple(10,20));。

（3）在超链接标记中调用函数

当单击超链接时，可以触发调用函数，有两种方法。

1）使用<a>标记的 onClick 属性调用函数，其格式如下：

<a href="#" onClick="函数名(参数表)"> 热点文本 </a>

2）使用<a>标记的 href 属性，其格式如下：

<a href="javascript:函数名(参数表)"> 热点文本 </a>

（4）在装载网页时调用函数

有时希望在装载（执行）一个网页时仅执行一次 JavaScript 代码，这时可使用<body>标签的 onLoad 属性，其代码形式如下：

```
<head>
  <script language="JavaScript">
    function  函数名(参数表) {
        当网页装载完成后执行的代码;
    }
  </script>
</head>
<body onLoad="函数名(参数表);">
    网页的内容
</body>
```

【演练 8-10】 在装载网页时调用函数。本例文件 8-10.html 的显示效果如图 8-14 所示。

代码如下：

图 8-14　文件 8-10.html 的显示效果

```
<!doctype html>
  <head>
    <title>装载网页时调用函数</title>
    <script language="JavaScript">
function hello() {                    //定义函数
    window.alert("Hello");
}
    </script>
  </head>
  <body onLoad="hello();">        <!-- 使用 onLoad 调用函数 -->
    网页内容
  </body>
</html>
```

8.5 基于对象的 JavaScript 语言

JavaScript 语言采用的是基于对象的（Object-Based）、事件驱动的编程机制，因此，必须理解对象及对象的属性、事件和方法等概念。

1. 对象

（1）对象的概念

JavaScript 中的对象是由属性（properties）和方法（methods）两个基本元素构成的。用来描述对象特性的一组数据，也就是若干个变量，称为属性；用来操作对象特性的若干个动作，也就是若干函数，称为方法。

简单地说，属性用于描述对象的一组特征，方法是为对象实施一些动作，对象的动作常要触发事件，而触发事件又可以修改属性。一个对象建立以后，其操作就通过与该对象有关的属性、事件和方法来描述。

例如，document 对象的 bgColor 属性用于描述文档的背景颜色，使用 document 对象的 write 方法可以向页面中写入文本内容。

通过访问或设置对象的属性，并且调用对象的方法，就可以对对象进行各种操作，从而获得需要的功能。

在 JavaScript 中，可以使用的对象有 JavaScript 的内置对象、由浏览器根据 Web 页面的内容自动提供的对象、用户自定义的对象。

JavaScript 中的对象同时又是一种模板，它描述一类事物的共同属性，而在程序编制过程中，所使用的是对象的实例而非对象。对象和对象实例的这种关系就好像人类与具体某个人的关系一样。

JavaScript 中的对象名、属性名与变量名一样要区分大小写。

（2）对象的使用

要使用一个对象，有下面 3 种方法：

- 引用 JavaScnPt 内置对象。
- 由浏览器环境中提供。
- 创建新对象。

一个对象在被引用之前必须已经存在。

（3）对象的操作语句

在 JavaScript 中提供了几个用于操作对象的语句和关键字及运算符。

1）for…in 语句。for…in 语句的基本格式如下：

```
for(变量 in 对象){
    代码块;
}
```

该语句的功能是用于对某个对象的所有属性进行循环操作，它将一个对象的所有属性名称逐一赋值给一个变量，并且不需要事先知道对象属性的个数。

【演练 8-11】 列出 window 对象的所有属性名及其对应的值。本例文件 8-11.html 的显示效果如图 8-15 所示。

代码如下：

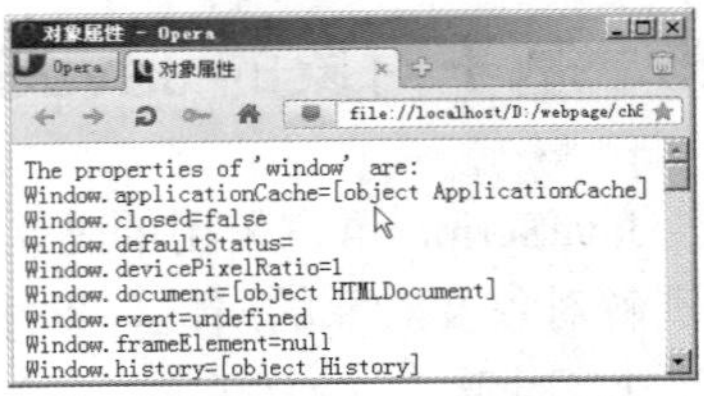

图 8-15　文件 8-11.html 的显示效果

```
<!doctype html>
<head>
<title>对象属性</title>
</head>
<body>
The properties of 'window' are:<br>
    <script language="javascript">
      for(var i in window){
      window.document.write('Window.'+i+'='+window[i]+'<br>');
          }
    </script>
</body>
</html>
```

【说明】　通过 for…in 循环，window 对象的所有属性名及其对应的值都被显示出来了，中间用 "="分开。

2）with 语句。with 语句的基本格式如下：

```
with(对象){
    代码块;
    }
```

该语句的功能用于声明一个对象，代码块中的语句都被认为是对这一对象属性进行的操作。这样，当需要对一个对象进行大量操作时，就可以通过 with 语句来替代一连串的"对象名"，从而节省代码。

例如，下面是一个使用 Date 对象显示当前时间的程序：

```
<script language="javascript">
  var current_time=new Date();
  var str_time=current_time.getHours()+":"+current_time.getMinutes()+":"+current_time.getSeconds();
  alert(str_time);
</script>
```

可以使用 with 语句简写为如下格式：

```
<script language="javascript">
  var current_time=new Date();
  with (current_time) {
     var str_time=getHours()+":"+getMinutes()+":"+getSeconds();
     alert(str_time);
  }
</script>
```

3）this 关键字。this 用于将对象指定为当前对象。

4）new 关键字。使用 new 可以创建指定对象的一个实例。其创建对象实例的格式如下：

对象实例名=new 对象名(参数表);

5）delete 操作符。delete 操作符可以删除一个对象的实例。其格式如下：

delete 对象名;

2．对象的属性

在 JavaScript 中，每一种对象都有一组特定的属性。有许多属性可能是大多数对象所共有的，如 name 属性定义对象的内部名称，还有一些属性只局限于个别对象才有。

对象属性的引用有 3 种方式。

（1）点（.）运算符

把点放在对象实例名和它对应的属性之间，以此指向一个唯一的属性。属性的使用格式如下：

对象名.属性名 = 属性值;

例如：一个名为 person 的对象实例，它包含了 sex、name 和 age 三个属性，对它们的赋值可用如下代码：

```
person.sex="female";
person.name="Jane";
person.age=18;
```

（2）对象的数组下标

通过"对象[下标]"格式也可以实现对象的访问。在用对象的下标访问对象属性时，下标是从 0 开始，而不是从 1 开始的。例如前面的代码可改为如下格式：

```
person[0]="female";
person[1]="Jane";
person[2]=18;
```

通过下标形式访问属性，可以使用循环操作获取其值。对上面的例子可用如下方式获取每个属性的值：

```
function show_number(person)
  {for(var i=0; i<3; i++)
    document.write(person[i])
  }
```

若采用 for…in 语句，则不知其属性的个数也可以实现：

```
function show_number(person)
  {for(var prop in this)
    document.write(this[prop])
  }
```

（3）通过字符串的形式实现

通过"对象[字符串]"格式实现对对象的访问：

```
person["sex"]="female";
person["name"]="Jane";
person["age"]=18;
```

3．对象的事件

事件就是对象上所发生的事情。事件是预先定义好的、能够被对象识别的动作，如单击（Click）事件、双击（DblClick）事件、装载（Load）事件和鼠标移动（MouseMove）事件等，不同的对象能够识别不同的事件。通过事件，可以调用对象的方法，以产生不同的执行动作。有关 JavaScript 的事件，将在后面详细介绍。

4．对象的方法

一般来说，方法就是要执行的动作。JavaScript 的方法是函数。如 window 对象的关闭（close）方法、打开（open）方法等。每个方法可完成某个功能，但其实现步骤和细节用户既看不到，也不能修改，用户能做的工作就是按照约定直接调用它们。

方法只能在代码中使用，其用法依赖于方法所需的参数个数及它是否具有返回值。

在 JavaScript 中，对象方法的引用非常简单。只需在对象名和方法之间用点分隔就可指明该对象的某一种方法，并加以引用。其格式如下：

对象名.方法()

例如，引用 person 对象中已存在的一个方法 howold()，则可使用如下代码：

```
document.write(person.howold());
```

如果引用 math 内部对象中 sin()的方法，则使用如下代码：

```
with(math){
    document.write(sin(30));
    document.write(sin(75));
}
```

若不使用 with，则引用时相对要复杂些：

```
document.write(math.sin(30));
document.write(math.sin(75));
```

8.6 DOM 对象及编程

网页最终都要通过与用户的交互操作，在浏览器中显示出来。JavaScript 将浏览器本身、网页文档，以及网页文档中的 HTML 元素等都用相应的内置对象来表示，其中一些对象是作为另外一些对象的属性存在的，这些对象及对象之间的层次关系统称为 DOM（Domcument Object Model，文档对象模型）。在脚本程序中访问 DOM 对象，就可以实现对浏览器本身、网页文档及网页文档中的 HTML 元素的操作，从而控制浏览器和网页元素的行为和外观。

DOM 对象的一个特点是，它的各种对象都有明确的从属关系。也就是说，一个对象可能是从属于另一个对象的，而它又可能包含了其他对象。如图 8-16 所示，显示了 DOM 对象的从属关系。

在从属关系中，window 对象的从属地位最高，它反映的是一个完整的浏览器窗口。window 对象的下级还包含 frame、document、location 和 history 对象，这些对象都是作为 window 对象的属性而存在的。网页文件中的各种元素对象又是 document 对象的直接或间接属性。

在 JavaScript 中，window 对象为默认的最高级对象，其他对象都直接或间接地从属于 window 对象，因此在引用其他对象时，不必再写"window."。

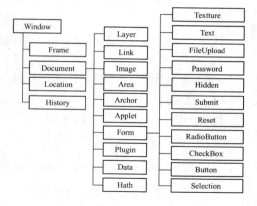

图 8-16　浏览器对象的从属关系

DOM 除了定义各种对象外，还定义了各个对象所支持的事件，以及各个事件所对应的用户的具体操作。

CSS、脚本编程语言和 DOM 的结合使用，能够使 HTML 文档与用户具有交互性和动态变换性，这 3 种技术的结合称为动态 HTML（Dynamic HTML，DHTML）。

本节主要介绍几个重要的浏览器对象，以及如何运用 JavaScript 编程实现用户与 Web 页面的交互。

8.6.1　窗口对象

窗口（window）对象处于整个从属关系的最高级，它提供了处理窗口的方法和属性。每一个 window 对象代表一个浏览器窗口。

1．属性

窗口对象的主要属性有以下几项，下面分别介绍。

1）defaultstatus：浏览器状态栏默认显示的信息。

2）status：浏览器状态栏当前显示的信息。

```
<body onload="window.status='欢迎光临电脑商城' ">
    <h3 style="font:9pt">在状态栏中显示文字</h3>
</body>
```

3）document、location、history：这 3 个下级对象也被作为 window 对象的属性。例如，下面代码将自动转到新的 URL：

```
<!doctype html>
<head>
<script language="JavaScript">
    window.location = "http://www.cmpbook.com/";        //新的 URL
</script>
</head>
<body>
    <p>当前网页</p>                                      //本内容来不及显示就立即转到新的 URL
</body>
</html>
```

也可以用表单实现用户输入 URL（如输入 http://www.sohu.com）。

```
<form>
    Enter a URL: <input type="text" name="url">
```

```
<input type="button" value="Go" onClick="window.location = this.form.url.value">
</form>
```

任何一个浏览器对象都被看做是其上级对象的属性。

2．方法

window 对象的主要方法有以下几种，下面分别介绍。

（1）close()

用于判断一个窗口是否被关闭。

下面一行代码可关闭当前窗口：

```
<a href="#" onClick="javascript:window.close();return false;">关闭窗口</a>
```

下面代码将在 2s 后关闭当前页：

```
<script language="JavaScript">
    setTimeout("window.close();", 2000);
</script>
```

（2）open（URL，windowName,parameterList）

根据页面地址、窗口名称、窗口风格打开一个窗口。例如，下面代码在显示主页时打开 holder.html，并立即关闭。

```
<!doctype html>
<head>
<script language="JavaScript">
    var placeHolder=window.open("holder.html","placeholder","width=200,height=200");
</script>
<title>The Main Page</title>
</head>
<body onLoad="placeHolder.close()">          //改为 onLoad="placeHolder"则不关闭打开的窗口
    <p>This is the main page</p>
</body>
</html>
```

（3）alert(text)

弹出警告框，参数为警告信息。

（4）confirm(text)

弹出确认框，参数为确认信息。

（5）prompt(text,defaultText)

弹出提示框，参数为提示信息和默认值。例如，下面代码执行时弹出提示框，要求用户输入文本，确定后显示刚才输入的文本。

```
<script languaga="JavaScript">
    var test=window.prompt("请输入数据:","");
    document.write("<p style='font:9pt;color:#009900'>您输入的是："+test+"</p>");
</script>
```

（6）setTimeout("functionName()", schedule time)

延时 schedule time ms（毫秒）后调用 functionName()函数。例如，下面代码延时

5000ms 后再调用 hell()函数，显示其对话框。

```
<script>
  function hello() {
    window.alert("Hello");
  }
  window.setTimeout("hello()",5000);
</script>
```

8.6.2　文档对象

文档（document）对象包含当前网页的各种特征，如标题、背景和使用的语言等。

1．属性

文档对象的主要属性有以下几项，下面分别介绍。

- title：文档标题。
- lastmodified：文档最后修改时间。
- URL：文档对应的页面地址。
- cookie：用来创建和获得信息 cookie。
- bgcolor：文档的背景色。
- fgcolor：文档的前景色。
- location：保存文档所有的页面地址信息。
- alinkcolor：激活超链接的颜色。
- linkcolor：超链接的颜色。
- vlinkcolor：已浏览过的超链接颜色。

在下面的例子中，单击"红色"按钮，将把网页改变为新的颜色。

```
<!doctype html>
<head>
<script language="JavaScript">
  document.bgColor="blue";                    //原来的颜色
  document.vlinkColor="white";
  document.linkColor="yellow";
  document.alinkColor="red";
  function changecolor(){                      //动态改变颜色
    document.bgColor="red";
    document.vlinkColor="blue";
    document.linkColor="green";
    document.alinkColor="blue";
  }
</script>
</head>
<body bgcolor="white" style="font:9pt" >
  <a href="#"> 超链接</a>
  <form >
    <input type="button" value="红色" onClick="changecolor()">
  </form>
</body>
```

```
        </html>
```

2. 方法

文档对象的主要方法有以下几种，下面分别介绍。

- write(text)：向页面内写文本或标签（不换行）。
- writeln(text)：向页面内写文本或标签，在最后一个字符后换行。
- open()：打开一个新文档。
- close()：关闭当前文档。

下面代码的功能是，用新文档的内容代替浏览器中的原始内容。

```
<!doctype html>
<html>
<head>
<script language="JavaScript">
  function newDocument() {
    document.open();
    document.write("<p>新文档内容</p>");
    document.close();
  }
</script>
</head>
<body>
  <p>文档正文</p>
  <p><a href="#" onClick="newDocument()">单击将显示新文档</a></p>
</body>
</html>
```

8.6.3 位置对象

位置（location）对象提供了与当前打开的 URL 一起工作的方法和属性。

1. 属性

位置对象的主要属性有以下几项，下面分别介绍。

- protocol：通信协议。
- host：页面所在 Web 服务器的主机名称。
- port：服务器通信的端口号。
- pathname：页面在服务器上的路径。
- hash：页面跳转的锚标信息。
- search：提交到服务器上进行搜索的信息。
- hostname：记录主机名称和端口号，中间用 ":" 分开。
- href：完整的 URL 地址。

2. 方法

位置对象的主要方法有以下几种，下面分别介绍。

assign(URL)：将页面导航到另一个地址上去。

reload：将页面全部刷新。

replace(URL)：使用指定的 URL 所对应的页面代替当前页面。

8.6.4 历史对象

历史（history）对象含有以前访问过的 URL 地址。

1. 属性

历史对象的主要属性是 length，它反映浏览器访问历史记录的数量。

2. 方法

历史对象的主要方法有 3 种，下面分别介绍。

back()：加载前一个浏览过的 URL。

forward()：加载后一个浏览过的 URL。

go(int)：载入相对于整数个位置之前或之后的超链接。例如，history.go(6)表示进入历史清单中后面的第 6 个 URL，history.go(-3)表示进入历史清单之前的第 3 个 URL。

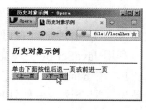

【**演练 8-12**】 历史对象 history 的用法。下面建立"上一页"和"下一页"按钮，来模仿浏览器的"前进"和"后退"按钮。本例文件 8-12.html 的显示效果如图 8-17 所示。

图 8-17 文件 8-12.html 的
显示效果

代码如下：

```
<!doctype html>
<head><title>历史对象示例</title>
<script language="JavaScript">
  function back()
    { window.history.back() ;}
  function forward()
    { window.history.forward(); }
</script>
</head>
<body>
  <h3>历史对象示例</h3><hr>
  <form>
    单击下面按钮后退一页或前进一页<br>
    <input type="button" value="<上一页" onclick="back()">
    <input type="button" value=">下一页" onclick="forward()">
  </form>
</body>
</html>
```

8.7 JavaScript 的对象事件处理程序

本节将介绍 JavaScript 的对象事件处理程序，包括对象的事件及常用的事件和处理。

8.7.1 对象的事件

在 JavaScript 中，事件是预先定义好的、能够被对象识别的动作，事件定义了浏览者与网页交互时产生的各种操作。例如，单击按钮时，就产生一个事件，通知浏览器发生了需要进行处理的单击操作。浏览器的一些动作也可能产生事件，例如，当浏览器载入一个网页时，就会产生 Load 事件。当事件发生时，JavaScript 将检测两条信息，即发生的是哪种事件和哪个对象接收了事件。

每种对象能识别一组预先定义好的事件，但并非每一种事件都会产生结果，因为 JavaScript 只是识别事件的发生。为了使对象能够对某一事件做出响应（Respont），就必须编写事件处理函数。

事件处理函数是一段独立的程序代码，它在对象检测到某个特定事件时执行（响应该事件）。一个对象可以响应一个或多个事件，因此可以使用一个和多个事件过程对用户或系统的事件做出响应。程序员只需编写必须响应的事件函数，而其他无用的事件过程则不必编写，如命令按钮的"单击"（Click）事件比较常见，其事件函数需要编写，而其 MouseDown 或 MouseUp 事件则可有可无，程序员可根据需要进行选择。

利用 JavaScript 实现交互功能的 Web 网页基本拥有以下 3 部分的内容：

1）在 head 部分定义一些 JavaScript 函数，其中一些可能是事件处理函数，另外一些可能是为了配合这些事件处理函数而编写的普通函数。

2）HTML 本身的各种格式控制标记。

3）拥有句柄属性的 HTML 标记，主要涉及一些界面元素。这些元素可把 HTML 与 JavaScript 代码相连。

句柄就是界面对象的一个属性，以存储特定事件处理函数的信息。每当事件发生时，JavaScript 自动查找界面对象中相应的事件句柄，调用注册在上面的事件处理函数。

一般的句柄形式总是在事件的名称前面加前缀 on，例如对应事件 Load 的句柄就是 onLoad。

事件句柄不但可注册在发生 HTML 语言中，还可使用 JavaScript 语句注册在界面对象上。事件句柄不仅可在发生实际的用户事件时由浏览器调用，也可以在 JavaScript 中调用。

尽可能利用函数的形式来定义所有事件的句柄，因为通常事务处理不是几个语句能够解决的，而太长的语句会严重影响文件的可读性，加重浏览器的负担，甚至导致浏览器的崩溃。

对象事件有 3 类：

1）用户引起的事件，如网页装载、表单提交等。

2）引起页面之间跳转的事件，主要是超链接。

3）表单内部与界面对象的交互，包括界面对象的改变等。这类事件可以按照应用程序的具体功能自由设计。

8.7.2 常用的事件及处理

1. 浏览器事件

浏览器事件主要由 Load、unLoad、DragDrop 及 Submit 等事件组成。

（1）Load 事件

Load 事件发生在浏览器完成一个窗口或一组帧的装载之后。onLoad 句柄在 Load 事件发生后由 JavaScript 自动调用执行。因为这个事件处理函数可在其他所有的 JavaScript 程序和网页之前被执行，可以用来完成网页中所用数据的初始化，如弹出一个提示窗口，显示版权或欢迎信息，弹出密码认证窗口等。例如：

```
<body onLoad="window.alert(Pleae input password!")>
```

网页开始显示时并不触发 Load 事件，只有当所有元素（包含图像、声音等）被加载完成后才触发 Load 事件。

例如，下面的代码可以在加载网页时显示对话框说明已经触发了 Load 事件。

```
<!doctype html>
  <head><title>Load 事件过程</title>
    <script language="javascript">
      function init()
      {   window.alert("触发了 Load 事件");
      }
    </script>
  </head>
  <body onLoad="init()"> 网页内容 </body>
</html>
```

（2）unLoad 事件

unLoad 事件发生在用户在浏览器的地址栏中输入一个新的 URL，或者使用浏览器工具栏中的导航按钮，从而使浏览器试图载入新的网页。在浏览器载入新的网页之前，自动产生一个 unLoad 事件，通知原有网页中的 JavaScript 脚本程序。

onunLoad 事件句柄与 onLoad 事件句柄构成一对功能相反的事件处理模式。使用 onLoad 事件句柄可以初始化网页，而使用 onunLoad 事件句柄则可以结束网页。

下面例子在打开 HTML 文件时显示"欢迎"，在关闭浏览器窗口时显示"再见"。

```
<html>
  <body onLoad="alert('欢迎')" onunLoad="alert('再见')" >
    网页内容
  </body>
</html>
```

（3）Submit 事件

Submit 事件是在完成信息的输入准备将信息提交给服务器处理时发生的。onSubmit 句柄在 Submit 事件发生时由 JavaScript 自动调用执行。onSubmit 句柄通常在<form>标记中声明。

为了减少服务器的负担，可在 Submit 事件处理函数中实现最后的数据校验。如果所有的数据验证都能通过，就可返回一个 true 值，让 JavaScript 向服务器提交表单，把数据发送给服务器；否则，就返回一个 false 值，禁止发送数据，且给用户相关的提示，让用户重新输入数据。

【演练 8-13】 使用 Submit 事件验证表单提交的数据是否合法。本例是一个在提交时检查条件是否满足要求的简单程序。首先定义了一个文本输入框，要求用户在此文本框中输入一个在"a"和"z"之间的小写字母。在用户提交表单时，就用 check()函数对文本框中的内容进行校验。若输入文本框中的是一个小写字母，就提交表单；否则就给出提示，并保持当前的表单。本例文件 8-13.html 的显示效果如图 8-18 所示。

代码如下：

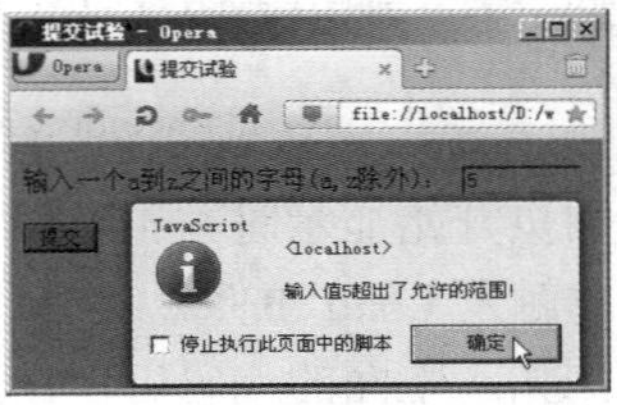

图 8-18　文件 8-13.html 的显示效果

```
<!doctype html>
<head>
<title>提交试验</title>
<script language="JavaScript">
  function check() {
    //引用表单元素：文档.表单名.文本框名
    var va1=document.chform.textname.value;
    if("a"<va1 && va1<"z")          //如果输入 a～z 的小写字母
      return(true);                  //函数返回真
    else {
      alert("输入值"+va1+"超出了允许的范围!");
      return(false);}               //函数返回假
  }
</script>
</head>
<body>
  <form name="chform" method="post" onSubmit="check()">
    <p>输入一个 a～z 的字母(a,z 除外):
    <input type="text" name="textname" value="a" size="10"></p>
    <input type="submit">
  </form>
</body>
</html>
```

【说明】　网页中引用表单元素的语法是：文档.表单名.表单元素。例如，document. chform.textname。

2．鼠标事件

常用的鼠标事件有 MouseDown、MouseMove、MouseUp、MouseOver、MouseOut、Click、Blur 及 Focus 等事件。

（1）MouseDown 事件

当按下鼠标的某一个键时发生 MouseDown 事件。在这个事件发生后，JavaScript 自动调用 MouseDown 句柄。

在 JavaScript 中，如果发现一个事件处理函数返回 false 值，就中止事件的继续处理。如果 MouseDown 事件处理函数返回 false 值，与鼠标操作有关的其他一些操作，例如拖放、激活超链接等都会无效，因为这些操作首先都必须产生 MouseDown 事件。

这个句柄适用于网页、普通按钮及超链接。

（2）MouseMove 事件

移动鼠标时，发生 MouseMove 事件。这个事件发生后，JavaScript 自动调用 onMouse Move 句柄。MouseMove 事件不从属于任何界面元素。只有当一个对象（浏览器对象 window 或者 document）要求捕获事件时，这个事件才在每次鼠标移动时产生。

（3）MouseUp 事件

释放鼠标键时，发生 MouseUp 事件。在这个事件发生后，JavaScript 自动调用 onMouseUp 句柄。这个事件同样适用于普通按钮、网页及超链接。

230

与 MouseDown 事件一样，如果 MouseUp 事件处理函数返回 false 值，与鼠标操作密切有关的其他操作，例如拖放、选定文本及激活超链接都无效，因为这些操作首先都必须产生 MouseUp 事件。

　　（4）MouseOver 事件

　　当将鼠标光标移动到一个对象上面时，发生 MouseOver 事件。在 MouseOver 事件发生后，JavaScript 自动调用执行 onMouseOver 句柄。

　　在通常情况下，当光标扫过一个超链接时，超链接的目标会在浏览器的状态栏中显示；也可通过编程在状态栏中显示提示信息或特殊的效果，使网页更具有变化性。例如下面的示例，第 1 行代码为当光标在超链接上时可在状态栏中显示指定的内容，第 2、3、4 行代码是当光标在文字或图像上时，弹出相应的对话框。

```
<a href="http://www.sohu.com/" onMouseOver="window.status='你好吗';return true">请单击</a>
<a href onMouseover="alert('弹出信息！')">显示的超链接文字</a>
<img src="image1.jpg" onMouseOver="alert('在图像之上');"><br>
<a href="#" onMouseOver="window.alert('在超链接之上');"><img src="image2.jpg"></a><hr>
```

　　（5）MouseOut 事件

　　MouseOut 事件发生在光标离开一个对象时。在这个事件发生后，JavaScript 自动调用 onMouseOut 句柄。这个事件适用于区域、层及超链接对象。

　　下例是一个使用 MouseOut 事件句柄的实例。每次当光标在对象上面移过并离开它时，就会弹出对话框。需要注意的是，浏览者是被迫地接受信息，多次重复这一过程，就会不能忍受，所以要慎用这样的事件。

```
<html>
<head><title>MouseOut 事件</title>
<script language="JavaScript">
　function warn(){
　　if (confirm("下面将自动转到新浪网"))
　　　window.location="http://www.sina.com.cn";
　}
</script>
</head>
<body>
　<p><a href="http://www.sina.com.cn" onMouseOut="warn()">新浪主页</a></p>
</body>
</html>
```

　　（6）Click 事件

　　Click 事件可在两种情况下发生。首先，在一个表单上的某个对象被单击时发生；其次，在单击一个超链接时发生。onClick 事件句柄在 Click 事件发生后由 JavaScript 自动调用执行。onClick 事件句柄适用于普通按钮、提交按钮、单选按钮、复选框及超链接。下面代码用于单击图像后弹出一个对话框。

```
<img src="image1.jpg" onClick="window.alert('单击图像');"><br>
```

　　例如，下面程序检测文本框中输入的内容，并在信息框中显示出来。

```
<body>
<form name="myForm">
   <input type="text" name="myText">
</form>
<a href="#" onClick="window.alert(document.myForm.myText.value);">Check Text Field</a>
</body>
```

MouseDown 和 MouseUp 的事件处理函数一样，如果通过 Click 事件句柄返回 false 值，将会取消这个单击动作。

（7）Blur 事件

Blur 事件是在一个表单中的选择框、文本输入框中失去焦点时，即在表单其他区域单击鼠标时发生的。即使此时当前对象的值没有改变，仍会触发 onBlur 事件。onBlur 事件句柄在 Click 事件发生后，由 JavaScript 自动调用执行。

下例要求浏览者必须在"姓名"文本框中输入内容，用 onBlur 事件检测当前值是否改变。

```
<html><head><title>welcome</title>
<script language="JavaScript">
   function luqu()
   { var th=window.reform.stu_name.value;
      if(th=="")
      { alert("姓名不能为空!"); }
   }
</script>
</head><body>
<form name="reform" method="POST">
   <p>请输入姓名： <input type="text" name="stu_name" size="10" onBlur="luqu()"></p>
   <p>请输入学号： <input type="text" name="stu_no" size="12"></p>
</form>
</body></html>
```

在本例中，需要浏览者输入姓名和学号。当浏览者先输入姓名，然后转换焦点到"学号"文本框时，就会判断"姓名"文本框中的内容是否为空。如果文本框中内容为空就提示浏览者"姓名"不能为空。

（8）Focus 事件

在一个选择框、文本框或者文本输入区域得到焦点时发生 Focus 事件。onFocus 事件句柄在 Click 事件发生时由 JavaScript 自动调用执行。用户可以通过单击对象，也可以通过键盘上的【Tab】键使一个区域得到焦点。

onFocus 句柄与 onBlur 句柄功能相反。

3．键盘事件

在介绍键盘事件之前，先来了解 JavaScript 解释器传给键盘事件处理函数 event 对象的一些共同属性。

type：指示各自的事件名称，以字符串形式表示。

layerX，layerY：指示发生事件时，光标相对于当前层的水平和垂直位置。

pageX，pageY：指示发生事件时，光标相对于当前网页的水平和垂直位置。

screenX，screenY：指示发生事件时，光标相对于屏幕的水平和垂直位置。

which：指示键盘上按下键的 ASCII 码值。

modifiers：指示键盘上随着按下键的同时可能按下的修饰键。

下面介绍几个主要的键盘事件。

（1）KeyDown 事件

在键盘上按下一个键时，发生 KeyDown 事件。在这个事件发生后，由 JavaScript 自动调用 onKeyDown 句柄。该句柄适用于浏览器对象 document、图像、超链接及文本区域。

（2）KeyPress 事件

在键盘上按下一个键时，发生 KeyDown 事件。在这个事件发生后，由 JavaScript 自动调用 onKeyPress 句柄。该句柄适用于浏览器对象 document、图像、超链接及文本区域。

KeyDown 事件总是发生在 KeyPress 事件之前。如果这个事件处理函数返回 false 值，就不会产生 KeyPress 事件。

（3）KeyUp 事件

在键盘上按下一个键，再释放这个键的时候发生 KeyUp 事件。在这个事件发生后由 JavaScript 自动调用 onKeyUp 句柄。这个句柄适用于浏览器对象 document、图像、超链接及文本区域。

（4）Change 事件

在一个选择框、文本输入框或者文本输入区域失去焦点，其中的值又发生改变时，就会发生 Change 事件。在 Change 事件发生时，由 JavaScript 自动调用 onChange 句柄。Change 事件是个非常有用的事件，它的典型应用是验证一个输入的数据。

【演练 8-14】 使用 Change 事件查看购买不同商品获得的积分。浏览者可在下拉菜单中选择商品，只要改变了选择，JavaScript 可以截取这个改变，并调用函数，给出该商品相应积分的信息。本例文件 8-14.html 的显示效果如图 8-19 和图 8-20 所示。

图 8-19　初始显示

图 8-20　选择商品后的显示效果

代码如下：

```
<!doctype html>
<head>
<script language="JavaScript">
  function gograde(oneform)
  {
    oneform.grade.value=oneform.goods.options.value;
  }
</script>
</head>
<body>
  <form name="myform">
```

```
    <p>请选择您要购买的商品</p>
    <select name="goods" onchange="gograde(document.myform)">
        <option value="50 积分">志翔笔记本
        <option value="40 积分">天翔笔记本
        <option value="30 积分">飞翔笔记本
        <option value="20 积分">宇翔笔记本
    </select>
    您购买商品获得的积分是<input type="text" name="grade" value="50 积分">
    </form>
</body>
</html>
```

【说明】本例中，函数 gograde 的实际参数是表单 myform，引用表单的语法是：文档.表单名。

（5）Select 事件

选定文本框或文本输入区域的一段文本后，发生 Select 事件。在 Select 事件发生后，由 JavaScript 自动调用 onSelect 句柄。onSelect 句柄适用于文本框及文本输入区。

（6）Move 事件

在用户或标本程序移动一个窗口或者一个帧时，发生 Move 事件。在这个事件发生后，由 JavaScript 自动调用 onMove 句柄。该事件适用于窗口及帧。

（7）Resize 事件

在用户或者脚本程序移动窗口或帧时发生 Resize 事件，在事件发生后由 JavaScript 自动调用 onResize 句柄。该事件适用于浏览器对象 document 及帧。

8.7.3 表单对象与交互性

表单（Form）对象（称表单对象或窗体对象）提供一个让客户端输入文字或选择的功能，例如：单选按钮、复选框和选择列表等，由<form>标记组构成，JavaScript 自动为每一个表单建立一个表单对象，并可以将用户提供的信息送至服务器进行处理，当然也可以在 JavaScript 脚本中编写程序对数据进行处理。

表单中的基本元素（子对象）有按钮、单选按钮、复选按钮、提交按钮、重置按钮和文本框等。在 JavaScript 中要访问这些基本元素，必须通过对应特定的表单元素的表单元素名来实现。每一个元素主要是通过该元素的属性或方法来引用。

调用 form 对象的一般格式如下：

```
<form name="表单名" action="URL" ...>
    <input type="表项类型" name="表项名" value="默认值" 事件="方法函数"...>
    ...
</form>
```

1. Text 单行单列输入元素

1）功能。对 Text 标识中的元素实施有效的控制。

2）属性。name：设定提交信息时的信息名称。对应于 HTML 文档中的 name。

value：用于设定出现在窗口中对应 HTML 文档中 value 的信息。

defaultvalue 包括 Text 元素的默认值。

3）方法。blur()：将当前焦点移到后台。

select()：用于加亮文字。

4）事件。onFocus：当 Text 获得焦点时，产生该事件。

onBlur：当元素失去焦点时，产生该事件。

onselect：当文字被加亮显示后，产生该文件。

onchange：当 Text 元素值改变时，产生该文件。

在下面的程序中，浏览者必须在文本框中输入内容。

```
<head>
<script language="JavaScript">
  function checkField(field) {
    if (field.value == "") {              //如果文本框中未输入内容
      window.alert("您必须输入名字");      //弹出必须输入名字的警告框
      field.focus(); }
    else
      window.alert("您好"+field.value+"!");
  }
</script>
</head>
<body style="font:9pt">
  <form name="myForm">
    请输入名字: <input type="text" name="myField" onBlur="checkField(this)"><br>
    <input type="submit" value="提交">
  </form>
</body>
```

2. Textarea 多行多列输入元素

1）功能。对 Textarea 中的元素进行控制。

2）属性。name：设定提交信息时的信息名称，对应 HTML 文档 Textarea 的 name。

value：设定出现在窗口中对应 HTML 文档中 value 的信息。

defaultvalue：元素的默认值。

3）方法。blur()：将输入焦点失去。

select()：加亮文字。

4）事件。onBlur：当失去输入焦点后产生该事件。

onFocus：当输入获得焦点后，产生该文件。

onChange：当文字值改变时，产生该事件。

onSelect：加亮文字，产生该文件。

3. Select 选择元素

1）功能。实施对滚动选择元素的控制。

2）属性。name：设定提交信息时的信息名称，对应文档 select 中的 name。

value：用以设定出现在窗口中对应 HTML 文档中 value 的信息。

length：对应文档 select 中的 length。

options：组成多个选项的数组。

selectIndex：指明一个选项。

text：选项对应的文字。

selected：指明当前选项是否被选中。

index：指明当前选项的位置。

defaultselected：默认选项。

3）事件。onBlur：当 select 选项失去焦点时，产生该文件。

onFocas：当 select 获得焦点时，产生该文件。

onChange：选项状态改变后，产生该事件。

下面的程序可以把在列表框中选定的内容在信息框中显示出来：

```
<body>
<form name="myForm">
  <select name="mySelect">
    <option value="第一个选择">1</option>
    <option value="第二个选择">2</option>
    <option value="第三个选择">3</option>
  </select>
</form>
<a href="#" onClick="window.alert(document.myForm.mySelect.value);">请选择列表</a>
</body>
```

4．Button 按钮

1）功能。对 Button 按钮的控制。

2）属性。name：设定提交信息时的信息名称，对应文档中 button 的 name。

value：设定出现在窗口中对应 HTML 文档中 value 的信息。

3）方法。click()：该方法类似于单击一个按钮。

4）事件。onClick：当单击 Button 按钮时，产生该事件。

下例演示一个单击按钮的事件：

```
<body>
<form name="myForm" action="target.html">
  <input type="button" value="单击我" onClick="window.alert('你单击了我.');">
</form>
</body>
```

5．CheckBox 复选框

1）功能。对具有复选框功能的元素实施控制。

2）属性。name：设定提交信息时的信息名称。

value：用以设定出现在窗口中对应 HTML 文档中 value 的信息。

checked：该属性指明框的状态 true/false。

defauitchecked：默认状态。

3）方法。click()：使得复选框的某一个项被选中。

4）事件。onClick：当复选框被选中时，产生该事件。

下面程序中，单击超链接，将显示是否选中复选框的提示：

```
<body>
<form name="myForm">
```

```
    <input type="checkbox" name="myCheck" value="My Check Box"> Check Me
    </form>
    <a href="#" onClick="window.alert(document.myForm.myCheck.checked ? 'Yes' : 'No');">
    Am I Checked?</a>
    </body>
```

6. Password 口令

1）功能。对具有口令输入的元素的控制。

2）属性。name：设定提交信息时的信息名称，对应 HTML 文档中 password 中的 name。

value：设定出现在窗口中对应 HTML 文档中 value 的信息。

defaultvalu：默认值。

3）方法。select()：加亮输入口令域。

blur()：失去 passward 输入焦点。

focus()：获得 password 输入焦点。

7. submit 提交元素

1）功能。对一个具有提交功能按钮的控制。

2）属性。name：设定提交信息时的信息名称，对应 HTML 文档中 Submit。

value：用以设定出现在窗口中对应 HTML 文档中 value 的信息。

3）方法。click()：相当于单击 Submit 按钮。

4）事件。onClick：当单击该按钮时，产生该事件。

下面举例说明在 JavaScript 程序中如何使用 Form 对象实现 Web 页面信息交互。

8.8　实训

使用 Form 对象实现 Web 页面信息交互。本例要求浏览者输入姓名并检查输入的内容。
当不输入任何内容时，单击"提交"按钮会弹出对话
框，提示用户输入姓名。本例文件 8-15.html 的显示
效果如图 8-21 所示。

代码如下：

图 8-21　文件 8-15.html 的显示效果

```
    <!doctype html>
    <head>
    <script>
      function namecheck(){
        if (window.document.form1.name1.value.length==0)      //如果文本框中未输入内容
          alert("姓名不能为空!");
          return true; }
      function set() {
        if (confirm("真的清除吗?"))                            //在弹出的确认框中如果用户单击"确定"按钮
          return true;                                        //函数返回真
        else
          return false; }
    </script>
    </head>
```

```
        <body>
          <form name="form1" action="" method="post" onsubmit="namecheck()" onreset="set()">
            请输入姓名 <input type="text" name="name1" size="16"><br>
            <input type="submit" value="提交">
            <input type="reset" value="复位">
          </from>
        </body>
      </html>
```

【说明】 在 JavaScript 程序中使用 Form 对象，可以实现更为复杂的 Web 页面信息交互过程。但前提是这些交互过程只在 Web 页面内进行，不需要占用服务器资源。

使用 JavaScript 编程还有一个问题，就是其源代码是公开的。使用任何一个文本编辑器就可以打开，复制源代码就可以执行。所以 JavaScript 编程不适合口令检测等安全性要求较高的内容。

以上所讲的 JavaScript 编程仅局限于浏览器客户端脚本，其功能有限。JavaScript 也适用于服务器端脚本的编写，目前流行的 ASP（Active Server Page）就同时支持 JavaScript 和 VBScript，而且 ASP 能够提供比 CGI 更多的交互性。有关 JavaScript 在 ASP 中的应用请参看相关的 ASP 编程方面的书籍。

习题 8

1．在 Web 页面中用中文显示当天的日期和星期，如 2012 年 4 月 21 日星期六。请把下面代码加到其他网页中：

```
<script language="JavaScript">
today=new Date();
function date()
{
   this.length=date.arguments.length
   for(var i=0;i<this.length;i++)
      this[i+1]=date.arguments[i];
}
var d=new date("星期日","星期一","星期二","星期三","星期四","星期五","星期六");
document.write("<font color=##000000 style='font-size:9pt;font-family:宋体>",today.getYear(),"年",
today.getMonth()+1,"月",today.getDate(),"日",d[today.getDay()+1],"</font>" );
</script>
```

2．制作一个 Web 页面，当鼠标悬停（onMouseOver）在文字超链接上时，Web 页面从白色自动变为红色（document.bgColor='red'），如图 8-22 所示。

3．根据当前计算机系统的时间，显示不同时段的欢迎内容，如图 8-23 所示。

4．在网页中显示一个工作中的数字时钟，如图 8-24 所示。

5．当打开网页时，显示"欢迎光临"对话框；关闭浏览器窗口时，显示"再见"对话框。

6．文字循环向上滚动，当光标移动到文字上时，文字停止滚动；光标移开则继续滚动，如图 8-25 所示。

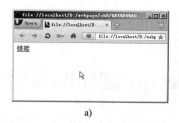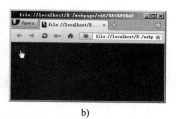

图 8-22　Web 页面

a) 白色　b) 红色

图 8-23　显示不同时段的欢迎内容

图 8-24　工作中的数字时钟

图 8-25　文字循环滚动

第9章 使用 JavaScript 制作网页特效

在网页中使用 JavaScript 脚本能增强页面的动态特性和特殊效果，能完成使用 HTML 元素属性无法完成的任务。JavaScript 脚本是制作网页特效最常用的技术之一。

9.1 制作循环滚动的字幕

在网页中制作滚动字幕需要使用<marquee>标签，其格式如下：

<marquee direction="left|right|up|down" behavior="scroll|side|alternate" loop="i|-1|infinite" hspace="m" vspace="n" scrollamount="i" scrolldelay="j" bgcolor="色彩" width="x|x%" height="y"> 滚动文字或（和）图片 **</marquee>**

字幕属性的含义如下。
- direction：设置字幕内容的滚动方向。
- behavior：设置滚动字幕内容的运动方式。
- loop：设置字幕内容的滚动次数，默认值为无限。
- hspace：设置字幕水平方向的空白像素数。
- vspace：设置字幕垂直方向的空白像素数。
- scrollamount：设置字幕滚动的数量，单位是 px（像素）。
- scrolldelay：设置字幕滚动的延迟时间，单位是 ms（毫秒）。
- bgcolor：设置字幕的背景颜色。
- width：设置字幕的宽度，单位是像素。
- height：设置字幕的高度，单位是像素。

【演练 9-1】 制作循环滚动的图像字幕。制作商城笔记本电脑展示的网页，滚动的图像支持超链接，并且当将鼠标指针移动到图像上时，画面静止；将鼠标指针移出图像后，图像继续滚动，页面显示的效果如图 9-1 所示。

图 9-1 循环滚动的图像字幕

（1）前期准备

在示例文件夹下创建图像文件夹 images，用来存放图像素材。将本页面需要使用的图像素材存放在文件夹 images 下，本例中使用的图片素材大小均为 130px×98px。

240

（2）建立网页

在示例文件夹下新建一个名为 9-1.html 的网页。

（3）编写代码

打开新建的网页 9-1.html，编写实现循环滚动图像字幕的程序。代码如下：

```
<!doctype html>
<html>
<head>
<title>商城笔记本电脑展示</title>
</head>
<body>
<table width="450" border="0" align="center">
<tr>
  <td>
  <div id=demo style="overflow: hidden; width: 450px; color: #ffffff; height: 130px">
    <table cellPadding=0 width=100% align=left border=0 cellspace=0>
    <tbody>
    <tr>
<!--------------------demo1--------------------->
    <td id=demo1 vAlign=top>
      <table cellSpacing=1 cellPadding=1>
      <tbody>
      <tr vAlign=top>
      <td vAlign=top noWrap>
        <div align=right>
          <table cellSpacing=0 cellPadding=0 align=center border=0>
            <tbody>
            <tr>
            <td align=middle>
            <table cellSpacing=0 cellPadding=0 width=150 align=center border=0>
            <tbody>
            <tr>
            <td align=middle height=100>
            <a href="#" target=_blank>
            <img height=98 src="images/goods_01.jpg" width=130 border=0>
            </a></td></tr>
            <tr>
            <td class=nav1 align=middle height=20>
            <a class=apm2 href="#" target=_blank>志翔笔记本电脑
            </a></td></tr></tbody></table></td>
            <td align=middle>
            <table cellSpacing=0 cellPadding=0 width=150 align=center border=0>
            <tbody>
            <tr>
            <td align=middle height=100>
            <a href="#" target=_blank>
            <img height=98 src="images/goods_02.jpg" width=130 border=0>
```

```
</a></td></tr>
<tr>
<td class=nav1 align=middle height=20>
<a class=apm2 href="#" target=_blank>天翔笔记本电脑
</a></td></tr></tbody></table></td>
<td align=middle>
<table cellspacing=0 cellpadding=0 width=150 align=center border=0>
<tbody>
<tr>
<td align=middle height=100>
<a href="#" target=_blank>
<img height=98 src="images/goods_03.jpg" width=130 border=0>
</a></td></tr>
<tr>
<td class=nav1 align=middle height=20>
<a class=apm2 href="#" target=_blank>宇翔笔记本电脑
</a></td></tr></tbody></table></td>
<td align=middle>
<table cellspacing=0 cellpadding=0 width=150 align=center border=0>
<tbody>
<tr>
<td align=middle height=100>
<a href="#" target=_blank>
<img height=98 src="images/goods_04.jpg" width=130 border=0>
</a></td></tr>
<tr>
<td class=nav1 align=middle height=20>
<a class=apm2 href="#" target=_blank>飞翔笔记本电脑
</a></td></tr></tbody></table></td>
<td align=middle>
<table cellspacing=0 cellpadding=0 width=150 align=center border=0>
<tbody>
<tr>
<td align=middle height=100>
<a href="#" target=_blank>
<img height=98 src="images/goods_05.jpg" width=130 border=0>
</a></td></tr>
<tr>
<td class=nav1 align=middle height=20>
<a class=apm2 href="#" target=_blank>山姆笔记本电脑
</a></td></tr></tbody></table></td>
<td align=middle>
<table cellspacing=0 cellpadding=0 width=150 align=center border=0>
<tbody>
<tr>
<td align=middle height=100>
<a href="#" target=_blank>
```

```
                        <img height=98 src="images/goods_06.jpg" width=130 border=0>
                        </a></td></tr>
                        <tr>
                        <td class=nav1 align=middle height=20>
                        <a class=apm2 href="#" target=_blank>汉姆笔记本电脑
                        </a></td></tr></tbody></table></td>
                        </tr></tbody></table></div></td></tr></tbody></table></td>
        <!-------------------demo2--------------------->
                        <td id=demo2 width="0">
                        </td>
                </tr></tbody></table>
            </div>
        <!-------------------demo end----------------->
        <script>
            var dir=1                          //每步移动的像素数，该值越大，字幕滚动越快
            var speed=20                        //循环周期（单位为 ms），该值越大，字幕滚动越慢
            demo2.innerHTML=demo1.innerHTML
            function Marquee(){                  //正常移动
                if (dir>0   && (demo2.offsetWidth-demo.scrollLeft)<=0) demo.scrollLeft=0
                if (dir<0 && (demo.scrollLeft<=0)) demo.scrollLeft=demo2.offsetWidth
                demo.scrollLeft+=dir
                demo.onmouseover=function() {clearInterval(MyMar)}                //暂停移动
                demo.onmouseout=function() {MyMar=setInterval(Marquee,speed)}    //继续移动
            }
            var MyMar=setInterval(Marquee,speed)
        </script>
        </td>
        </tr>
        </table>
        </body>
        </html>
```

【说明】 制作循环滚动字幕的关键在于字幕参数的设置及合适的图像素材，要求如下。

1）滚动字幕代码的第 1 行定义的是字幕 Div 容器，其宽度决定了字幕中能够同时显示的最多图片个数。例如，本例中每张图片的宽度为 130px，设置字幕 Div 的宽度为 450px。这样，在字幕 Div 中最多能显示 3 个完整的图片。字幕所在表格的宽度应当等于字幕 Div 的宽度。例如，设置表格的宽度为 450px，恰好等于字幕 Div 的宽度。

2）字幕 Div 的高度应当大于图片的高度，这是因为在图片下方定义的还有超链接文字，而文字本身也会占用一定的高度。例如，本例中每个图片的高度为 98px，设置字幕 Div 的高度为 130px，这样既可以显示出图片，也可以显示出超链接文字。

9.2 制作幻灯片切换的广告

在网站的首页中经常能够看到幻灯片切换的广告，既美化了页面的外观，又可以节省版

面的空间。本节主要讲解如何使用 JavaScript 脚本制作幻灯片切换的广告。

【演练 9-2】 制作幻灯片切换的笔记本电脑广告页面，每隔一段时间，广告自动切换到下一幅画面；用户单击广告下方的数字，将直接切换到相应的画面；用户单击超链接文字，可以打开相应的网页（读者可以根据需要自己设置超链接的页面，这里不再制作该超链接功能），页面显示的效果如图 9-2 所示。

图 9-2　幻灯片切换的广告

（1）前期准备

在示例文件夹下创建图像文件夹 images，用来存放图像素材。将本页面需要使用的图像素材存放在文件夹 images 下，本例中使用的图片素材大小均为 410px×350px。

（2）建立网页

在示例文件夹下新建一个名为 9-2.html 的网页。

（3）编写代码

打开新建的网页 9-2.html，编写实现幻灯片切换广告的程序。代码如下：

```
<!doctype html>
<html>
<head>
<title>商城笔记本电脑幻灯片广告</title>
</head>
<body>
<div style="width:410px;height:370px;border:1px solid #000">
<script type=text/javascript>
<!--
    imgUrl1="images/goods_01.jpg";
    imgtext1="志翔笔记本";
    imgLink1=escape("#");
    imgUrl2="images/goods_02.jpg";
    imgtext2="天翔笔记本";
    imgLink2=escape("#");
    imgUrl3="images/goods_03.jpg";
```

```
imgtext3="飞翔笔记本";
imgLink3=escape("#");
imgUrl4="images/goods_04.jpg";
imgtext4="宇翔笔记本";
imgLink4=escape("#");
var focus_width=410                                    //图片的宽度
var focus_height=350                                   //图片的高度
var text_height=20                                     //文字的高度
var swf_height = focus_height+text_height              //播放器的高度=图片的高度+文字的高度
var pics = imgUrl1+"|"+imgUrl2+"|"+imgUrl3+"|"+imgUrl4
var links = imgLink1+"|"+imgLink2+"|"+imgLink3+"|"+imgLink4
var texts = imgtext1+"|"+imgtext2+"|"+imgtext3+"|"+imgtext4
document.write('<object ID="focus_flash" classid="clsid:d27cdb6e-ae6d-11cf-96b8-44553540000"
codebase="http://fpdownload.macromedia.com/pub/shockwave/cabs/flash/swflash.cab#version=6,0,0,0"
width="'+ focus_width +'" height="'+ swf_height +'">');
document.write('<param name="allowScriptAccess" value="sameDomain"><param name="movie"
value="playswf.swf"><param name="quality" value="high"><param name="bgcolor" value="#fff">');
document.write('<param name="menu" value="false"><param name=wmode value="opaque">');
document.write('<param name="FlashVars" value="pics='+pics+'&links='+links+'&texts='+
texts+'&borderwidth='+focus_width+'&borderheight='+focus_height+'&textheight='+text_height+'">');
document.write('<embed ID="focus_flash" src="playswf.swf" wmode="opaque" FlashVars= "pics=
'+pics+'&links='+links+'&texts='+texts+'&borderwidth='+focus_width+'&borderheight='+focus_height+'&text
height='+text_height+'" menu="false" bgcolor="#c5c5c5" quality="high"
width="'+ focus_width+'" height="'+ swf_height +'" allowScriptAccess="sameDomain" type=
"application/x- shockwave-flash" pluginspage="http://www.macromedia.com/go/getflashplayer" />');
document.write('</object>');
-->
</script>
</div>
</body>
</html>
```

【说明】 制作幻灯片切换效果的关键在于播放器参数的设置及选择合适的图像素材，要求如下。

1）播放器参数中的 focus_width 设置为图片的宽度（410px），focus_height 设置为图片的高度（350px），text_height 设置为文字的高度（20px），pics 用于定义图片的来源，links 用于定义超链接文字的链接地址，texts 用于定义超链接文字的内容。

2）幻灯片所在 Div 容器的宽度应当等于图片的宽度，Div 容器的高度应当等于图片的高度+文字的高度。例如，设置 Div 容器的宽度为 410px，恰好等于图片的宽度；设置 Div 容器的高度为 370px，恰好等于图片的高度（350px）+文字的高度（20px）。

9.3 实训

在前面的章节中已经讲解了纵向列表模式导航菜单，在本章的实训中将讲解使用 CSS 样式结合 JavaScript 脚本制作二级纵向列表模式的导航菜单，页面的显示效果如图 9-3 所示。

图 9-3 二级纵向列表模式的导航菜单

制作过程如下。

（1）建立网页结构

首先建立一个包含二级导航菜单选项的嵌套无序列表。其中，一级导航菜单包含 4 个菜单项，二级导航菜单包含用于实现导航的文字超链接。代码如下：

```
<body>
<ul id="nav">
  <li><a href="#">商品管理</a>
    <ul>
      <li><a href="#">添加商品</a></li>
      <li><a href="#">商品分类</a></li>
      <li><a href="#">品牌管理</a></li>
      <li><a href="#">用户评论</a></li>
    </ul>
  </li>
  <li><a href="#">订单管理</a>
    <ul>
      <li><a href="#">订单查询</a></li>
      <li><a href="#">添加订单</a></li>
      <li><a href="#">合并订单</a></li>
    </ul>
  </li>
  <li><a href="#">促销管理</a>
    <ul>
      <li><a href="#">拍卖活动</a></li>
      <li><a href="#">商品团购</a></li>
      <li><a href="#">优惠活动</a></li>
    </ul>
  </li>
  <li><a href="#">系统设置</a></li>
</ul>
</body>
```

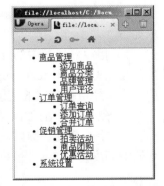

图 9-4 没有 CSS 样式的菜单
显示效果

在没有 CSS 样式的情况下菜单显示效果如图 9-4 所示。

（2）设置菜单的 CSS 样式

在设计网页菜单时，一般二级导航是被隐藏的，只有当鼠标经过一级导航时才会触发二级导航的显示，而当将鼠标移开时，二级导航又自动隐藏。在这个设计思路的基础上，接着设置菜单的宽度、字体，以及列表和列表选项的类型和边框样式。

代码如下：

```
ul {
margin:0;
padding:0;
list-style:none;
width:120px;
border-bottom:1px solid    #999;
font-size:12px;
text-align:center;
}
ul li {
position:relative;
}
li ul {
position:absolute;
left:119px;
top:0;
display:none;
}
ul li a {
width:108px;
display:block;
text-decoration:none;
color:#666666;
background:#fff;
padding:5px;
border:1px solid #ccc;
border-bottom:0px;
}
ul li a:hover {
background-color:#69f;
color:#fff;
}
/*解决 ul 在 IE 6 下显示不正确的问题*/
* html ul li {
float:left;
height:1%;
}
* html ul li a {
height:1%;
}
/* end */
li:hover ul, li.over ul {
display:block;
}
```

需要说明的是，CSS 代码中的:hover 属于伪类，而 IE 6 浏览器只支持<a>标签的伪类，不支持其他标签的伪类。为此在 CSS 中定义了一个鼠标经过一级导航时的类 over，并将其属性也设置为 "display:block;"。除此之外，如果想在 IE 6 浏览器中也能正确显示，还需要借助 JavaScript 脚本来实现。

（3）添加实现二级导航菜单的 JavaScript 脚本

在页面的<head>···</head>之间添加实现二级导航菜单的 JavaScript 脚本。代码中需要指定鼠标经过一级导航时的类名 over，代码如下：

```
<script type="text/javascript">
startList = function() {
 if (document.all&&document.getElementById) {
  navRoot = document.getElementById("nav");        //获取页面元素无序列表 nav
  for (i=0; i<navRoot.childNodes.length; i++) {
   node = navRoot.childNodes[i];
   if (node.nodeName= ="LI") {
    node.onmouseover=function() {
     this.className+=" over";                       //指定鼠标经过一级导航时的类名 over
    }
    node.onmouseout=function() {
     this.className=this.className.replace(" over", "");
    }
   }
  }
 }
}
window.onload=startList;                             //页面加载时调用函数
</script>
```

至此，二级纵向列表模式的导航菜单制作完毕，页面显示效果参见图 9-3 所示。

【说明】

1）CSS 代码中将列表<li>标签定义为 ul li {position:relative;}相对定位方式，目的在于将其作为子级定位的对象，而不会导致最终在绝对定位时，二级导航菜单会出现错位现象。

2）将列表<li>标签内部的无序列表设置为绝对定位，相对于父级元素距左侧 119px，距顶部 0px，并且隐藏不可见。代码如下：

```
li ul {
position:absolute;
left:119px;
top:0;
display:none;
}
```

这里设置绝对定位距左侧 119px，而不是<ul>标签最初定义的 120px，少了 1px 的距离，这是因为绝对定位的二级导航感应区的位置需要能被鼠标所触及到，如果设置不当就会造成鼠标还未到达二级导航的位置时，二级导航就又被隐藏了。

3）代码中的 li:hover ul, li.over ul {display:block;} 表示当鼠标经过时，ul 的样式为 display:block，即鼠标经过时显示相应的二级导航。

习题 9

1．使用时间轴制作一个循环切换画面的广告网页。每隔一段时间，广告自动切换到下一幅画面；单击广告右边的小图，将直接切换到相应的画面，效果如图 9-5 所示。

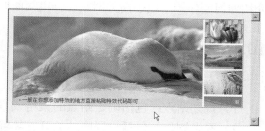

图 9-5　循环切换画面的广告网页

2．制作一个禁止使用鼠标右键操作的网页。当浏览者在网页上单击鼠标右键时，自动弹出一个警告对话框，禁止用户使用右键快捷菜单，其显示效果如图 9-6 所示。

图 9-6　禁止使用鼠标右键操作的网页

3．在网页中插入 JavaScript 脚本实现滚动字幕和鼠标跟随天使的特效，如图 9-7 所示。

图 9-7　滚动字幕和鼠标跟随天使

第 10 章 购物商城首页的制作

网上购物商城系统是一种具有交互功能的商业信息系统，它在网络上建立一个虚拟的购物商城，使购物过程变得轻松、快捷、方便。本章主要运用前面章节讲解的各种网页制作技术介绍如何制作一个电子商务网站——电脑商城，从而进一步巩固网页设计与制作的基础知识。

10.1 网站的开发流程

典型的网站开发流程包括以下几个阶段。

1）规划站点：包括确定站点的策略或目标，确定所面向的用户及站点的数据需求。

2）网站制作：包括设置网站的开发环境、规划页面设计和布局和创建内容资源等。

3）测试站点：使用 Dreamweaver 测试页面的链接及网站的兼容性。

4）发布站点：使用 Dreamweaver 将站点发布到服务器上。

10.1.1 规划站点

建设网站首先要对站点进行规划，规划的范围包括确定网站的服务职能、服务对象和所要表达的内容等，还要考虑站点文件的结构等。在着手开发站点之前认真进行规划，能够在以后节省大量的时间。

1. 规划站点目标

在站点的规划中，最重要的就是"构思"，良好的创意往往比实际的技术更为重要，在这个过程中可以用文档对规划内容进行记录、修改并完善，因为它直接决定了站点的质量和未来的访问量。在规划站点目标时应确定如下几个问题。

（1）确定建站的目的

建立网站的目的要么是增加利润，要么是传播信息或观点。显然，创建购物商城网站的目的是第一种：增加利润。随着网上交易安全性方面的逐渐完善，网上购物已逐渐成为人们消费的时尚。同时，通过网上在线销售，可以扩展企业的销售渠道，提高公司的知名度，降低企业的销售成本，购物商城正是在这样的业务背景下建立的。

（2）确定目标用户（浏览者）

不同年龄、爱好的浏览者对站点的要求是不同的。所以在最初的规划阶段，确定目标用户是一个至关重要的步骤。购物商城网站主要针对喜欢时尚购物的年轻人，年龄一般以 18~35 岁为主。针对这个年龄阶段的特点，网站提供的功能和服务需具有现代、时尚和便捷的特点。设计整站风格时也需考虑时尚、明快的设计样式，包括整个网站的色彩、Logo 和图片设计等。

（3）确定网站的内容

内容决定一切，内容的价值决定了浏览者是否有兴趣继续关注网站。网上购物商城系统包括的模块很多，除了购物网站之外，还涉及商品管理、客户管理、订单管理、支付管理及物流管理等诸多方面。

商城前台页面的主要功能包括：商城首页展示各种产品、帮助客户搜索到欲购买的产品、展示产品的详细信息、会员的注册与登录、商城的购物流程和指南、购买商品的购物车、客户确认订单并填写送货地址，以及选择支付方式和物流方式等。

商城后台页面的主要功能包括：商品管理、订单管理、促销管理、广告管理、文章管理、会员管理和系统设置等。

由于篇幅所限，本书只讲解商城前台的首页、搜索页面、商品详细信息页面和商城后台的登录页面、查询商品页面及添加商品页面。

1）首页（index.html）：包括网站的 Logo、导航、产品搜索、产品分类、热卖产品、推荐产品、购物车链接、消费指南及广告位等栏目。

2）搜索页（list.html）：系统搜索找出符合条件的商品列表页面。

3）商品详细信息页（details.html）：客户查看具体商品时显示的页面。

4）登录页（login.html）：使用账号登录商城后台管理程序的页面。

5）查询商品页（search.html）：在商城后台管理页面中查询需要管理的商品。

6）添加商品页（addgoods.html）：在商城后台管理页面中添加新的商品。

2．使用合理的文件夹保存文档

若要有效地规划和组织站点，除了规划站点的外观外，还要规划站点的基本结构和文件的位置。一般来说，使用文件夹可以清晰明了地表现文档的结构，所以应该用文件夹来合理构建文档结构。首先为站点建立一个根文件夹（根目录），在其中创建多个子文件夹，然后将文档分门别类地存储到相应的文件夹下，如果有必要，还可以创建多级子文件夹，这样可以避免很多不必要的麻烦。设计合理的站点结构，能够提高工作效率，方便站点的管理。

文档中不仅有文字，还包含其他任何类型的对象，例如图像、声音等，这些文档资源不能直接存储在 HTML 文档中，所以更需要注意它们的存放位置。例如，可以在 images 文件夹中放置网页中所用到的各种图像文件，在 products 文件夹中放置产品方面的网页。

3．使用合理的文件名称

当网站的规模变得很大时，使用合理的文件名就显得十分必要，文件名应该容易理解且便于记忆，让人看文件名就能知道网页表述的内容。

虽然使用中文的文件名对中国人来说显得很方便，但在实际的网页设计过程中应避免使用中文，因为很多 Web 服务器使用的是英文操作系统，不能对中文文件名提供很好的支持；另外浏览网站的浏览者也可能使用英文操作系统，中文文件名可能导致浏览错误或访问失败。如果对英文不熟悉，可以采用汉语拼音作为文件名称来使用。

另外，很多 Web 服务器采用不同的操作系统，有可能区分文件名大小写。所以在构建站点时，全部要使用小写的文件名。

4．本地站点结构与远端站点结构保持相同

为了方便维护和管理，本地站点的结构应该与远端站点结构保持相同，这样在本地站点完成对网页的设计、制作和编辑时，可以与远方站点一一对应；把本地站点上传至 Web 服务器上时，能够保证完整地将站点上传，避免不必要的麻烦。

10.1.2　网站制作

完整的网站制作包括以下两个过程：

（1）前台页面制作

当网页设计人员拿到美工效果图以后，编写 HTML、CSS，将效果图转换为.html 网页，其中包括图片收集、页面布局规划等工作。

（2）后台程序开发

后台程序开发包括网站数据库设计、网站和数据库的连接及动态网页编程等。本书主要讲解前台页面的制作，关于后台程序开发的相关知识读者可以在动态网站设计的课程中学习。

10.1.3　测试网站

在把站点上传到服务器之前，要先在本地对其进行测试。实际上，在站点建设过程中，最好经常对站点进行测试并解决出现的问题，这样可以尽早发现问题并避免重犯错误。

应该确保在目标浏览器中，页面能够正常显示和正常使用，所有链接都正常，页面下载也不会占用太长时间，这几点很重要。在发布站点之前，还可以通过运行站点报告来测试整个站点并解决出现的问题。

下面的准则可以帮助设计者为站点的访问者创造尽可能最佳的体验。

- 尽可能在不同的浏览器和平台上预览页面。
- 检查站点是否有断开的链接（不工作的链接），并修复断开的链接。由于其他站点也在重新设计、重新组织，所以所链接的页面有可能已被移动或删除。
- 监控页面的大小及下载这些页面所用的时间。
- 通过在 Dreamweaver 中运行站点报告，检查整个站点是否存在问题，例如，未命名文档、空标签及冗余的嵌套标签等。
- 使用 Dreamweaver 的验证程序来检查代码中是否有标签错误或语法错误。
- 当 Flash 的内容在 Flash Player 中运行时检查其是否有错。可以在测试模式下对本地文件使用 Flash 调试器，也可以使用调试器测试远程位置的 Web 服务器上的文件。

10.1.4　发布站点

在创建一个功能齐全的 Web 站点后，可以使用 Dreamweaver 将文件上传到远程 Web 服务器以发布该站点。Dreamweaver 中包含管理站点的工具，可以向远程服务器和从远程服务器传输文件，设置存回/取出过程来防止覆盖文件，以及同步本地和远端站点上的文件。

10.2　设计首页布局

熟悉了网站的开发流程后，就可以开始制作首页了。制作首页前，设计者还需要利用 Dreamweaver 创建站点搭建整个网站的大致结构。

10.2.1　使用 Dreamweaver 创建站点

在实际的网站开发中，设计者常用 Dreamweaver 工具辅助开发。该软件提供代码智能提示、视图预览、项目管理和站点管理等强大功能。下面以电脑商城为例，讲解如何在Dreamweaver 中创建网站，采用的版本是目前比较流行的 Dreamweaver CS3，其主工作区由插入工具栏、文档工具栏、文档窗口和"属性"面板等部分组成，如图 10-1 所示。

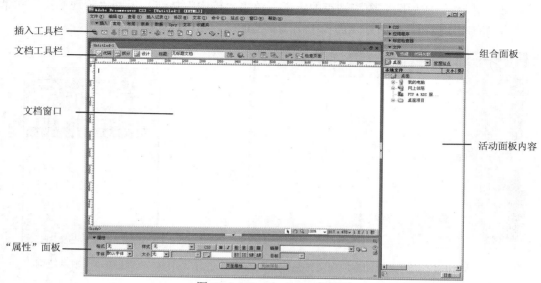

图 10-1　Dreamweaver 主界面

1. 建立站点

操作步骤如下。

1）打开"管理站点"对话框。在主菜单中选择"站点"→"管理站点"命令，打开"管理站点"对话框。单击"新建"按钮，选择"站点"选项，如图 10-2 所示。

2）定义站点名称。在弹出的站点定义对话框中选择"高级"选项卡。在"站点名称"文本框中输入站点名称，例如输入"电脑商城"，如图 10-3 所示。该站点名称只是在Dreamweaver 中的一个站点标识，因此可以使用中文名称。

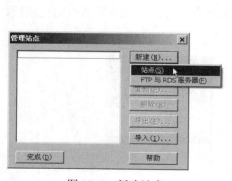

图 10-2　新建站点

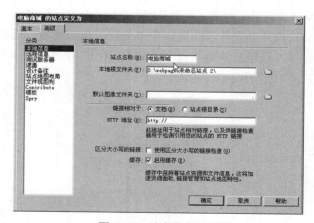

图 10-3　站点定义对话框

3）定义站点使用的本地根文件夹。单击"本地根文件夹"文本框旁边的"浏览"按钮，在弹出的选择站点所在本地根文件夹对话框中，定位到事先建立的站点文件夹中，或者单击右上角的"新建文件夹"按钮  创建一个新文件夹，本章案例所使用的文件夹为 ch10，因此这里选择它，单击"打开"按钮，如图 10-4 所示。打开并选定 web page 文件夹后，站点定义对话框中相应文本框的内容将自动更新。

4）以上操作完成后即完成了站点的定义，单击"确定"按钮，返回"管理站点"对话框。单击"完成"按钮，此时站点面板中出现新建的站点窗口，如图 10-5 所示。

图 10-4　选择站点的本地根文件夹

图 10-5　站点结构

2．建立目录结构

在制作各网页前，设计者需要确定整个网站的目录结构。对于中小型网站，一般会创建如下通用的目录结构。

1）images 目录：存放网站的所有图片。

2）style 目录：存放网站的 CSS 样式文件，实现内容和样式的分离。

3）js 目录：存放 JavaScript 脚本文件。

4）admin 目录：存放网站后台管理程序。

对于网站下的各网页文件，例如，index.html 等一般存放在网站根目录下。需要注意的是，网站的目录、网页文件名及网页素材文件名一般都为小写，并采用代表一定含义的英文命名。

打开"文件"面板，在"站点—电脑商城"选项上单击鼠标右键，在弹出的快捷菜单中选择"新建文件夹"命令，如图 10-6 所示，依次添加相应的目录，完成后站点的目录结构如图 10-7 所示。

图 10-6　新建文件夹

图 10-7　站点的目录结构

10.2.2 页面布局规划

商城首页应当包括网站的 Logo、导航、产品搜索、产品分类、热卖产品、推荐产品、购物车链接、消费指南及广告位等栏目，是一个典型的三列布局页面。商城首页的效果如图 10-8 所示，布局示意图如图 10-9 所示。

图 10-8　商城首页的效果

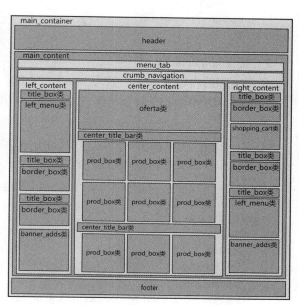

图 10-9　首页的布局示意图

10.3　首页的制作

在实现了首页的整体布局后，接下来就要完成电脑商城首页的制作。下面介绍具体的制作过程。

1．页面整体的制作

页面全局规则包括页面整体 body、段落 p 和整体容器 main_container 的 CSS 定义，代码如下：

```
body {
background:url(images/bg.jpg) repeat-x #e4e9ec top;      /*页面背景图像水平重复*/
padding:0;                                              /*内边距为 0px*/
font-family:Arial, Helvetica, sans-serif;
font-size:12px;
margin:0px auto auto auto;                              /*设置元素自动居中对齐*/
color:#000;
}
p {
padding:2px;                                            /*段落内边距为 2px*/
margin:0px;                                             /*段落外边距为 0px*/
```

```
}
#main_container {
    width:1000px;                               /*容器 main_container 的宽度*/
    height:auto;                                /*高度自适应*/
    margin:auto;                                /*设置元素自动居中对齐*/
    padding:0px;                                /*内边距为 0px*/
    background-color:#fff;
}
```

2. 页面顶部的制作

页面顶部的内容被放置在名为 header 的 Div 容器中，主要用来显示网站 Logo、广告条和功能链接，如图 10-10 所示。

图 10-10　页面顶部的显示效果

CSS 代码如下：

```
#header {                                       /*页面顶部的 CSS 规则*/
    width:1000px;
    height:136px;
    background: url(../images/header_bg.jpg) no-repeat center;    /*顶部背景图像无重复*/
    background-position:0px 0px;                 /*顶部背景图像定位位置*/
    margin:auto;
}
#top_right {                                     /*右上侧功能链接的 CSS 规则*/
    width:728px;                                 /*功能链接的宽度*/
    float:right;                                 /*向右浮动*/
    text-align:right;
    padding-right:20px;                          /*右内边距为 20px*/
}
#top_right span {                                /*功能链接中文字的 CSS 规则*/
    padding-left:5px;                            /*左内边距为 5px*/
    padding-right:5px;                           /*右内边距为 5px*/
}
#big_banner {                                    /*广告条的 CSS 规则*/
    padding-top:15px;                            /*上内边距为 15px*/
}
#logo {                                          /*网站 Logo 的 CSS 规则*/
    float:left;                                  /*向左浮动*/
    padding:30px 0 0 30px;             /*上、右、下、左的内边距依次为 30px、0px、0px、30px*/
}
```

3. 页面导航区域的制作

页面的导航区域主要用来显示网站的横向导航菜单和当前位置，导航菜单被放置在名为

menu_tab 的 Div 容器中，当前位置被放置在名为 crumb_navigation 的 Div 容器中，效果如图 10-11 所示。

图 10-11　页面导航区域的效果

CSS 代码如下：

```
#main_content {                                    /*页面主体区域的 CSS 规则*/
    clear:both;                                    /*清除全部浮动*/
}
/* -------定义页面导航区域规则----- */
#menu_tab {                                        /*导航菜单的 CSS 规则*/
    width:1000px;
    height:36px;
    background: url(../images/menu_bg.gif) repeat-x;        /*菜单背景图像水平重复*/
}
ul.menu {                                          /*菜单列表的 CSS 规则*/
    list-style-type:none;                          /*列表无项目符号*/
    float:left;                                    /*向左浮动*/
    display:block;                                 /*定义为块级元素*/
    width:982px;
    margin:0px;                                    /*外边距为 0px*/
    padding:0px;                                   /*内边距为 0px*/
}
ul.menu li {                                       /*菜单列表项的 CSS 规则*/
    display:inline;                                /*定义为内联元素*/
    font-size:12px;
    font-weight:bold;
    line-height:36px;                              /*行高为 36px*/
}
a.nav:link, a.nav:visited {                        /*访问过和未访问过超链接的 CSS 规则*/
    display:block;                                 /*定义为块级元素*/
    float:left;                                    /*向左浮动*/
    padding:0px 8px 0px 8px;                       /*上、右、下、左的内边距依次为 0px、8px、0px、8px*/
    margin:0 14px 0 14px;                          /*上、右、下、左的外边距依次为 0px、14px、0px、14px*/
    height:36px;
    text-decoration:none;                          /*无修饰*/
    text-align:center;                             /*文字居中对齐*/
    color:#fff;
}
a.nav:hover {                                      /*鼠标悬停在超链接上的 CSS 规则*/
    display:block;                                 /*定义为块级元素*/
    float:left;                                    /*向左浮动*/
    padding:0px 8px 0px 8px;                       /*上、右、下、左的内边距依次为 0px、8px、0px、8px*/
    margin:0 14px 0 14px;                          /*上、右、下、左的外边距依次为 0px、14px、0px、14px*/
```

257

```
height:36px;
text-decoration:none;                /*无修饰*/
text-align:center;                   /*文字居中对齐*/
color:#199ecd;
}
ul.menu li.divider {                 /*菜单列表项分界线的 CSS 规则*/
display:inline;                      /*定义为内联元素*/
width:4px;
height:36px;
float:left;                          /*向左浮动*/
background: url(../images/menu_divider.gif) no-repeat center;    /*背景图像无重复*/
}
#crumb_navigation {                  /*当前位置区域的 CSS 规则*/
width:980px;
height:15px;
padding:5px 10px 0 20px;             /*上、右、下、左的内边距依次为 5px、10px、0px、20px*/
color:#333;
background: url(../images/navbullet.png) no-repeat left;    /*背景图像无重复*/
background-position:5px 8px;         /*背景图像的定位位置*/
}
#crumb_navigation span {             /*当前位置区域文字的 CSS 规则*/
color:#0fa0dd;
}
```

4. 左侧边栏区域的制作

本页面中，左侧边栏区域指的是页面三列布局左边的部分，该内容被放置在名为 left_content 的 Div 容器中，用来显示商品分类、今日推荐、行业资讯订阅及按钮广告，如图 10-12 所示。

该部分内容较多，在制作商品分类区域时，要注意应用纵向列表导航菜单技术制作分类菜单；在制作今日推荐区域时，要注意应用文字修饰技术分别显示出加删除线的商品原价和不加删除线的商品优惠价；在制作行业资讯订阅区域时，要注意应用边框样式美化表单。

CSS 代码如下：

```
#left_content {          /*左侧边栏区域的 CSS 规则*/
width:180px;
float:left;              /*向左浮动*/
padding:0 0 0 5px;
background:#fff;
}
.title_box {             /*商品分类标题区域的 CSS 规则*/
width:180px;
height:30px;
margin:5px 0 0 0;
```

图 10-12　左侧边栏区域

```css
	background: url(../images/menu_title_bg.gif) no-repeat center;
	text-align:center;
	font-size:13px;
	font-weight:bold;                      /*粗体*/
	color:#159dcc;
	line-height:30px;                      /*行高 30px*/
}
ul.left_menu {                         /*左侧边栏菜单的 CSS 规则*/
	width:180px;
	padding:0px;                           /*内边距为 0px*/
	margin:0px;                            /*外边距为 0px*/
	list-style:none;                       /*不显示列表样式*/
}
ul.left_menu li {                      /*左侧边栏菜单列表项的 CSS 规则*/
	margin:0px;                            /*外边距为 0px*/
	list-style:none;                       /*不显示列表样式*/
}
ul.left_menu li.odd a {                /*菜单列表项奇数行的 CSS 规则*/
	width:166px;
	height:25px;
	display:block;                         /*定义为块级元素*/
	border-bottom:1px #e4e4e4 dashed;          /*下边框为 1px 灰色虚线*/
	text-decoration:none;                  /*无修饰*/
	color:#504b4b;
	padding:0 0 0 14px;                    /*上、右、下、左的内边距依次为 0px、0px、0px、14px*/
	line-height:25px;                      /*行高 25px*/
}
ul.left_menu li.even a {               /*菜单列表项偶数行的 CSS 规则*/
	width:166px;
	height:25px;
	display:block;                         /*定义为块级元素*/
	border-bottom:1px #e4e4e4 dashed;          /*下边框为 1px 灰色虚线*/
	background-color:#f0f4f5;              /*设置背景色以区别奇数行*/
	text-decoration:none;                  /*无修饰*/
	color:#504b4b;
	padding:0 0 0 14px;                    /*上、右、下、左的内边距依次为 0px、0px、0px、14px*/
	line-height:25px;                      /*行高 25px*/
}
ul.left_menu li.even a:hover, ul.left_menu li.odd a:hover {   /*菜单列表项鼠标悬停的 CSS 规则*/
	color:#000;
	text-decoration:underline;             /*显示下画线*/
}
.border_box {                          /*今日推荐区域的 CSS 规则*/
	width:180px;
	height:auto;
	text-align:center;                     /*文字居中对齐*/
```

```
}
.product_title {                              /*产品标题的 CSS 规则*/
color:#ff8a00;
padding:5px 0 5px 0;
font-weight:bold;                             /*粗体*/
}
.product_img {                                /*产品图片的 CSS 规则*/
padding:5px 0 5px 0;                          /*上、右、下、左的内边距依次为 5px、0px、5px、0px*/
}
.prod_price {                                 /*产品价格的 CSS 规则*/
padding:5px 0 5px 0;                          /*上、右、下、左的内边距依次为 5px、0px、5px、0px*/
}
span.reduce {                                 /*商品原价文字的 CSS 规则*/
color:#666;
text-decoration:line-through;                 /*显示删除线*/
}
span.price {                                  /*当前价格文字的 CSS 规则*/
color: #ff8a00;
}
.product_title a {                            /*产品标题超链接的 CSS 规则*/
text-decoration:none;                         /*无修饰*/
color:#ff8a00;
padding:5px 0 5px 0;                          /*上、右、下、左的内边距依次为 5px、0px、5px、0px*/
font-weight:bold;
border:none;
}
.product_title a:hover {                      /*产品标题鼠标悬停的 CSS 规则*/
color:#064e5a;
}
input.newsletter_input {                      /*订阅表单中输入框的 CSS 规则*/
width:150px;
height:16px;
border:1px #ddd9d9 solid;                     /*所有边框为 1px 实线*/
margin:10px 0 5px 0;                          /*上、右、下、左的外边距依次为 10px、0px、5px、0px*/
font-size:12px;
padding:3px;                                  /*内边距为 3px*/
color:#999;
}
a.join {                                      /*订阅文字超链接（按钮效果）的 CSS 规则*/
width:30px;
display:block;                                /*定义为块级元素*/
margin:0px 0 5px 110px;                       /*上、右、下、左的外边距依次为 0px、0px、5px、110px*/
padding:2px 8px 6px 8px;                      /*上、右、下、左的内边距依次为 2px、8px、6px、8px*/
text-decoration: underline;                   /*显示下画线*/
color:#169ecc;
}
```

```
.banner_adds {                    /*左侧边栏底部按钮广告的 CSS 规则*/
width:180px;
text-align:center;
padding:10px 0 10px 0;            /*上、右、下、左的内边距依次为 10px、0px、10px、0px*/
}
```

5. 主体内容区域的制作

本页面中，主体内容区域指的是页面三列布局中间的部分，该内容被放置在名为 center_content 的 Div 容器中，用来显示服务广告、最新款式和热卖产品，如图 10-13 所示。

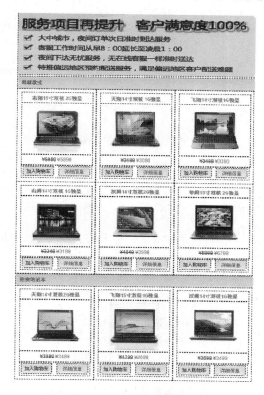

图 10-13　主体内容区域

该部分内容较多，在制作服务广告区域时，要注意设置内外边距，将广告图片显示在合理的位置；在制作最新款式和热卖产品区域时，要注意应用定位与浮动技术将商品的图文信息美观地显示出来。

CSS 代码如下：

```
#center_content {                 /*主体内容区域的 CSS 规则*/
width:600px;
background:#fff;
float:left;                       /*向左浮动*/
padding:5px 10px 5px 15px;        /*上、右、下、左的内边距依次为 5px、10px、5px、15px*/
}
.oferta {                         /*服务广告区域的 CSS 规则*/
```

261

```css
    width:585px;
    height:156px;
    background: url(../images/slider_bg.gif) no-repeat center;    /*服务广告背景图像无重复*/
    float:left;                         /*向左浮动*/
    padding:0px;                        /*内边距为 0px*/
    margin:0 0 5px 0px;                 /*上、右、下、左的外边距依次为 0px、0px、5px、0px*/
}
.center_title_bar {                     /*最新款式标题的 CSS 规则*/
    width:575px;
    height:31px;
    float:left;                         /*向左浮动*/
    padding:0 0 0 10px;                 /*上、右、下、左的内边距依次为 0px、0px、0px、10px*/
    line-height:31px;                   /*行高 31px*/
    font-size:12px;
    color:#159dcc;
    font-weight:bold;                   /*文字加粗*/
    background: url(../images/bar_bg.gif) no-repeat center;       /*最新款式背景图像无重复*/
}
.prod_box {                             /*最新款式商品区域的 CSS 规则*/
    width:173px;
    height:auto;
    float:left;                         /*向左浮动*/
    padding:10px 10px 10px 11px;        /*上、右、下、左的内边距依次为 10px、10px、10px、11px*/
}
.center_prod_box {      /*商品核心区域（不包括"加入购物车"和"详细信息"）的 CSS 规则*/
    width:173px;
    height: auto;
    float:left;                         /*向左浮动*/
    text-align:center;
    padding:0px;                        /*内边距为 0px*/
    margin:0px;                         /*外边距为 0px*/
    border:1px #f0f4f5 solid;           /*所有边框为 1px 实线*/
}
.prod_details_tab {                     /*最新款式商品区域下部的 CSS 规则*/
    width:173px;
    height:31px;
    float:left;                         /*向左浮动*/
    margin:3px 0 0 0;                   /*上、右、下、左的外边距依次为 3px、0px、0px、0px*/
}
a.prod_buy {                            /*"加入购物车"区域的 CSS 规则*/
    width:75px;
    height:24px;
    display:block;                      /*定义为块级元素*/
    float:left;                         /*向左浮动*/
    background: url(../images/link_bg.gif) no-repeat center;       /*"加入购物车"背景图片按钮*/
    margin:2px 0 0 5px;                 /*上、右、下、左的外边距依次为 3px、0px、0px、5px*/
    text-align:center;
    line-height:24px;
```

```
    text-decoration:none;              /*无修饰*/
    color: #060;
}
a.prod_details {                       /*"详细信息"区域的 CSS 规则*/
    width:75px;
    height:24px;
    display:block;                     /*定义为块级元素*/
    float:right;                       /*向右浮动*/
    background: url(../images/link_bg.gif) no-repeat center;    /*"详细信息"背景图片按钮*/
    margin:2px 5px 0 0;                /*上、右、下、左的外边距依次为 2px、5px、0px、0px*/
    text-align:center;
    line-height:24px;
    text-decoration:none;              /*无修饰*/
    color:#159dcc;
}
```

6．右侧边栏区域的制作

本页面中，右侧边栏区域指的是页面三列布局右边的部分，该内容被放置在名为 right_content 的 Div 容器中，用来显示商品搜索、购物车、特价专区、常见问题和按钮广告，如图 10-14 所示。

该部分内容较多，但大多数样式在讲解左侧边栏区域和主体内容区域时已经讲解，这里不再赘述，只讲解右侧边栏区域新增的样式。

CSS 代码如下：

```
#right_content {          /*右侧边栏区域的 CSS 规则*/
    width:180px;
    float:left;           /*向左浮动*/
    padding:0px;          /*内边距为 0px*/
    background:#fff;
}
.shopping_cart {          /*购物车的 CSS 规则*/
    width:180px;
    height:84px;
    text-align:center;    /*文字居中对齐*/
}
.cart_details {           /*购物车详细内容的 CSS 规则*/
    width:115px;
    float:left;           /*向左浮动*/
    padding:5px 0 0 15px;
    text-align:left;      /*文字左对齐*/
}
span.border_cart {        /*购物车水平分隔线的 CSS 规则*/
    width:100px;
    height:1px;
    margin:3px 0 3px 0;
    display:block;        /*定义为块级元素*/
```

图 10-14　右侧边栏区域

263

```
    border-top:1px #999 dashed;              /*上边框为 1px 灰色虚线*/
    }
    .cart_icon {                             /*购物车图片的 CSS 规则*/
    float:left;                              /*向左浮动*/
    padding:5px 0 0 5px;     /*上、右、下、左的内边距依次为 5px、0px、0px、5px*/
    }
```

7．页面底部区域的制作

页面底部区域的内容被放置在名为 footer 的 Div 容器中，用来显示版权信息和支付配送信息，如图 10-15 所示。

```
              Copyright 2011 - 2012 电脑工作室 All Rights Reserved ICP备10011234号
注：7×24小时均可网上订购，支持货到付款，我们提供的付款方式有网上银行、银行转账、支付宝、Paypal.当天21:00以后预订的电脑在次日安排配送。
```

图 10-15　页面底部区域

CSS 代码如下：

```
#footer {
width:980px;
clear:both;                                     /*清除浮动*/
height:45px;
background: url(../images/footer_bg.gif) repeat-x top;    /*页面底部背景图像水平重复*/
text-align:center;
padding:10px;                                   /*内边距为 10px*/
}
```

8．页面结构代码

为了使读者对页面的样式与结构有一个全面的认识，最后说明整个页面（index.html）的结构代码，代码如下：

```
<!doctype html>
<html>
<head>
<title>电脑商城首页</title>
<link href="style/style.css" rel="stylesheet" type="text/css" />
</head>
<body>
<div id="main_container">
  <div id="header">
    <div id="top_right">
        <a href="#">登录</a><span>|</span><a href="#">免费注册</a><span>|</span><a href="#">
我的账户</a><span>|</span><a href="#">付款方式</a><span>|</span><a href="#">配送范围
</a><span>|</span><a href="#">帮助中心</a><span>|</span>订购热线:400-686-8888
        <div id="big_banner"><img src="images/banner_top.jpg" width="728" height="90" border="0"
/></div>
```

```
    </div>
    <div id="logo"><img src="images/logo.gif" width="182" height="85" /></div>
</div>
<div id="main_content">
    <div id="menu_tab">
        <ul class="menu">
            <li><a href="#" class="nav">首页</a></li>
            <li class="divider"></li>
            <li><a href="#" class="nav">笔记本</a></li>
            <li class="divider"></li>
            <li><a href="#" class="nav">电脑社区</a></li>
            <li class="divider"></li>
            <li><a href="#" class="nav">电脑学堂</a></li>
            <li class="divider"></li>
            <li><a href="#" class="nav">电脑技术</a></li>
            <li class="divider"></li>
            <li><a href="#" class="nav">售后平台</a></li>
            <li class="divider"></li>
            <li><a href="#" class="nav">融资平台</a></li>
            <li class="divider"></li>
            <li><a href="#" class="nav">关于我们</a></li>
        </ul>
    </div>
    <div id="crumb_navigation">当前位置: <span>首页</span></div>
    <div id="left_content">
        <div class="title_box">笔记本分类</div>
        <ul class="left_menu">
            <li class="odd"><a href="#">按品牌分类</a></li>
            <li class="even"><a href="#">志翔/飞翔/天翔/山姆/汉姆</a></li>
            <li class="odd"><a href="#">按对象分类</a></li>
            <li class="even"><a href="#">青年/中年/老人/儿童</a></li>
            <li class="odd"><a href="#">按用途分类</a></li>
            <li class="even"><a href="#">商务/办公/多媒体应用</a></li>
            <li class="odd"><a href="#">按显卡类型分类</a></li>
            <li class="even"><a href="#">独立显卡/双显卡/集成显卡</a></li>
            <li class="odd"><a href="#">按屏幕尺寸分类</a></li>
            <li class="even"><a href="#">13 寸/14 寸/15 寸/17 寸</a></li>
            <li class="odd"><a href="#">按档次分类</a></li>
            <li class="even"><a href="#">高档/普通</a></li>
        </ul>
        <div class="title_box">今日推荐</div>
        <div class="border_box">
            <div class="product_title"><a href="#"><a href="#" target="_blank">宇翔 14 寸双核 1G 独
```

显</a></div>
                                                    `<div class="product_img"><a href="#"><img src="images/p1.jpg" width="120" height="120" border="0" /></a></div>`

`<div class="prod_price"><span class="reduce">&yen;3699</span> <span class="price">&yen;3580</span></div>`

`</div>`

`<div class="title_box">行业资讯</div>`

`<div class="border_box">`

`<input type="text" name="newsletter" class="newsletter_input" value="your email"/>`

`<a href="#" class="join">订阅</a></div>`

`<div class="banner_adds"> <a href="#"><img src="images/bann2.gif" width="167" height="167" border="0" /></a></div>`

`</div>`

`<div id="center_content">`

`<div class="oferta"></div>`

`<div class="center_title_bar">最新款式</div>`

`<div class="prod_box">`

`<div class="center_prod_box">`

`<div class="product_title"><a href="#" target="_blank">志翔 15 寸双核 2G 独显</a></div>`

`<div class="product_img"><a href="#"><img src="images/n1_s.jpg" width="120" height="120" border="0" /></a></div>`

`<div class="prod_price"><span class="reduce">&yen;5880</span> <span class="price">&yen;5698</span></div>`

`</div>`

`<div class="prod_details_tab"> <a href="#" class="prod_buy">加入购物车</a> <a href="#" class="prod_details">详细信息</a></div>`

`</div>`

`<div class="prod_box">`

`<div class="center_prod_box">`

`<div class="product_title"><a href="#" target="_blank">天翔 14 寸双核 1G 独显</a></div>`

`<div class="product_img"><a href="#"><img src="images/n2_s.jpg" width="120" height="120" border="0" /></a></div>`

`<div class="prod_price"><span class="reduce">&yen;3199</span> <span class="price">&yen;3080</span></div>`

`</div>`

`<div class="prod_details_tab"> <a href="#" class="prod_buy">加入购物车</a> <a href="#" class="prod_details">详细信息</a></div>`

`</div>`

`<div class="prod_box">`

`<div class="center_prod_box">`

`<div class="product_title"><a href="#" target="_blank">飞翔 14 寸双核 1G 独显`

```
</a></div>
                    <div class="product_img"><a href="#"><img src="images/n3_s.jpg" width="120" height=
"120"v border="0" /></a></div>
                    <div class="prod_price"><span class="reduce">&yen;3499</span> <span class="price">
&yen;3360</span></div>
                </div>
                <div class="prod_details_tab"> <a href="#" class="prod_buy">加入购物车</a> <a href="#"
class="prod_details">详细信息</a></div>
            </div>
            <div class="prod_box">
                <div class="center_prod_box">
                    <div class="product_title"><a href="#" target="_blank">山姆 14 寸双核 1G 独显
</a></div>
                    <div class="product_img"><a href="#"><img src="images/n4_s.jpg" width="120" height=
"120" border="0" /></a></div>
                    <div class="prod_price"><span class="reduce">&yen;3249</span> <span class="price">
&yen;3198</span></div>
                </div>
                <div class="prod_details_tab"> <a href="#" class="prod_buy">加入购物车</a> <a href="#"
class="prod_details">详细信息</a></div>
            </div>
            <div class="prod_box">
                <div class="center_prod_box">
                    <div class="product_title"><a href="#" target="_blank">汉姆 14 寸双核 2G 独显</a>
</div>
                    <div class="product_img"><a href="#"><img src="images/n5_s.jpg" width="120" height=
"120" border="0" /></a></div>
                    <div class="prod_price"><span class="reduce">&yen;4049</span> <span class="price">
&yen;3998</span></div>
                </div>
                <div class="prod_details_tab"> <a href="#" class="prod_buy">加入购物车</a> <a href="#"
class="prod_details">详细信息</a></div>
            </div>
            <div class="prod_box">
                <div class="center_prod_box">
                    <div class="product_title"><a href="#" target="_blank">蒂姆 15 寸双核 2G 独显</a>
</div>
                    <div class="product_img"><a href="#"><img src="images/n6_s.jpg" width="120" height=
"120" border="0" /></a></div>
                    <div class="prod_price"><span class="reduce">&yen;6899</span> <span class="price">
&yen;6788</span></div>
                </div>
                <div class="prod_details_tab"> <a href="#" class="prod_buy">加入购物车</a> <a href="#"
```

class="prod_details">详细信息</a></div>
        </div>
                                                          <div class="center_title_bar">热卖笔记本</div>
                     <div class="prod_box">
                  <div class="center_prod_box">
                     <div class="product_title"><a href="#" target="_blank">天翔 14 寸双核 2G 独显</a>
</div>
                     <div class="product_img"><a href="#"><img src="images/h1_s.jpg" width="120" height=
"120" border="0" /></a></div>
                     <div class="prod_price"><span class="reduce">¥3999</span> <span class="price">
¥3499</span></div>
                  </div>
                     <div class="prod_details_tab"> <a href="#" class="prod_buy">加入购物车</a> <a href="#"
class="prod_details">详细信息</a></div>
                  </div>
                     <div class="prod_box">
                  <div class="center_prod_box">
                     <div class="product_title"><a href="#" target="_blank">飞翔 15 寸双核 1G 独显</a>
</div>
                     <div class="product_img"><a href="#"><img src="images/h2_s.jpg" width="120"
height="120" border="0" /></a></div>
                     <div class="prod_price"><span class="reduce">¥4799</span> <span class="price">
¥4699</span></div>
                  </div>
                     <div class="prod_details_tab"> <a href="#" class="prod_buy">加入购物车</a> <a href="#"
class="prod_details">详细信息</a></div>
                  </div>
                     <div class="prod_box">
                  <div class="center_prod_box">
                     <div class="product_title"><a href="#" target="_blank">汉姆 14 寸双核 1G 独显</a>
</div>
                     <div class="product_img"><a href="#"><img src="images/h3_s.jpg" width="120" height=
"120" border="0" /></a></div>
                     <div class="prod_price"><span class="reduce">¥3599</span> <span class="price">
¥3499</span></div>
                  </div>
                     <div class="prod_details_tab"> <a href="#" class="prod_buy">加入购物车</a> <a href="#"
class="prod_details">详细信息</a></div>
                  </div>
                </div>
                     <div id="right_content">
                  <div class="title_box">笔记本搜索</div>
                  <div class="border_box">

```html
        <form action="" method="get">
            <input type="text" name="newsletter" class="newsletter_input" value="keyword"/>
            <a href="#" class="join">搜索</a>
        </form>
    </div>
    <div class="shopping_cart">
        <div class="title_box">我的购物车</div>
        <div class="cart_details">购物车有 2 个<br/>
            <span class="border_cart"></span> 合计: <span class="price">&yen;8686</span></div>
        <div class="cart_icon"><a href="#" title=""><img src="images/shoppingcart.png" alt="" title="" width="35" height="35" border="0" /></a></div>
    </div>
    <div class="title_box">特价专区</div>
    <div class="border_box">
        <div class="product_title">志翔 14 寸双核笔记本</div>
        <div class="product_img"><a href="#"><img src="images/tejia.jpg" width="120" height="120" border="0" /></a></div>
        <div class="prod_price"><span class="reduce">&yen;3288</span> <span class="price">&yen;2808</span></div>
    </div>
    <div class="title_box">常见问题</div>
    <ul class="left_menu">
        <li class="odd"><a href="#">1.怎么付款?</a></li>
        <li class="even"><a href="#">2.可以货到付款吗?</a></li>
        <li class="odd"><a href="#">3.最快多久能收到笔记本?</a></li>
        <li class="even"><a href="#">4.购买的产品与图片一致吗?</a></li>
        <li class="odd"><a href="#">5.对货品不满意,能退还吗?</a></li>
        <li class="even"><a href="#">6.夜间下单如何处理?</a></li>
        <li class="odd"><a href="#">7.可以电话订购吗?</a></li>
        <li class="even"><a href="#">8.可以开发票吗?</a></li>
    </ul>
    <div class="banner_adds"><a href="#"><img src="images/banner1.jpg" width="167" height="167" border="0" /></a></div>
    </div>
    <div id="footer">
        <p>Copyright 2011 - 2012 电脑工作室 All Rights Reserved ICP 备 10011234 号</p>
        <p>注:7×24 小时均可网上订购,支持货到付款,我们提供的付款方式有网上银行、银行转账、支付宝、Paypal。当天 21:00 以后预订的电脑在次日安排配送。</p>
    </div>
    </div>
    </div>
</body>
</html>
```

至此，电脑商城首页制作完毕，读者可以在此基础上根据自己的喜好修改相关的 CSS 规则，进一步美化页面。

习题 10

1．策划一个电子商务网站（例如网上书店），并撰写网站开发的流程，要求使用 Div+CSS 技术制作出网站的首页，如图 10-16 所示。

2．制作网站的 About us（关于我们）子页面，如图 10-17 所示。

图 10-16 电子商务网站   图 10-17 About us 子页面

第 11 章　商品列表和详细信息页面的制作

在上一章中，讲解了商城网站首页的制作，该页面也是工作量最大的一个页面。本章将在上一章的基础上，分别制作商品搜索列表页面和商品详细信息页面。首页完成以后，在制作其他页面时就有章可循，相同的样式和结构可以重复使用，所以实现其他页面的实际工作量会大大小于首页制作的工作量。

11.1　制作商品搜索列表页面

搜索列表页面是客户在搜索栏中输入关键字后，通过系统搜索找出符合条件的产品列表页面。搜索列表页面的效果如图 11-1 所示，布局示意图如图 11-2 所示。

图 11-1　搜索列表页面的效果

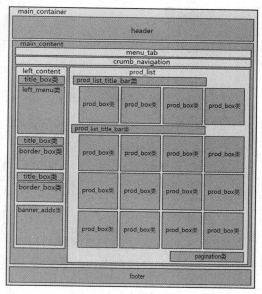

图 11-2　搜索列表页面的布局示意图

搜索列表页面的布局与首页有极大的相似之处，例如网站的广告、导航和版权区域等，这里不再赘述其实现过程，而是重点讲解如何使用 CSS 规则实现搜索结果的翻页效果。

1. 前期准备

（1）新建网页

在站点根目录下新建搜索列表页面 list.html。

（2）添加 CSS 规则

打开网站 style 目录下的样式表文件 style.css，在首页的样式之后准备添加实现搜索结果翻页效果的 CSS 规则。

2. 制作页面

制作过程如下。

1）添加一个 pagination 类的 Div 容器，用于对整个翻页区域进行控制，CSS 代码如下：

```
.pagination {                    /*翻页区域的 CSS 规则*/
width:780px;
height:31px;
float:left;                      /*向左浮动*/
padding:2px 0 2px 10px;
line-height:31px;                /*行高 31px*/
font-size:12px;
}
```

同时在页面中创建一个应用 pagination 类的 Div 容器，容器中添加无序列表及列表项，网页结构代码如下：

```
<div class="pagination">
<ul>
<li>上一页</li>
<li>1</li>
<li><a href="#">2</a></li>
<li><a href="#">3</a></li>
<li><a href="#">4</a>...</li>
<li><a href="#">5</a></li>
<li><a href="#">6</a></li>
<li><a href="#">7</a></li>
<li><a href="#">8</a></li>
<li><a href="#">下一页</a></li>
</ul>
</div>
```

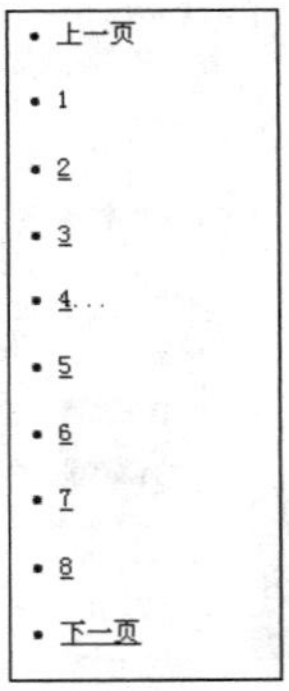

图 11-3　翻页区域的初始效果

应用 pagination 类的翻页区域的初始效果如图 11-3 所示。

2）为了使列表横向排列，需要对无序列表定义 CSS 规则，CSS 代码如下：

```
.pagination ul {                 /*翻页区域无序列表的 CSS 规则*/
margin: 0;                       /*外边距为 0px*/
padding: 0;                      /*内边距为 0px*/
text-align: right;
font-size: 12px;
}
.pagination li {                 /*翻页区域无序列表项的 CSS 规则*/
list-style-type: none;           /*不显示列表类型*/
```

```
display: inline;                                          /*定义为行内元素*/
padding-bottom: 1px;                                     /*下内边距为1px*/
}
```

对无序列表应用 CSS 规则后的翻页区域效果如图 11-4 所示。

3）为了进一步美化翻页按钮，接下来创建无序列表中<a>标签的伪类，CSS 代码如下：

```
.pagination a, .pagination a:visited {                  /*未访问和访问的超链接的 CSS 规则*/
padding: 0 5px;
border: 1px solid #9aafe5;                               /*边框为浅蓝色细实线*/
text-decoration: none;
color: #2e6ab1;
}
.pagination a:hover, .pagination a:active {             /*鼠标悬停和激活状态的 CSS 规则*/
border: 1px solid #2b66a5;                               /*边框为深蓝色细实线*/
color: #000;
background-color: #ffc;
}
```

美化后的翻页按钮效果如图 11-5 所示。

上一页 1 2 3 4 ... 5 6 7 8 下一页   上一页 1 2 3 4 ... 5 6 7 8 下一页

图 11-4　对无序列表应用 CSS 后的效果 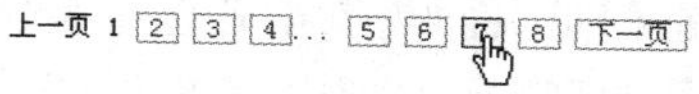　　　　图 11-5　美化后的翻页按钮效果

4）如果当前所在页面的页数为"1"，则前面不再有任何超链接页面，此时需要添加新的 CSS 规则实现这样的页面效果。这里定义一个 disablepage 类来解决这个问题，CSS 代码如下：

```
.pagination li.disablepage {
padding: 0 5px;                                          /*上、下内边距为0px、右、左内边距为5px*/
border: 1px solid #929292;
color: #929292;
}
```

同时，在网页的结构代码中将刚创建的 disablepage 类应用在无序列表"上一页"所在的<li>标签中，代码如下：

```
<li class="disablepage">上一页</li>
```

如果当前所在页面的页数为"1"，则鼠标指向"上一页"时不再显示超链接的手形，而是正常的鼠标指针形状，页面的显示效果如图 11-6 所示。

5）由于当前所在页面的数字要区别于其他数字，这里需要单独进行定义。这里定义一个 currentpage 类来解决这个问题，CSS 代码如下：

```
.pagination li.currentpage {
font-weight: bold;
padding: 0 5px;                                          /*上、下内边距为0px、右、左内边距为5px*/
```

```
border: 1px solid navy;                    /*边框为海军蓝细实线*/
background-color: #2e6ab1;
color: #fff;
}
```

同时，在网页的结构代码中将刚创建的 currentpage 类应用在当前页面数字所在的<li>标签中，代码如下：

```
<li class="currentpage">1</li>
```

此时，显示效果如图 11-7 所示。

图 11-6 应用 disablepage 类后的显示效果   图 11-7 应用 currentpage 类后的显示效果

至此，使用 CSS 规则实现翻页效果的制作过程完成。

11.2 制作商品详细信息页面

商品详细信息页面是浏览者查看具体产品时显示的页面，此外，页面中还增加了相似产品和推荐产品的列表，为浏览者提供产品参考。商品详细信息页面的显示效果如图 11-8 所示，布局示意图如图 11-9 所示。

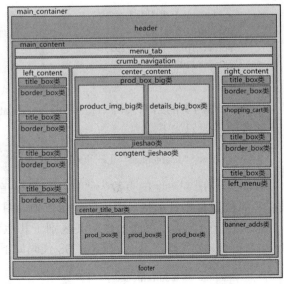

图 11-8 商品详细信息页面的显示效果   图 11-9 商品详细信息页面的布局示意图

由于该页与首页的布局有一定的相似之处，这里只对页面中不同的地方进行讲解。首先建立商品详细信息页面 details.html，然后在 style.css 中添加商品详细信息页的 CSS 规则。

1．左侧边栏区域的制作

本页面中，左侧边栏区域的内容被放置在名为 left_content 的 Div 容器中，用来显示推荐产品的列表，如图 11-10 所示。

由于左侧边栏区域应用的 CSS 样式和首页的相同，读者可参考首页的 CSS 布局方法，这里仅给出网页的结构代码。

代码如下：

图 11-10　左侧边栏区域

```html
<div id="left_content">
  <div class="title_box">您也许还会喜欢</div>
  <div class="border_box">
    <div class="product_title">
      <a href="#">宇翔 14 寸双核 1G 独显</a></div>
    <div class="product_img"><a href="#"><img src="images/p1.jpg"
width="120" height="120" border="0" /></a></div>
    <div class="prod_price"><span class="reduce">&yen;3699</span>
      <span class="price">&yen;3580</span></div>
  </div>
  <div class="border_box">
    <div class="product_title">
      <a href="#">宇翔 14 寸双核 1G 独显</a></div>
    <div class="product_img"><a href="#"><img src="images/p1.jpg"
width="120" height="120" border="0" /></a></div>
      <div class="prod_price"><span class="reduce">&yen;3699</span>
      <span class="price">&yen;3580</span></div>
  </div>
  <div class="border_box">
    <div class="product_title">
      <a href="#">宇翔 14 寸双核 1G 独显</a></div>
    <div class="product_img"><a href="#"><img src="images/p1.jpg" width="120" height="120"
border="0" /></a></div>
    <div class="prod_price"><span class="reduce">&yen;3699</span>
      <span class="price">&yen;3580</span></div>
  </div>
  <div class="border_box">
    <div class="product_title"><a href="#">宇翔 14 寸双核 1G 独显</a></div>
    <div class="product_img"><a href="#"><img src="images/p1.jpg" width="120" height="120"
border="0" /></a></div>
    <div class="prod_price"><span class="reduce">&yen;3699</span>
      <span class="price">&yen;3580</span></div>
  </div>
</div>
```

2．商品详细介绍区域的制作

本页面中，商品详细介绍区域的内容被放置在名为 center_content 的 Div 容器中，用来显示商品的详细介绍信息和相似产品。

1）在 center_content 容器中添加一个用于显示商品详细介绍信息的 prod_box_big 类，用于对商品详细介绍信息的样式进行控制，CSS 代码如下：

```
.prod_box_big {
width:554px;                       /*设置元素宽度*/
height:auto;                       /*高度自适应*/
float:left;                        /*向左浮动*/
padding:10px 10px 15px 15px;
}
```

同时在网页结构代码中创建一个应用 prod_box_big 类的 Div 容器。

2）在应用 prod_box_big 类的 Div 容器中插入应用 center_prod_box_big 类的 Div 容器，用于显示商品详细内容区域上部的摘要信息，center_prod_box_big 类的 CSS 代码如下：

```
.center_prod_box_big {
width:554px;                       /*设置元素宽度*/
height:auto;                       /*高度自适应*/
float:left;                        /*向左浮动*/
text-align:center;
padding:0 0 10px 0;                /*上、右、下、左的内边距依次为 0px、0px、10px、0px*/
margin:0px;                        /*外边距为 0px*/
border:1px #f0f4f5 solid;
}
```

3）使用同样的方法，在应用 center_prod_box_big 类的 Div 容器中插入应用 product_img_big 类的 Div 容器，用于显示商品的放大图，product_img_big 类的 CSS 代码如下：

```
.product_img_big {
width:290px;
padding:10px 0 0 10px;             /*上、右、下、左的内边距依次为 10px、0px、0px、10px*/
float:left;                        /*向左浮动*/
}
```

为了更清楚地理解以上几个 Div 容器之间的关系，这里给出网页结构当前的代码。代码如下：

```
<div id="center_content">
  <div class="prod_box_big">
    <div class="center_prod_box_big">
      <div class="product_img_big">
        <img src="images/n1_big3.jpg" width="280" height="280" />
      </div>
    </div>
  </div>
</div>
```

此时，页面布局的初始效果如图 11-11 所示。

图 11-11　页面布局的初始效果

4）在应用 product_img_big 类的 Div 容器中插入应用 details_big_box 类的 Div 容器，用于显示商品基本信息的摘要，details_big_box 类的 CSS 代码如下：

```
.details_big_box {
width:235px;
float:left;                      /*向左浮动*/
padding:0 0 0 15px;              /*上、右、下、左的内边距依次为 0px、0px、0px、15px*/
text-align:left;                 /*文字左对齐*/
}
```

5）在应用 details_big_box 类的 Div 容器中分别插入应用 product_title_big 类、specifications 类和 prod_price_big 类的 3 个 Div 容器，用于显示商品名称、摘要信息和当前售价 3 个方面的内容。这 3 个类的 CSS 代码如下：

```
.product_title_big {
color:#ff8a00;
padding:5px 0 5px 0;             /*上、右、下、左的内边距依次为 5px、0px、5px、0px*/
font-weight:bold;                /*文字加粗*/
font-size:14px;
}
.specifications {
font-size:12px;
line-height:20px;                /*行高 20px*/
}
.prod_price_big {
padding:5px 0 5px 0;             /*上、右、下、左的内边距依次为 5px、0px、5px、0px*/
font-size:14px;
font-weight:bold;                /*文字加粗*/
}
```

为了使商品信息的内容更加醒目，这里定义了 blue 类，使得部分文字显示为蓝色，blue 类的 CSS 代码如下：

```
.blue {
```

```
color:#159dcc;
}
```

同时，在网页结构代码中将需要凸显的文字内容添加<span>标签，并应用 blue 类。在应用 prod_price_big 类的 Div 容器中输入当前产品的市价和售价，并将具体的价格应用之前在首页 CSS 样式中定义的 reduce 类和 price 类。

为了更清楚地理解以上几个 Div 容器之间的关系，这里给出网页结构当前的代码。代码如下：

```
<div class="details_big_box">
    <div class="product_title_big">志翔 15 寸双核  2G 独显</div>
    <div class="specifications">
        <p>商品名称: <span class="blue">志翔 15 寸双核  2G 独显  </span><br />
        类别: <span class="blue">多媒体应用笔记本</span><br />
        生产厂家:<span class="blue">志翔电脑公司</span><br />
        上架时间:<span class="blue">2012-1-6 14:23:08</span> <br />
        配送服务: <span class="blue">由电脑商城在当地的联盟……（此处省略文字）</span><br />
        附送:<span class="blue">光电鼠标</span><br />
        </p>
    </div>
    <div class="prod_price_big">
        <p>市价：<span class="reduce">&yen;5880</span></p>
        <p>售价：<span class="price">&yen;5698</span></p>
    </div>
</div>
```

此时，页面布局进一步美化的效果如图 11-12 所示。

图 11-12　页面布局进一步美化的效果

6）接下来要制作"加入购物车"和"产品比较"类似按钮功能的超链接。在之前首页的 CSS 样式中已经定义了"加入购物车"的样式 prod_buy 类，这里只讲解"产品比较"应用的样式 prod_compare 类，CSS 代码如下：

```
.prod_compare {
width:75px;
height:24px;
display:block;                    /*块级元素*/
```

```
    float:left;                              /*向左浮动*/
    background: url(../images/link_bg.gif) no-repeat center;        /*背景图像无重复*/
    margin:2px 0 0 5px;                      /*上、右、下、左的外边距依次为 2px、0px、0px、5px*/
    text-align:center;                       /*文字居中对齐*/
    line-height:24px;                        /*行高 24px*/
    text-decoration:none;                    /*无修饰*/
    color:#159dcc;
    }
```

同时，在网页结构代码中添加"加入购物车"的超链接，并应用 prod_buy 类；添加"产品比较"的超链接，并应用 prod_compare 类。代码如下：

```
<div class="prod_price_big">
    <p>市价：<span class="reduce">&yen;5880</span></p>
    <p>售价：<span class="price">&yen;5698</span></p>
</div>
<!--以上内容已经存在，这里是为了说明添加"加入购物车"和"产品比较"超链接的位置-->
<a href="#" class="prod_buy">加入购物车</a> <a href="#" class="prod_compare">产品比较</a>
```

此时，页面的效果如图 11-13 所示。

图 11-13   "加入购物车"和"产品比较"的效果

7）接下来，在应用 center_prod_box_big 类的 Div 容器之后插入应用 intro 类的 Div 容器，用于显示"详细介绍"文字标题，intro 类的 CSS 代码如下：

```
.intro {
    width:554px;                             /*设置元素宽度*/
    height: auto;                            /*高度自适应*/
    font-size:20px;
    float:left;                              /*向左浮动*/
    text-align:left;
    color:#f60;
    font-weight:bold;                        /*文字加粗*/
    margin:0px;                              /*外边距为 0px*/
    border-bottom:1px #f0f4f5 solid;         /*下边框为 1px 细实线*/
    }
```

在应用 intro 类的 Div 容器中插入应用 content_intro 类的 Div 容器，用于显示商品详细介

279

绍的内容，content_intro 类的 CSS 代码如下：

```
.content_intro {
font-size:12px;
line-height:20px;                    /*行高 20px*/
color:#000;
font-weight:normal;
padding:10px;                        /*内边距为 10px*/
}
```

同时，在网页结构代码中输入更为详细的商品介绍，插入商品图片，并应用
content_intro 类。代码如下：

```
<div class="intro">详细介绍
    <div class="content_intro">
        <p>商品名称：志翔 15 寸双核 2G 独显</p>
        <p>颜色：黑色</p>
        <p>随机系统：Windows 7 Home Basic</p>
        <p>处理器：第三代智能 i5 处理器</p>
        <p>内存：DDR3 1600 6GB </p>
        <p>硬盘：500GB</p>
        <p>显卡：GT 640M 独立 2GB</p>
        <p>显示器：15 英寸</p>
        <p>通信：内置 3G</p>
        <p><img src="images/n1_big3.jpg" width="280" height="280" /></p>
    </div>
</div>
```

此时，商品详细介绍区域的页面显示效果如图 11-14 所示。

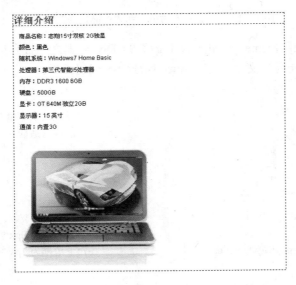

图 11-14　商品详细介绍区域的页面显示效果

8）在应用 prod_price_big 类的 Div 容器之后插入应用 center_title_bar 类的 Div 容器，仿照首页中的制作方法，将 3 个相似产品横向布局放置。这里不再赘述，最终效果如图 11-15 所示。

图 11-15　相似产品区域的页面显示效果

页面右侧边栏的布局和内容与首页的完全一致，读者可参考首页的制作方法，这里不再赘述。至此，商品详细信息页面制作完毕，读者可以在此基础上根据自己的喜好修改相关的 CSS 规则，进一步美化页面。

习题 11

1. 继续制作习题 10 中网上书店的图书目录子页面，如图 11-16 所示。
2. 制作网上书店的特别推荐子页面，如图 11-17 所示。

图 11-16　图书目录子页面

图 11-17　特别推荐子页面

第 12 章 购物商城后台管理页面的制作

前面的章节主要讲解的是商城前台页面的制作，一个完整的商城网站还应该包括后台管理页面。管理员登录后台管理页面之后，可以进行商品管理、订单管理、促销管理、广告管理和网店设置等操作。本章主要讲解商城后台管理登录页面、查询商品页面和添加商品页面的制作。

12.1 商城后台管理登录页面的制作

商城后台管理登录页面是管理员在登录表单中输入用户名和密码进而登录系统的页面，该页面的效果如图 12-1 所示，布局示意图如图 12-2 所示。

图 12-1 商城后台管理登录页面的效果

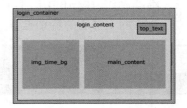

图 12-2 页面的布局示意图

在实现了后台管理登录页面的布局后，接下来就要完成页面的制作。制作过程如下。

1. 前期准备

（1）建立目录

后台管理页面需要单独存放在一个目录中，以区别于前台页面。首先在网站根目录中新建一个名为 admin 的目录，该目录将存放后台管理的页面和子目录。另外，在 admin 目录中还需要建立后台管理页面存放图片的目录 images 和样式表目录 style，网站的整体目录结构如图 12-3 所示。

需要说明的是，这里新建的 images 和 style 目录虽然与网站根目录下的相应目录同名，但其位于 admin 目录中，二者互不影响。设计人员在制作后台管理页面时，要注意使用相对路径访问相关文件。

（2）新建网页

图 12-3 网站的整体目录结构

在 admin 目录下新建后台管理登录页面 login.html、查询商品页面 search.html 和添加商品页面 addgoods.html。

（3）页面素材

将后台管理页面需要使用的图像素材存放在新建的 images 目录下。

（4）外部样式表

在新建的 style 目录下建立一个名为 style.css 的样式表文件。

2. 制作页面

（1）公共属性的 CSS 定义

以上 3 个页面公共属性的 CSS 定义代码如下：

```
body{                                    /*页面 body 的 CSS 规则*/
    padding:0px;                         /*内边距为 0px*/
    margin:0px;                          /*外边距为 0px*/
    font:"宋体" "微软雅黑";
    font-size:12px;
}
a{                                       /*页面超链接的 CSS 规则*/
    color:#333;
    text-decoration:none;                /*超链接无修饰*/
}
span{                                    /*页面 span 的 CSS 规则*/
    color:#333;
    font-size:12px;
}
.float_r{                                /*页面右浮动区的 CSS 规则*/
    float:right;                         /*向右浮动*/
}
.float_l{                                /*页面左浮动区的 CSS 规则*/
    float:left;                          /*向左浮动*/
}
.clear{
    clear:both;                          /*清除浮动*/
}
h3, h4,h1,h2,p,ul{                       /*1~4 级标题、段落、无序列表的 CSS 规则*/
    margin:0px;                          /*外边距为 0px*/
    padding:0px;                         /*内边距为 0px*/
    color:#333;
    font-size:12px;
    list-style:none;                     /*无列表类型*/
}
img{
    border:none;                         /*图像不显示边框*/
}
```

（2）页面整体的制作

登录页面 login.html 的整体内容被放置在名为 body_login 的 Div 容器中，主要用来显示页面整体背景。body_login 容器中又包含 login_container 容器，主要用来显示框架背景。

CSS 代码如下：

```
.body_login{
    background:url(../images/bgtwo.jpg) repeat-x -3px -3px #491d6a;    /*页面整体背景水平重复*/
}
div.login_container{
    background:url(../images/frame.jpg) no-repeat center 13px;    /*框架背景无重复*/
    height:421px;
    margin-top:248px;    /*上外边距 248px*/
}
```

（3）页面内容区域的制作

页面内容区域被放置在名为 login_content 的 Div 容器中，主要用来显示左侧的系统信息和右侧的登录表单，如图 12-4 所示。

图 12-4　页面内容区域的显示效果

CSS 代码如下：

```
div.login_content{                          /*页面内容区域的 CSS 规则*/
    width:1002px;                           /*内容区域的整体宽度*/
    margin:0px auto;                        /*设置元素自动居中对齐*/
}
p.top_text{                                 /*版权区域段落文字的 CSS 规则*/
    text-align:right;                       /*文字右对齐*/
    padding-right:130px;                    /*右内边距 130px*/
    color:#fff;
    font-weight:bold;                       /*文字加粗*/
    font-size:16px;
}
div.img_time_bg{                            /*当前时间区域的 CSS 规则*/
    margin-top:85px;                        /*上外边距为 85px*/
    margin-left:180px;                      /*左外边距为 180px*/
    float:left;                             /*向左浮动*/
    width:183px;
    height:81px;
}
div.img_time_bg p{                          /*当前时间区域段落的 CSS 规则*/
```

```
    text-align:center;
    height:30px;
    line-height:30px;                            /*行高 30px*/
    margin:8px 0px;                              /*上、下内边距为 8px，右、左内边距为 0px*/
    color:#fff;
    font-size:14px;
}
div.img_time_bg p.current_time{                  /*当前时间文字的 CSS 规则*/
    color:#665673;
    font-weight:bold;                            /*文字加粗*/
}
div.main_content{                                /*右侧内容的 CSS 规则*/
    float:left;                                  /*向左浮动*/
    width:500px;                                 /*右侧内容的宽度为 500px*/
    margin-top:61px;                             /*上外边距为 60px*/
}
div.main_content p{                              /*右侧内容段落的 CSS 规则*/
    height:27px;
    line-height:27px;                            /*行高 27px*/
    color:#491a6a;
}
span.user{                                       /*右侧登录表单中文字的 CSS 规则*/
    margin-right:200px;                          /*右外边距为 100px*/
    padding-left:45px;                           /*左内边距为 45px*/
}
input.text{                                      /*登录表单中输入框的 CSS 规则*/
    margin-left:40px;                            /*左外边距为 40px*/
    width:199px;
    height:24px;
    border:none;                                 /*不显示边框*/
    background:none;
}
p.button{                                        /*按钮所在段落的 CSS 规则*/
    text-align:center;
    margin-top:32px;                             /*上外边距为 32px*/
}
input.log_button{                                /*按钮的 CSS 规则*/
    background:url(../images/login.jpg) no-repeat left top;    /*按钮背景图像无重复*/
    border:none;
    width:172px;
    height:39px;
    cursor:pointer;                              /*光标样式为指针形状*/
    text-align:left;
    padding-left:50px;                           /*左内边距为 50px*/
    letter-spacing:10px;                         /*"登录"两个文字的间隔为 10px*/
    font-weight:bold;
```

```
        color:#491a6a;
    }
```

（4）页面结构代码

为了使读者对页面的样式与结构有一个全面的认识，最后说明整个页面（login.html）的结构代码，代码如下：

```
<!doctype html>
<html>
<head>
<title>电脑商城后台管理系统-系统登录</title>
<link type="text/css" rel="stylesheet" href="style/style.css" />
</head>
<body class="body_login">
    <div class="login_container">
        <div class="login_content">
            <p class="top_text">电脑商城 &copy; 版权所有</p>
            <div class="img_time_bg">
                <p>电脑商城后台管理系统</p>
                <p class="current_time">2012 年 6 月 19 号</p>
                <p>11:20:59</p>
            </div>
            <div class="main_content">
                <p><span class="user">用户名</span> <span>密码</span></p>
                <p>
                <input type="text" class="text"/>
                <input type="text" class="text"/>
                </p>
                <p class="button">
                <input type="button" value="登录" class="log_button" />
                </p>
            </div>
            <div class="clear">
            </div>
        </div>
    </div>
</body>
</html>
```

至此，后台管理登录页面制作完毕，读者可以在此基础上根据自己的喜好修改相关的CSS 规则，进一步美化页面。

12.2　查询商品页面的制作

当管理员成功登录商城后台管理系统后，就可以执行后台管理常见的操作。例如，查询商品、添加新商品及网店设置等。

286

查询商品页面是管理员在搜索栏中输入关键字后，通过系统搜索找出符合条件的商品列表页面。查询商品页面的显示效果如图 12-5 所示，布局示意图如图 12-6 所示。

图 12-5　查询商品页面的显示效果

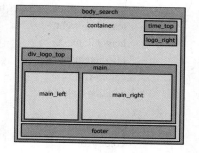

图 12-6　布局示意图

1．前期准备

当用户需要根据日期来查询商品情况时，如果直接在日期输入框中输入日期操作起来比较麻烦，这里采用 JavaScript 脚本来解决这个问题。用户只需要单击日期输入框就可以弹出一个选择日期的小窗口，进而方便地选择日期。实现这个功能的操作将在本页的制作过程中讲解，由于该脚本的代码较长，这里采用链接 JavaScript 脚本到页面中的方法来实现这一功能。

在建立商城首页的准备工作中，用户曾经在网站根目录中建立一个专门存放 JavaScript 脚本的目录 js，这里提前将查询商品页面中需要用到的脚本文件 calender.js 复制到目录 js 中。

2．制作页面

（1）页面整体的制作

页面的整体内容被放置在名为 body_search 的 Div 容器中，主要用来显示页面背景。body_search 容器中又包含 container 容器，主要用来设置容器的宽度和对齐方式。

CSS 代码如下：

```
.body_search{
    background:url(../images/divbg.jpg) repeat left top;      /*页面整体背景图像水平且垂直重复*/
}
div.container{
    width:1002px;                                            /*设置容器的宽度*/
    margin:0px auto;                                         /*设置容器的对齐方式*/
}
```

（2）页面欢迎信息区域的制作

页面欢迎信息区域包括当前时间和欢迎文字。当前时间被放置在名为 time_top 的 Div 容器中，欢迎文字被放置在名为 logo_right 的 Div 容器中，如图 12-7 所示。

图 12-7　页面欢迎信息区域的显示效果

CSS 代码如下：

```
    div.time_top{                                                    /*当前时间区域的 CSS 规则*/
        background:url(../images/timeline.jpg) no-repeat center top;  /*背景图像无重复*/
        text-align:right;
        height:25px;
        line-height:25px;                                            /*行高 25px*/
        color:#fff;
        padding-right:8px;                                           /*右内边距为 8px*/
    }
    p.time_top{                                                     /*当前时间区域段落的 CSS 规则*/
        color:#fff;
        text-align:right;
        background:url(../images/timeline.jpg) no-repeat center bottom;  /*背景图像无重复*/
        height:25px;
        line-height:25px;                                            /*行高 25px*/
        padding-right:8px;                                           /*右内边距为 8px*/
    }
    p.logo_right{                                                   /*欢迎文字的 CSS 规则*/
        margin-top:18px;                                            /*上外边距为 18px*/
        text-align:right;                                           /*文字右对齐*/
    }
    p.logo_right a{                                                 /*文字超链接的 CSS 规则*/
        color:#fff;
    }
    span.welcome{                                                   /*"欢迎您"文字区域的 CSS 规则*/
        background:url(../images/trumpet.png) no-repeat left center;   /*背景图像无重复*/
        padding-left:27px;                                          /*左内边距为 27px*/
        margin-right:22px;                                          /*右外边距为 22px*/
    }
    span.lock{                                                      /*"安全退出"文字区域的 CSS 规则*/
        background:url(../images/lock.png) no-repeat left center;      /*背景图像无重复*/
        padding-left:27px;                                          /*左内边距为 27px*/
    }
```

（3）页面 Logo 和信息中心文字的制作

页面 Logo 被放置在名为 div_logo_top 的 Div 容器中，信息中心文字被放置在名为 nav_top 的 Div 容器中，如图 12-8 所示。

图 12-8　页面 Logo 和信息中心文字的显示效果

CSS 代码如下：

```
    div.div_logo_top{                                              /*页面 Logo 的 CSS 规则*/
        width:1002px;
```

```
        }
    div.logo_img{                                          /*页面 Logo 背景图像的 CSS 规则*/
        background:url(../images/logo.jpg) no-repeat left center;
        margin-top:0px;                                    /*上外边距为 0px*/
        margin-left:30px;                                  /*左外边距为 30px*/
        width:176px;
        height:69px;
    }
    div.logo_img p{                                        /*页面 Logo 段落的 CSS 规则*/
        color:#fff;
        font-size:14px;
        text-align:center;
        padding-top:52px;                                  /*上内边距为 52px*/
    }
    ul.nav_top{                                            /*信息中心文字区域的 CSS 规则*/
        margin-top:38px;                                   /*上外边距为 38px*/
        margin-left:27px;                                  /*左外边距为 27px*/
    }
    ul.nav_top li{
        background:url(../images/navtop.jpg) no-repeat left top;   /*背景图像无重复*/
        width:155px;
        height:34px;
        line-height:34px;                                  /*行高 34px*/
        text-align:center;
        letter-spacing:8px;                                /*"信息中心" 4 个文字的间隔为 8px*/
    }
```

（4）页面主体内容区域的制作

页面主体内容区域被放置在名为 main 的 Div 容器中，包括左侧的导航菜单和右侧的相关信息两个部分。导航菜单被放置在名为 main_left 的 Div 容器中，右侧的相关信息被放置在名为 main_right 的 Div 容器中，如图 12-9 所示。

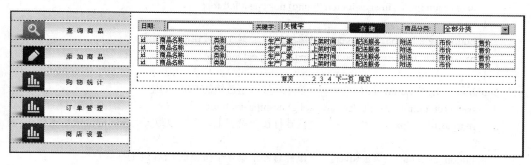

图 12-9　页面主体内容区域的显示效果

CSS 代码如下：

```
    div.main{                                              /*页面主体内容区域的 CSS 规则*/
        background:#fff;
```

```
}
div.main_left{                                    /*主体内容左侧区域的 CSS 规则*/
    width:233px;
    padding:18px 0px;                             /*上、下内边距为 18px、右、左内边距为 0px*/
    background:#efefef;
}
ul.button_bg li a{                                /*左侧区域按钮列表超链接的 CSS 规则*/
    letter-spacing:8px;font:"宋体" "微软雅黑";      /*字符间距为 8px*/
    width:233px;
    height:38px;
    line-height:38px;                             /*行高 38px*/
    color:#3c1558;
    display:block;                                /*块级元素*/
    text-align:center;
    text-indent:65px;                             /*文字缩进 65px*/
}
ul.button_bg li.button_1 a{                                  /*第 1 个按钮超链接的 CSS 规则*/
    background:url(../images/button_1.png) no-repeat left top;       /*按钮背景图像无重复*/
}
ul.button_bg li.button_1 a:hover{    /*鼠标悬停于第 1 个按钮的 CSS 规则*/
    background:url(../images/button_1.jpg) no-repeat left top;
}
ul.button_bg li.button_2 a{          /*第 2 个按钮超链接的 CSS 规则*/
    background:url(../images/button_2.png) no-repeat left top;
    margin:14px 0px;                 /*偶数行按钮设置上、下外边距实现按钮的分隔显示*/
}
ul.button_bg li.button_2 a:hover{    /*鼠标悬停于第 2 个按钮的 CSS 规则*/
    background:url(../images/button_2.jpg) no-repeat left top;
    margin:14px 0px;                 /*偶数行按钮设置上、下外边距实现按钮的分隔显示*/
}
ul.button_bg li.button_3 a{          /*第 3 个按钮超链接的 CSS 规则*/
    background:url(../images/button_3.png) no-repeat left top;
}
ul.button_bg li.button_3 a:hover{    /*鼠标悬停于第 3 个按钮的 CSS 规则*/
    background:url(../images/button_3.jpg) no-repeat left top;
}
ul.button_bg li.button_4 a{          /*第 4 个按钮超链接的 CSS 规则*/
    background:url(../images/button_3.png) no-repeat left top;
    margin:14px 0px;                 /*偶数行按钮设置上、下外边距实现按钮的分隔显示*/
}
ul.button_bg li.button_4 a:hover{    /*鼠标悬停于第 4 个按钮的 CSS 规则*/
    background:url(../images/button_3.jpg) no-repeat left top;
    margin:14px 0px;                 /*偶数行按钮设置上、下外边距实现按钮的分隔显示*/
}
ul.button_bg li.button_5 a{          /*第 5 个按钮超链接的 CSS 规则*/
    background:url(../images/button_3.png) no-repeat left top;
```

```
    }
    ul.button_bg li.button_5 a:hover{                    /*鼠标悬停于第 5 个按钮的 CSS 规则*/
        background:url(../images/button_3.jpg) no-repeat left top;
    }
    div.main_right{                                      /*主体内容右侧区域的 CSS 规则*/
        width:739px;
        background:#fff;
        padding:15px;                                    /*内边距为 15px*/
    }
    table.table_search{                                  /*右侧区域查询表单所在表格的 CSS 规则*/
        border:1px solid #ccc;                           /*边框为 1px 灰色实线*/
        border-right:none;                               /*不显示右边框*/
        border-left:none;                                /*不显示左边框*/
        margin-bottom:8px;                               /*下外边距为 8px*/
        border:1px solid #ccc;
        border-bottom:none;                              /*不显示下边框*/
    }
    table.table_search tr{                               /*表格行的 CSS 规则*/
        height:31px;
    }
    table.table_search tr td{                            /*表格单元格的 CSS 规则*/
        text-indent:5px;
        border-right:1px solid #ccc;                     /*右边框为 1px 灰色实线*/
        padding-right:1px;                               /*右内边距为 1px*/
    }
    table.table_search tr.trback td{
        border-right:none;                               /*不显示右边框*/
    }
tr.trback{
    background:url(../images/trline.jpg) repeat-x left top;     /*行背景图像水平重复*/
}
    table.table_result{                                  /*右侧区域查询结果表格的 CSS 规则*/
        width:739px;
    }
    table.table_result tr{                               /*查询结果表格行的 CSS 规则*/
        height:34px;
    }
    table.table_result tr.tabletop{                      /*查询结果表格标题行的 CSS 规则*/
        background:url(../images/tabletop.jpg) repeat-x left top;   /*行背景图像水平重复*/
        height:34px;
    }
    table.table_result tr td{                            /*查询结果表格标题行单元格的 CSS 规则*/
        border-right:1px solid #ebebeb;                  /*右边框为 1px 细实线*/
        padding-left:5px;
    }
    select.goods_type{                                   /*商品分类下拉列表的 CSS 规则*/
```

```
        width:130px;
    }
    input.search{                                              /*查询按钮的 CSS 规则*/
        background:url(../images/search.jpg) no-repeat left top;    /*按钮背景图像无重复*/
        border:none;                                           /*不显示边框*/
        width:74px;
        height:20px;
    }
```

（5）页面底部区域的制作

页面底部区域的内容被放置在名为 footer 的 Div 容器中，用来显示版权信息，如图 12-10 所示。

图 12-10 页面底部区域

CSS 代码如下：

```
    div.footer{
        background:#2a0940;
        text-align:center;                                     /*文字居中对齐*/
        height:25px;
        line-height:25px;                                      /*行高 25px*/
        color:#fff;
    }
```

（6）页面结构代码

为了使读者对页面的样式与结构有一个全面的认识，最后说明整个页面（search.html）的结构代码，代码如下：

```
    <!doctype html>
    <html>
    <head>
    <title>电脑商城后台管理系统-查询商品</title>
    <link type="text/css" href="style/style.css"   rel="stylesheet" />
    </head>
    <body class="body_search">
      <div class="container">
        <p class="time_top">2012 年 6 月 19 日   11:40</p>
        <p class="logo_right">
          <span class="welcome"><a href="" title="">欢迎您：admin</a></span>
          <span class="lock"><a href="" title="" class="lock">安全退出</a></span>
        </p>
        <div class="div_logo_top">
          <div class="logo_img float_l">
            <p>电脑商城后台管理系统</p>
          </div>
```

```
            <ul class="nav_top float_l"><li>信息中心</li></ul>
</div>
<div class="clear"></div>
<div class="main">
    <div class="main_left float_l">
        <ul class="button_bg">
            <li class="button_1"><a href="search.html">查询商品</a></li>
            <li class="button_2"><a href="addgoods.html">添加商品</a></li>
            <li class="button_3"><a href="#">购物统计</a></li>
            <li class="button_4"><a href="#">订单管理</a></li>
            <li class="button_5"><a href="#">商店设置</a></li>
        </ul>
    </div>
    <div class="main_right float_l">
        <table width="739" cellpadding="0" cellspacing="0"    class="table_search">
            <tr class="trback">
                <td style=" width:50px;">日期:</td>
                <td style=" width:150px;"><input    type="text"    value=""/></td>
                <td>关键字:</td>
                <td style=" width:240px;">
                    <input width="130px;"    type="text" value="关键字">
                    <input type="button" value="" class="search" />
                </td>
                <td>商品分类:</td>
                <td style=" text-align:center;">
                    <select class="goods_type">
                        <option selected>全部分类</option>
                        <option>按品牌分类</option>
                        <option>按对象分类</option>
                        <option>按用途分类</option>
                        <option>按屏幕尺寸分类</option>
                        <option>按档次分类</option>
                    </select>
                </td>
            </tr>
        </table>
                <table class="table_result" cellpadding="0" cellspacing="0">
                    <tr class="tabletop">
                        <td style="width:31px;">id</td>
                        <td style="width:100px;">商品名称</td>
                        <td style="width:100px;">类别</td>
                        <td style="width:80px;">生产厂家</td>
                        <td style="width:80px;">上架时间</td>
                        <td style="width:80px;">配送服务</td>
                        <td>附送</td>
                        <td>市价</td>
```

```html
              <td style=" border-right:none;">售价</td>
          </tr>
          <tr>
            <td style="width:31px;">id</td>
            <td style="width:100px;">商品名称</td>
            <td style="width:100px;">类别</td>
            <td style="width:80px;">生产厂家</td>
            <td style="width:80px;">上架时间</td>
            <td style="width:80px;">配送服务</td>
            <td>附送</td>
            <td>市价</td>
            <td style=" border-right:none;">售价</td>
          </tr>
          <tr>
            <td style="width:31px;">id</td>
            <td style="width:100px;">商品名称</td>
            <td style="width:100px;">类别</td>
            <td style="width:80px;">生产厂家</td>
            <td style="width:80px;">上架时间</td>
            <td style="width:80px;">配送服务</td>
            <td>附送</td>
            <td>市价</td>
            <td style=" border-right:none;">售价</td>
          </tr>
          <tr>
            <td style="width:31px;">id</td>
            <td style="width:100px;">商品名称</td>
            <td style="width:100px;">类别</td>
            <td style="width:80px;">生产厂家</td>
            <td style="width:80px;">上架时间</td>
            <td style="width:80px;">配送服务</td>
            <td>附送</td>
            <td>市价</td>
            <td style=" border-right:none;">售价</td>
          </tr>
        </table>
    <div class="indexpage">
      <a href="" title="">首页</a>
      <a class="ononepage" href="" title="">1</a><a href="" title="">2</a>
      <a href="" title="">3</a>
      <a href="" title="">4</a>
      <a href="" title="">下一页</a>
      <a href="" title="">尾页</a>
    </div>
</div>
```

294

```
            <div class="clear"></div>
            <div class="footer">电脑商城 &copy; 版权所有</div>
         </div>
      </div>
   </body>
</html>
```

在前面的章节中，已经讲到表格布局仅适用于页面中数据规整的局部布局。在本页面主体内容右侧相关信息区域就用到了表格的布局，读者一定要明白表格布局的适用场合，即只适用于局部布局，而不适用于全局布局。

（7）添加 JavaScript 脚本实现网页特效

以上制作过程完成了网页的结构和布局，接下来可以在此基础上添加 JavaScript 脚本实现日期输入框的简化输入。制作过程如下。

1）链接外部 JavaScript 脚本文件到页面中。在页面的<head>和</head>代码之间添加以下代码：

```
<script type="text/javascript" src="../js/calender.js"></script>
```

2）定位到日期输入框的代码，增加日期输入框获得焦点时的 onFocus 事件代码，调用 calender.js 中定义的设置日期函数 HS_setDate()。代码如下：

```
<input type="text" value="" onFocus="HS_setDate(this)"/>
```

需要注意的是，函数 HS_setDate()的大小写一定要正确。

以上操作完成后，重新打开页面预览，当浏览者单击日期输入框时就可以看到弹出的选择日期窗口，进而便捷地选择日期，如图 12-11 所示。

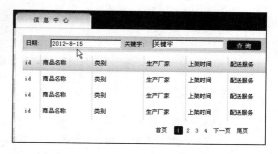

图 12-11　使用选择日期窗口选择日期

至此，查询商品页面制作完毕，读者可以在此基础上根据自己的喜好修改相关的 CSS 规则，进一步美化页面。

12.3　添加商品页面的制作

添加商品页面是管理员通过表单输入新的商品数据，然后提交到网站数据库中的页面。添加商品页面的显示效果如图 12-12 所示，布局示意图如图 12-13 所示。

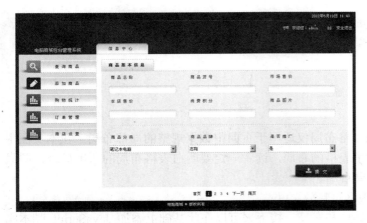

图 12-12 添加商品页面的显示效果

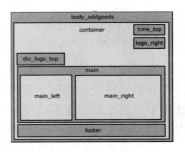

图 12-13 布局示意图

添加商品页面的布局与查询商品页面有极大的相似之处，这里不再赘述相同部分的实现过程，而是重点讲解页面不同部分的制作。

上述两个页面的不同之处在于页面主体内容右侧相关信息的内容不同，右侧的相关信息被放置在名为 main_right 的 Div 容器中，如图 12-14 所示。

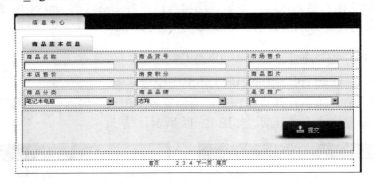

图 12-14 右侧相关信息的显示效果

CSS 代码如下：

```
h3.goods_title{                                        /*"商品基本信息"文字的 CSS 规则*/
    background:url(../images/goods_title.png) no-repeat left top;    /*背景图像无重复*/
    width:158px;
    height:36px;
    text-align:center;                                 /*文字居中对齐*/
    line-height:36px;                                  /*行高 36px*/
    letter-spacing:6px;                                /*文字间距 6px*/
}
div.table_addgoods{                                    /*添加商品 Div 区域的 CSS 规则*/
    border-top:1px solid #e1e1e1;                      /*右边框为 1px 灰色实线*/
    width:739px;
    background:#f7f7f7;
}
```

296

```css
table.table_addgoods{                                    /*添加商品表单所在表格的 CSS 规则*/
    padding-left:20px;                                   /*左内边距为 20px*/
    width:739px;
}
table.table_addgoods tr{                                 /*表格行的 CSS 规则*/
    height:35px;
}
table.table_addgoods tr td{                              /*表格单元格的 CSS 规则*/
    width:247px;
}
table.table_addgoods tr td.tabletop{                     /*表单元素上方说明文字的 CSS 规则*/
    letter-spacing:6px;                                  /*文字间距为 6px*/
    text-indent:6px;                                     /*段落缩进为 6px*/
    font-size:12px;
    color:#5a1e8f;
}
input.goods_input{                                       /*表单输入框的 CSS 规则*/
    background:url(../images/ininputbg.png) no-repeat left top;        /*背景图像无重复*/
    width:201px;
    height:18px;
    border:none;                                         /*不显示边框*/
    padding-left:2px;                                    /*左内边距为 2px*/
    padding-top:4px;                                     /*上内边距为 4px*/
}
td.linetable{                                            /*输入框和下拉列表之间水平分隔线的 CSS 规则*/
    background:url(../images/linetable.png) no-repeat center;          /*背景图像无重复*/
}
select.goods_add{                                        /*表单下拉列表的 CSS 规则*/
    width:201px;
    height:24px;
    border:1px solid #ccc;                               /*边框为 1px 灰色实线*/
}
div.submit{                                              /*表单提交按钮区域的 CSS 规则*/
    text-align:right;
    margin:5px 0px;                                      /*上、下外边距为 5px，右、左内边距为 0px*/
    padding:25px 0px;                                    /*上、下内边距为 25px，右、左内边距为 0px*/
}
input.submit_button{                                     /*提交按钮的 CSS 规则*/
    cursor:pointer;                                      /*鼠标形状为指针*/
    color:#fff;
    letter-spacing:10px;                                 /*文字间距为 10px*/
    text-indent:25px;                                    /*段落缩进为 25px*/
    background:url(../images/submit.png) no-repeat left top;           /*背景图像无重复*/
    width:175px;
    height:44px;
    border:none;                                         /*不显示边框*/
```

```css
}
div.indexpage{                          /*分页区域的 CSS 规则*/
    text-align:center;
    margin:15px 0px 0px 0px;            /*上、右、下、左的外边距依次为 15px、0px、0px、0px*/
}
div.indexpage a{                        /*分页区域超链接的 CSS 规则*/
    margin:3px;                         /*外边距为 3px*/
    color:#461d69;
}
div.indexpage a.ononepage{              /*分页区域第一页的 CSS 规则*/
    background:url(../images/pagebg.png) no-repeat center;        /*背景图像无重复*/
    padding:8px;                        /*内边距为 8px*/
    color:#fff;
}
```

为了使读者对以上局部页面的样式与结构有一个全面的认识，最后说明添加商品页面（addgoods.html）右侧相关信息部分的结构代码。

代码如下：

```html
<div class="main_right float_l">
  <h3 class="goods_title">商品基本信息</h3>
  <div class="table_addgoods">
    <table class="table_addgoods">
      <tr>
        <td class="tabletop">商品名称</td>
        <td class="tabletop">商品货号</td>
        <td class="tabletop">市场售价</td>
      </tr>
      <tr>
        <td><input type="text" value="" class="goods_input"/></td>
        <td><input type="text" value="" class="goods_input" /></td>
        <td><input type="text" value="" class="goods_input"/></td>
      </tr>
      <tr>
        <td class="tabletop">本店售价</td>
        <td class="tabletop">消费积分</td>
        <td class="tabletop">商品图片</td>
      </tr>
      <tr>
        <td><input type="text" value="" class="goods_input"/></td>
        <td><input type="text" value="" class="goods_input" /></td>
        <td><input type="text" value="" class="goods_input"/></td>
      </tr>
      <tr><td class="linetable" colspan="3"></td></tr>
      <tr>
        <td class="tabletop">商品分类</td>
        <td class="tabletop">商品品牌</td>
```

```html
              <td class="tabletop">是否推广</td>
          </tr>
          <tr>
            <td>
              <select class="goods_add">
                <option>笔记本电脑</option>
                <option>超级本</option>
                <option>台式电脑</option>
                <option>服务器</option>
              </select>
            </td>
            <td>
              <select class="goods_add">
                <option>志翔</option>
                <option>飞翔</option>
                <option>天翔</option>
                <option>宇翔</option>
                <option>山姆</option>
                <option>汉姆</option>
              </select>
            </td>
            <td>
              <select class="goods_add">
                <option>是</option>
                <option>否</option>
              </select>
            </td>
          </tr>
        </table>
      <div class="submit">
        <input type="button" value="提交" class="submit_button" />
      </div>
    </div>
    <div class="indexpage">
      <a href="" title="">首页</a>
      <a  class="ononepage" href="" title="">1</a>
      <a href="" title="">2</a>
      <a href="" title="">3</a>
      <a href="" title="">4</a>
      <a href="" title="">下一页</a>
      <a href="" title="">尾页</a>
    </div>
  </div>
```

至此，添加商品页面制作完毕，读者可以在此基础上根据自己的喜好修改相关的 CSS 规则，进一步美化页面。

12.4　页面的整合

在前面讲解的电脑商城的相关示例中，都是按照某个栏目进行页面制作的，并未将所有的页面整合在一个统一的站点之下。读者完成电脑商城所有栏目的页面制作之后，需要将这些栏目的页面整合在一起形成一个完整的站点。

这里以电脑学堂页面及子页面为例，讲解一下整合栏目的方法。由于在最后 3 章的综合案例中建立了网站的站点，其对应的文件夹是 D:\ch10，因此可以按照栏目的含义在 D:\ch10 下建立电脑学堂栏目的文件夹 learn，然后将前面章节中做好的电脑学堂页面及子页面一起复制到文件夹 learn 中。

采用类似的方法，读者可以完成所有栏目的整合，这里不再赘述。最后还要说明的是，将这些栏目整合完成之后，要正确地设置各级页面之间的链接，使之有效地完成各个页面的跳转。

习题 12

1. 继续制作习题 10 中网上书店的用户登录子页面，如图 12-15 所示。
2. 制作网上书店的图书详细内容子页面，如图 12-16 所示。

图 12-15　用户登录子页面

图 12-16　图书详细内容子页面

3. 网店后台会员管理程序包括会员列表、添加会员、会员等级和会员留言等页面，读者练习制作其中的会员列表子页面（如图 12-17 所示）和添加会员子页面（如图 12-18 所示）。

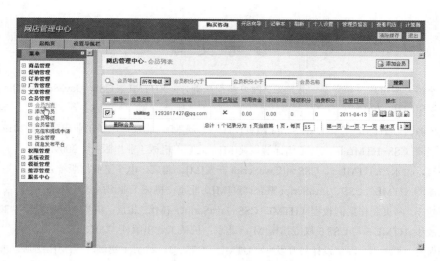

图 12-17　会员列表子页面

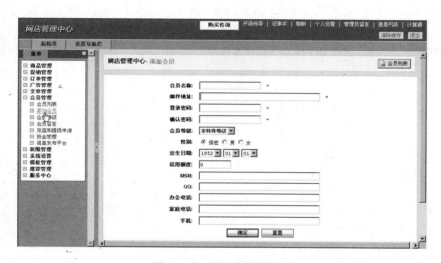

图 12-18　添加会员子页面

参 考 文 献

[1] 莫小梅，应可珍，隋慧芸，张浩斌. 网页编程基础——XHTML、CSS、JavaScript[M]. 北京：清华大学出版社，2012.

[2] 安博教育. XHTML+CSS+JavaScript 网页设计与布局[M]. 北京：电子工业出版社，2012.

[3] 符旭凌. CSS+HTML 语法与范例详解词典[M]. 北京：机械工业出版社，2009.

[4] 孙鑫，付永杰. HTML 5、CSS 和 JavaScript 开发[M]. 北京：电子工业出版社，2012.

[5] 王津涛. HTML、CSS、JavaScript 整合详解[M]. 北京：机械工业出版社，2008.

[6] 毋建军. 网页制作案例教程（HTML+CSS+JavaScript）[M]. 北京：清华大学出版社，2011.

[7] 陆凌牛. HTML 5 与 CSS 3 权威指南[M]. 北京：机械工业出版社，2011.

[8] 郑娅峰，张永强. 网页设计与开发——HTML、CSS、JavaScript 实例教程[M]. 2 版. 北京：清华大学出版社，2011.

[9] 吕凤顺，王爱华，王铁凤. HTML+CSS+JavaScript 网页制作实用教程[M]. 北京：清华大学出版社，2011.

[10] 刘增杰，刘海松. 精通 DIV+CSS 3 网页布局与样式[M]. 北京：清华大学出版社，2011.